中国市级现代农业发展专项规划范例

—— 以四川省泸州市为例

◎ 姜文来　罗其友　信 军　刘 洋　等 / 著

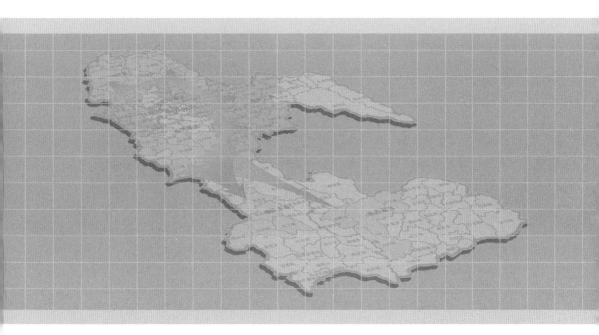

U0348111

中国农业科学技术出版社

图书在版编目（CIP）数据

中国市级现代农业发展专项规划范例：以四川省泸州市为例／姜文来等著．—
北京：中国农业科学技术出版社，2017.11

ISBN 978-7-5116-3333-0

Ⅰ.①中… Ⅱ.①姜… Ⅲ.①现代农业-农业发展-研究-泸州 Ⅳ.①F327.713

中国版本图书馆 CIP 数据核字（2017）第 267398 号

责任编辑　王更新
责任校对　贾海霞

出 版 者　中国农业科学技术出版社
　　　　　北京市中关村南大街 12 号　邮编：100081
电　　话　(010)82106639(编辑室)　　(010)82109702(发行部)
　　　　　(010)82109709(读者服务部)
传　　真　(010)82106631
网　　址　http://www.castp.cn
经 销 者　各地新华书店
印 刷 者　北京富泰印刷有限责任公司
开　　本　710mm×1 000mm　1/16
印　　张　20.5　彩插　40 面
字　　数　397 千字
版　　次　2017 年 11 月第 1 版　2017 年 11 月第 1 次印刷
定　　价　96.00 元

作者名单

(按照姓氏笔画排序)

王　栋　　叶自行　　毕金峰　　伊热鼓　　向　雁
庄云飞　　刘建玲　　刘　洋　　孙　娟　　李　娟
辛　玲　　张涵宇　　陈明文　　罗其友　　郑　未
屈宝香　　胡宗达　　胡桂兵　　信　军　　姜文来
高　鹤　　浦　华　　曹经晔　　彭建平　　韩晶晶
谢秋燕

泸州市现代农业发展规划
编制协调领导小组名单

一、协调领导小组

组　长：李晓宇　市委常委 市委农工委主任
副组长：张文军　市政府副市长
成　员：康　江　市政府副秘书长
　　　　龚百川　市委农工委正县级副主任
　　　　雷文彩　市发改委副主任
　　　　曾发海　市经信委副主任
　　　　张兴友　市农业局局长
　　　　余泽华　市林业局局长
　　　　周洪华　市水务局局长
　　　　李小平　市畜牧局局长
　　　　陈晓荣　市农机局局长
　　　　罗永平　市供销社主任
　　　　兰　均　市交通运输局副局长
　　　　徐　宏　市粮食局副局长
　　　　牟光彬　市扶贫移民局副局长
　　　　蒋　胜　市烟草公司副经理
　　　　郭　瑀　市财政局党组成员、市农发办主任
　　　　周学红　市住房城乡规划建设局副局长
　　　　江勇强　市国土资源局副局长
　　　　何　锋　市科技局副局长
　　　　崔　斌　市商务局副局长
　　　　赵晓琼　市环保局机关党委书记
　　　　谢先海　市外侨旅游局副局长
　　　　周家德　市气象局副局长
　　　　张旭光　江阳区委副书记

叶长青　龙马潭区委常委、副区长

陈小平　纳溪区副区长

杜作文　泸县副县长

李　宏　合江县委副书记

江　滨　叙永县委常委、纪委书记

刘泽军　古蔺县副县长

二、领导小组办公室和工作推进小组

（一）领导小组办公室设在市委农工委，龚百川同志兼任办公室主任，李华桂同志兼任办公室副主任，具体抓好规划编制的组织协调工作。

（二）工作推进小组

组　长：龚百川　市委农工委正县级副主任

副组长：李华桂　市委农工委副主任

　　　　雷文彩　市发改委副主任

　　　　陈　超　市农业局副局长

　　　　李秋霖　市林业局副局长

　　　　郭杰贤　市水务局副局长

　　　　傅浩然　市畜牧局副局长

　　　　王宏一　市农机局副局长

　　　　牟光彬　市扶贫移民局副局长

　　　　蒋　胜　市烟草公司副经理

成　员：周　刚　市委农工委产业化处处长

　　　　陈远权　市发改委农经科科长

　　　　胡支亮　市经信委食品加工企业科长

　　　　贺光伦　市农业局办公室副主任

　　　　沈光才　市林业局产业办主任

　　　　顾亚利　市水务局规划科副科长

　　　　刘云富　市畜牧局生产科科长

　　　　张承刚　市农机局办公室主任

　　　　高忠丽　市粮食局产业科科长

　　　　刘传赋　市供销社业务科科长

　　　　杨　菊　市扶贫移民局科员

　　　　张远盖　市烟草公司生产科副科长

　　　　张　力　市住房城乡规划建设局村镇科科长

　　　　袁浩涛　市交通运输局工程师

陈　杰　市国土资源局副科长
王国亮　市科技局农村科科长
刘　奇　市商务局科长
赵　亮　市环保局农村生态科科长
李中华　市外侨旅游局发展科科长
赖自力　市气象局服务中心副主任
朱蔺坚　江阳区委农工办主任
刘莉梅　龙马潭区委农工办主任
雍　涛　纳溪区委农工办主任
艾文平　泸县委农工办主任
王治明　合江县委农工办主任
陈祖洪　叙永县委农工办主任
罗承刚　古蔺县委农工办主任
李支勇　市委农工委综合处处长
贺　芳　市委农工委新农村建设处处长
牟树军　市委农工委农村体制改革处处长
潘成菊　市委农工委农村经济发展处处长
张　丽　市委农工委产业化处科员

泸州市现代农业发展规划
编制工作组名单

领导组

王道龙　中国农业科学院农业资源与农业区划研究所　　所长

陈金强　中国农业科学院农业资源与农业区划研究所　　党委书记

信　军　中国农业科学院农业资源与农业区划研究所　　副主任

罗其友　中国农业科学院农业资源与农业区划研究所　　研究员/主任

姜文来　中国农业科学院农业资源与农业区划研究所　　研究员/副主任

技术组

组　长：罗其友　中国农业科学院农业资源与农业区划研究所　研究员/博士生导师

姜文来　中国农业科学院农业资源与农业区划研究所　研究员/博士生导师

信　军　中国农业科学院农业资源与农业区划研究所　高级农艺师/副主任

成　员：刘建玲　中国农垦经济发展中心（农业部南亚热带作物中心副研究员/处长　林果专项组组长

胡宗达　四川农业大学资源学院　副教授/博士　林竹专项组长

屈宝香　中国农业科学院农业资源与农业区划研究所　研究员/博士　旅游休闲专项组组长

浦　华　中国农业科学院北京畜牧兽医研究所　副研究员/博士　养殖专项组组长

毕金峰　中国农业科学院农产品加工研究所　研究员　加工物流专项组组长

庄云飞　中国农业科学院蔬菜花卉研究所　副研究员/博士　蔬菜专项组组长

李　娟　中国农业科学院农业资源与农业区划研究所　特色经作专项组组长

尤　飞　中国农业科学院农业资源与农业区划研究所　副研究员/博士

王秀芬　中国农业科学院农业资源与农业区划研究所　副研究员/博士

刘　洋　中国农业科学院农业资源与农业区划研究所　助理研究员/博士

吴永成　四川农业大学农学院　教授

曹经晔　中国水产科学院长江所　研究员/所长

易建勇　中国农业科学院农产品加工研究所　助理研究员

王　栋　中国农业科学院北京畜牧兽医研究所　研究员/博士

孙　娟　中国农垦经济发展中心（农业部南亚热带作物中心）副研究员/副处长

陈明文　中国农垦经济发展中心（农业部南亚热带作物中心）博士

胡桂兵　华南农业大学园艺学院　副院长/教授

叶自行　华南农业大学园艺学院　教授

彭建平　福建省莆田市农业科学研究所　研究员/所长

向　雁　中国农业科学院农业资源与农业区划研究所　硕士

辛　玲　中国农业科学院农业经济与发展研究所　副研究员/博士

郑钊光　中国农业科学院农业资源与农业区划研究所　助理研究员

高　鹤　中国农业科学院农产品加工研究所　研究生

伊热鼓　中国农业科学院农业资源与农业区划研究所　硕士研究生

张涵宇　中国农业科学院农业资源与农业区划研究所　硕士研究生

韩晶晶　中国农业科学院农业资源与农业区划研究所　研究助理

郑　末　中国农业科学院农业资源与农业区划研究所　研究助理

谢秋燕　中国农业科学院农业资源与农业区划研究所　研究助理

前　　言

泸州市位于我国西南川滇黔渝结合部，是国家历史文化名城。泸州发展现代农业具有得天独厚的优势：一是特色农业资源丰富，泸州地貌复杂多样，立体性气候明显，是全球荔枝、龙眼最晚熟和最北缘产区，也是全球同纬度最早茶叶产区，泸州的丫杈猪、马羊、林下乌骨鸡、赶黄草、石斛等资源也独具特色；二是水陆空立体交通网络相对完善，泸州拥有国家二类水运口岸泸州港，高速公路与滇、黔、渝三省市互联互通，铁路直达泸州港，空港是四川乃至中国西部重要的骨干支线机场，国际航线即将开通；三是现代农业发展基础扎实，畜牧、优质稻、高粱、果蔬、林竹、烤烟等主导产业优势明显，国家柑橘、荔枝龙眼产业技术体系在泸州均设有综合试验站；四是酒城名冠天下，品牌优势明显，泸州地处中国白酒金三角核心腹地，"泸州老窖"和"郎酒"驰名中外，是闻名遐迩的"中国酒城"，泸州长江大地蔬菜、赤水河甜橙、泸州桂圆、合江荔枝、纳溪特早茶、泸州赶黄草等多个品牌有一定影响力。为了从战略、战术上协同推进泸州现代农业跨越式发展，更好地做好泸州现代农业顶层设计，泸州市委市政府委托中国农业科学院，农业资源与农业区划研究所编制《泸州市现代农业发展规划（2014—2025）》（以下简称《规划》）。

《规划》从全球、全国、全产业链等多角度审视泸州市发展现代农业的机遇与挑战，从战略和战术两个层面系统设计了泸州市现代农业建设的"1842"蓝图："1"是指以"绿色、低碳、循环"发展理念为统领，以基地、园区为载体，以落地项目为抓手，创立"一个山地现代农业样板"；"8"是指做大，做强，做精，做响，做绿和做特精品果业；高效竹产业；特色蔬菜业；特色经作产业；现代养殖业；优质粮食产业；休闲农业和加工业物流"八大产业"。"4"是指打造我国西南一流中国领先的特色优质农产品供给基地、长江上游优质农产品加工物流基地、西南山区农业绿色发展示范基地和新型多功能农业创新发展基地"四张名片"。"2"是指统筹实施"一批重点项目"和"一套政策措施"。

2014年11月24日，泸州市人民政府组织国务院发展研究中心、重庆农业科学院、西南大学、四川农业大学、泸州市农业局的专家对《规划》进行评审，专家组认为："《规划》对加快推进泸州市、四川省乃至全国山地特色现代农业建设具有重要指导意义。《规划》发挥多学科优势，思路清晰，重点突出，科学性和操作性兼备，是一个高水平的《规划》，一致同意《规划》通过评审"。2015年3月27日，泸州市委副书记、市长刘强主持召开市第七届人民政府第53次常务会议，审议并通过了市委农工委提交的《泸州市现代农业发展规划》。

在《规划》编制过程中，得到泸州市委市政府有关部门、区（县）和专合组织大力支持，《规划》是以中国农业科学院为主体的科研院所与泸州地方密切合作的产物，是集体智慧的结晶。在此编制组向在《规划》编制过程中提供帮助的组织及个人表示衷心感谢！

本书是以泸州市为例，包括精品果业、高效竹产业、特色蔬菜业、特色经作产业、现代养殖业、优质粮食产业、休闲农业和加工业物流等专项规划，为地市级现代农业发展专项规划提供一个范例。

《规划》编制组

二零一七年八月

目　　录

第一章　泸州市精品果业发展专项规划

第一节　产业发展基础与现状分析

一、产业发展基础与现状

（一）柑橘

泸州市是我国柑橘最适宜生产区之一，主产品种有椪柑、真龙柚、脐橙等，其中真龙柚与脐橙生产规模较大，果品品质优良，商品性和经济效益良好，最具发展优势。

1. 产业带初步形成

从 2000 年起，泸州市开始实施优质甜橙产业化开发项目。2007 年四川省启动优势柑橘生产基地建设项目，初步形成两个产业带：一是赤水河流域鲜食精品果甜橙带。已建成古蔺县马蹄乡、永乐镇、椒园乡、叙永县水潦乡、石坝乡和赤水河镇 6 个万亩（15 亩 = 1 公顷。下同）基地乡镇。二是长江流域优质柚产业带。已建成合江县密溪乡、白米镇、参宝镇、先市镇、纳溪区护国镇、上马镇等 7 个万亩基地乡镇。

2. 生产规模不断扩大

1995 年泸州柑橘面积仅 27.5 万亩、产量 2.9 万吨。2000 年开始实施优质甜橙产业化开发项目，柑橘产业开始崛起，至 2005 年，全市柑橘种植面积 44.67 万亩[①]，产量 6.04 万吨，分别比 1995 年增长 62.4% 和 108.3%。从 2006 年以来，泸州柑橘产业进入快速发展期。截至 2013 年，全市柑橘种植面积 75 万亩、产量 16.35 万吨。其中，合江真龙柚面积 13.5 万亩、产量 2.4 万吨；叙永县柑橘面积 9.41 万亩、产量 1.39 万吨；古蔺县柑橘面积 11.04 万亩、产量 5 万吨，古、叙两县主要品种有纽荷尔脐橙、福本脐橙、太田椪柑、台湾椪柑等。

---

① 亩为非法定计量单位，1 亩 ≈ 667 平方米

3. 农村专合社及龙头企业带动作用增强

目前，已建成专业提供优质果良种苗和从事柑橘生产的企业4家，柑橘专合社30个，涌现了一批新建柑橘园丰产致富典型和收入万元以上的农户。各县区积极支持土地承包经营权向专业大户、家庭农场、专合社和农业企业流转。合江县已在白米、凤鸣、虎头等乡镇集中土地流转面积达8.2万亩。

4. 示范区逐步形成

合江在密溪、白米、虎头等6个乡镇建成真龙柚示范片区内集中定植10万亩，产量达800万千克。古蔺县柑橘产业发展初具规模，已在马蹄、椒园、太平等5个乡镇建设柑橘标准化生产示范基地7万亩。叙永县在水潦、石坝、赤水河等3个乡镇建成柑橘园示范核心区1万亩，已与省内外高等院校、科研院所建立起良好的合作关系。其核心示范区域实现了水利设施能排能灌、路网成型、产业基地道路四通八达的格局。

5. 品牌效益显著

合江真龙柚于1995年获中国第二届农业博览会金奖，1998年获全国五次柚类鉴评金奖，2008年获四川省著名农产品称号，2012年获农产品地理标志认证。叙永"赤水河"牌甜橙获国家农业部无公害农产品认证，得到省内外市场认可，甜橙产品畅销重庆、贵阳等市，且销售价格高，果农经济效益良好。

（二）荔枝、龙眼

泸州市荔枝、龙眼栽培高度集中。荔枝主产合江县，其面积和产量均占全市的95%以上。龙眼主产龙马潭区、江阳区和泸县，其面积和产量均占全市的95%以上。该两县两区为荔枝、龙眼重点发展区域，极具品牌、品质和晚熟优势。

1. 栽培历史悠久

泸州是我国荔枝、龙眼栽培历史最早的区域之一，有1500多年的栽培历史。合江县现存有400多年生的土著实生荔枝树，目前经济栽培的荔枝品种主要是早期从广东、福建等地引进、选育而成的地方良种。

树龄几百年的龙眼古树遍及全市，主要分布于江阳区、泸县和龙马潭区，主要品种有10多个。江阳区境内现存有600多年生的土著实生龙眼树，沙湾镇张坝有1000多亩集中成片、100年生以上实生龙眼林带，有老龙眼树5900多株。

2. 品种资源丰富

泸州共有本地及早期引种荔枝品种38个，其中，酸荔枝、酸梅果荔枝、鸟泡、白壳荔枝、荷包荔枝等本地荔枝选优品种17个，早期从沿海地区引进、驯化的鹿角、大红袍、绛纱兰、妃子笑、糯米糍、带绿、陀缇、桂味等品种21个。近年从沿海地区引进了红绣球、马贵荔、曾城挂绿红灯笼、无核荔广西鸡嘴荔、紫娘喜、井岗红糯等优良品种30余个。泸州素有内陆龙眼种质基因库之称，拥有大量龙眼实生种群，加上广泛引进沿海优良品种，龙眼种质资源十分丰富。20

世纪 60—80 年代，选出市级优良单系 13 个。1998 年，蜀冠、泸丰、泸早通过了四川省农作物品种审定委员会审定，发展成为泸州主要生产品种。近期又研发出泸晚系列优质晚熟品种。目前种植品种中蜀冠占 34.22%、泸丰占 19.71%、石硖占 7.66%、泸早占 7.55%、大乌园占 6.80%、本地实生及其他占 23.76%。

3. 生产规模逐步扩大

1949 年泸州市荔枝面积仅 2 000 余亩，1.7 万株，产量 174 吨。自 20 世纪 80 年代起泸州市大力发展荔枝，1991 年全市荔枝面积 4.9 万亩，产量 364 吨。2008 年全市荔枝面积达 7.55 万亩，产量 4 159 吨。2013 年全市荔枝面积达 25.83 万亩，产量 1.3 万吨。

1991 年泸州龙眼面积仅为 1.27 万亩，产量 1 000 吨左右。1990—1996 年，泸州市实施长江上中游水果世界银行贷款开发项目，建设龙眼示范基地 3 000 亩，带动了全市龙眼产业发展。特别是近年来，在省、市党委、政府的高度重视下，泸州龙眼产业得到迅猛发展。2009 年全市龙眼面积 16.66 万亩，产量 3.37 万吨；2013 年全市龙眼面积 25.01 万亩，总产量达 5.81 万吨，连创历史新高。

4. 区域布局进一步优化

荔枝生产集中地合江产区，占比 95% 以上。同时，在各区域范围内，采取品种熟期合理配置，品种结构更加优化，特晚熟优质荔枝占比逐步提高。全市已经建成 3 个 3 万亩以上、4 个 1 万亩以上荔枝规模基地乡镇，8 个万亩以上龙眼规模基地乡镇，12 个 5 000 亩乡镇，3 个农业部命名的热作标准化生产示范果园，初步形成江阳区、龙马潭区和泸县 3 个龙眼优势产业带。江阳区以江南示范片龙眼产业发展为主导，建成泰安、黄舣、弥陀为核心的龙眼产业带；泸县集中打造以潮河、海潮、太伏、云龙镇为核心，321 国道沿线福集、嘉明、得胜等龙眼核心示范片；龙马潭区建设金（龙）胡（市）示范片高标准龙眼产业带。

5. 产业效益显著提升

泸州市荔枝产量、品质稳步提升，得益于采后处理技术、品牌战略、完善生产设施和物流处理能力的大幅提升。2013 年全市荔枝平均售价 40 元/千克，总产值达 5.2 亿元，龙眼销售 10 元/千克，总产值 6.3 亿元。泸县、江阳区分别于2004 年和 2006 年获得全国南亚热作名优基地称号。2010 年江阳区黄舣镇、龙马潭区金龙乡及泸县潮河镇成功创建为全国龙眼标准化生产示范园。

6. 专合社及龙头企业带动作用增强

泸州市已建成荔枝专合社 24 个，龙眼专合社 10 个，培育泸州邓氏土特产品有限公司等生产营销龙头企业 10 家。培育了海潮桂圆专合社、蟠龙桂圆专合社等大型荔枝、龙眼专合社近 10 个。带动全市 30 000 余户果农，加强生产管理，促进了果品营销，示范带动作用明显。

二、主要问题

近年来，泸州市水果产业发展取得了显著成效，建设了一批规模化商品生产基地，逐步向现代化、规模化、标准化、产业化迈进，但与发展现代农业的要求相比，还存在一些问题和差距。

（一）基础设施建设滞后

泸州市水果基地基础建设尤其是水利设施建设滞后，基地蓄水池、引水沟等设施少，灌溉设备未在基地普及，无法抵御旱涝灾害。交通设施有待改善，如古蔺县尚有50%以上的村未通油路或砼路，乡与乡、村与村之间的路网建设不济，且公路多处于高山、陡岩等自然条件恶劣的区域，建设、改造难度较大；赤水河通航等级较低，多数段处于7级航道以下，船舶通航受到较大限制，安全隐患突出。受经济发展水平和自然地理条件的制约，一些先进、大型、农业机械难以推广应用。如在2012年特大干旱中，新定植荔枝苗木死亡率很高，损失惨重，果树正常生长发育没有保障。

（二）果业规模化、组织化程度不高

泸州果业生产仍以分散农户为主，平均每户果园面积不到3亩，大部分果农生产经营管理能力不强。农民生产组织化程度较低，大部分果园没有进行统一的病虫害防治、施肥和修剪等，果园管理很难到位。农产品全程质量安全监管体系还不健全，质量监督机制、市场准入制度和质量安全追溯制度等都未有效建立。栽培技术参差不齐，在生产过程中投入品的使用不够规范，产品质量参差不齐，标准化生产程度较低。经营规模小、推行各项标准化生产技术难度较大，投入产出率、单产水平较低。2013年泸州柑橘单产为218千克/亩、荔枝152.9千克/亩、龙眼192千克/亩，分别为全国单产水平的22.54%、58.2%和60%。

（三）水果采后处理、加工相对滞后

水果上市期较集中，特别是荔枝和龙眼，现有的果园采后预冷处理、果品包装、保鲜、贮运及加工和销售等产后配套建设不足，尚不能满足收获期大批量果品贮运、保鲜和加工的需求。同时，龙头企业、业主参与产业化开发的总体规模小，商品化处理、加工率较低，附加值不高，优势没有得到有效发挥。此外，全市水果产业发展目前主要依靠政府推动，尚未形成真正的产业集群。龙头企业参与水果产业化开发的数量少、规模小。农民合作社发展滞后，组织化、产业化程度不理想。龙眼加工主要以焙干为主，高端产品开发和加工处于起步阶段。至今没有国内外知名的大品牌，附加值受限。

（四）服务体系不健全

专业服务队伍、龙头企业、营销队伍力量薄弱，流通运销不畅，营销网络不全，信息不灵，为农民提供产前、产中、产后信息和技术服务力量不足，致使有的农户在上市集中期卖果难，收益低。

（五）劳动力资源匮乏

当前农村青壮年劳动力 90% 外出打工，从业农民老龄化、女性化，思想观念落后，文化素质低，对科技成果的接受能力较差。水果属于劳动密集型产业，青壮年劳动力缺乏，加之近几年人工成本上升，制约了产业发展。

（六）抗御自然和市场风险的能力差

泸州市水果生产风险保障机制不健全，生产和流通的巨大风险由生产和经营者独自承担，一旦遇到产品滞销、价格低迷或不良环境导致减产时，生产者往往无力抵御，生产难以为继，导致果园轻管、失管。泸州市纬度较高，为我国荔枝、龙眼栽培的最北缘地区，一旦发生低温寒害，将对产业造成不利影响。如2010 年为泸州龙眼生产小年，雨水偏多、低温连绵导致大面积绝收。2011 年本为大年，但由于年初冰冻雨雪天气原因，几乎颗粒无收，产量不增反降，户均龙眼产量仅为 13.1 千克。

除上述普遍性问题外，柑橘、荔枝、龙眼还存在一些亟待解决的特性问题。柑橘方面，合江真龙柚虽已经选出合适的授粉品种，但推广力度不够；赤水河谷地带的柑橘品种多、杂，总体品质差异较大，优良品种脐橙的栽培面积仅占柑桔总面积的 40%，品种结构有待进一步优化。荔枝方面，种植品种主要为大红袍，占种植总面积的 80% 左右，种植品种单一，且基本为高压苗种植，存在大小年现象。龙眼方面，定植不规范，栽植密度过大，一般亩栽 40 株，密度达到 60～80 株/亩；优新品种引进力度不够，主要是蜀冠系列，品种比较单一、结构不合理，且嫁接良种较少，造成产期过度集中，丰产年价格较低，卖果难；成熟期晚影响秋梢抽发，加之防控冬季冻害、龙眼春季冲梢、落花落果等优质丰产栽培集成技术到位率不高、隔年结果等问题尚未根本解决。

第二节　产业发展优势分析

一、产业市场供需分析

（一）供给分析

随着品种更新、种植面积扩大及水果陆续进入收获期，泸州水果供应能力将进一步加大。

1. 柑橘

近 10 年来，我国柑橘产业发展迅猛，总产量增长 3.33 倍，已成为世界柑橘第三大生产国。2013 年全国总产量 650 万吨，占世界总产量的 9.5%。其中泸州总产量 16.35 万吨，占全国总产量的 2.07%。通过本规划的实施，预计到 2016 年，总产量达 20 万吨；到 2020 年，总产量达 40 万吨，到 2025 年，总产量达 58 万吨。

2. 荔枝

近 10 年来，我国荔枝产业规模迅速扩大，总产量增长 82.54%，成为世界荔枝第一生产大国。2013 年全国总产量 205 万吨，占世界总产量的 70%。其中泸州总产量 1.3 万吨，分别占全国和四川总产量的 0.63% 和 90%。通过本规划的实施，预计到 2016 年，总产量达 1.6 万吨，到 2020 年，总产量达 4 万吨，到 2025 年，总产量达 5 万吨以上。

3. 龙眼

我国是世界龙眼第一生产大国。入世以来，尤其是中国—东盟自贸区启动以来，在泰国、越南等东盟国家龙眼鲜果进口冲击下，我国龙眼产业趋于萎缩态势。2013 年全国总产量达 155.87 万吨，占全世界产量约一半。其中泸州总产量达 5.81 万吨，分别占全国和四川总量的 3.73% 和 90%。通过本规划的实施，预计到 2016 年，泸州龙眼总产达 6 万吨，到 2020 年，总产量达 8 万吨，到 2025 年，总产量达 10 万吨。

（二）需求分析

1. 消费尚有提升空间

由于独特的地理环境，泸州水果品质极佳，享誉国内市场。真龙柚、脐橙品质优良，荔枝、龙眼具有晚熟优势。随着我国经济的快速发展和人民生活水平的提高，国内市场拓展空间巨大。我国是柑橘、荔枝、龙眼第一消费大国，人均消费柑橘 7.8 千克，仅为全球人均柑橘消费量 17.2 千克的 45.3%，荔枝、龙眼鲜果人均占有量为 1.36 千克和 0.55 千克，仅占全球人均水果消费量的 2.9% 和 1.2%。随着人民生活水平不断提高，柑桔、荔枝、龙眼等水果消费还有很大提升空间。此外，随着水果加工的提升，对原料的需求量将持续增加。今后 5～10 年内，预计水果年需求增长为 3%～5%，市场前景广阔。

2. 泸州周边市场较大

泸州毗邻成、渝两大城市，在融入成渝经济圈后，东西部双向开发，发展战略关键节点，水果市场需求扩展潜力大，现有优质水果产量尚不能满足供应全省及周边地区的需求，这为泸州发展水果商品基地创造了市场先机。随着道路交通的改善和物流渠道的拓展，还将扩大至上海、北京、天津、南京、杭州、大连、西安等大中城市，市场潜力巨大。

3. 荔枝、龙眼独具晚熟优势

在鲜果市场方面，泸州市荔枝、龙眼具有晚熟性，与其他地区荔枝、龙眼主产区成熟期上有"时间差"。桂（广西——广西壮族自治区简称，下同）粤（广东）荔枝盛产于6月份、龙眼盛产于7月份，8月下旬鲜果供应基本结束。而泸州荔枝7月下旬至8月上旬、龙眼9月中下旬才大量上市，晚熟荔枝品种9月上旬、龙眼10月上中旬上市，利用这一"时间差"，以衔接闽、粤、桂荔枝、龙眼供应市场。此外，随着国际化进程加快，进入国际贸易环节销售所占比例也将有所上升。

二、竞争力分析

（一）生产要素优势

1. 区位经济优势

泸州地处川、滇、黔、渝四省市接合部，是西南出海通道，为四川省第一大港口和第三大航空港，成渝经济区重要的商贸物流中心，长江上游重要的港口城市。本地鲜食果质优味美，吸引重庆、成都等大量消费群体。宜泸渝、成自泸赤高速公路已全线贯通，泸州与成都、重庆、贵阳等特大城市的时空距离大大缩短，从合江县到重庆外环仅57千米，已融入重庆"半小时经济圈"，产品可直接供应成都、重庆、云南、贵州等省市大市场，还可开拓"三北"、香港、澳门等地市场，其产品具有很强的市场竞争力。产品距沿海水果主产区较远，市场受影响较小，区位经济优势明显。

2. 气候生态优势

泸州地处四川盆地南缘，准南亚热带气候，年均温17.8~18.6℃，大于0℃的年积温达5 735.7~6 230.0℃，一月均温7.0~7.8℃，极端最低温 -2.4℃；年日照1 288.6~1 400小时，无霜期350天左右；年降雨量1 142mm，相对湿度84%。全市气候冬暖夏热潮湿，冬无严寒，夏无酷热，热量丰富，雨量充沛，温、光、雨、热资源与时空分布同水果生长发育同步。沿赤水河谷地带，形成干热、少雨的特殊小区气候，水质优，水、气、土均无污染，海拔500~700米为生产鲜食柑橘的理想区域。

3. 产地环境优势

泸州是国家森林城市，森林覆盖率高，境内空气清新，水资源丰富，水质优，生产环境好。荔枝、龙眼果园土壤多属沿江冲积土和浅丘紫色土，土层较厚，土壤母质富含营养，土壤肥力水平较高。同时，既无柑橘黄龙病、溃疡病、龙眼鬼帚病等检疫性病害侵袭，又无台风袭击，境内无大型工业企业，是水果安全生产区，是生产无公害、绿色精品水果产业得天独厚之地。合江荔枝成功注册证明商标、真龙柚及泸州桂圆均获农产品地理标志认证。

（二）技术要素优势

国家柑橘和荔枝、龙眼产业技术体系均在泸州设有综合试验站，赤水河流域鲜食精品柑橘标准化生产关键技术集成示范区与中国农业科学院柑橘研究所建立了长期的技术合作关系，在优良柑橘新品种、柑橘无病毒苗木与接穗繁育技术、标准化建园技术、柑橘轻简化、标准化栽培技术、柑橘病虫害绿色防控技术和柑橘商品化处理关键技术等方面都有较稳定的支撑。泸州是全国晚熟荔枝、龙眼基地，2007年起参与国家"948"项目实施，并承担了国家晚熟荔枝、龙眼种质资源圃建设项目。在各种项目的实施过程中，国家柑橘、荔枝、龙眼产业技术体系团队成员，经常调研和指导泸州柑橘、荔枝、龙眼生产技术，引进了优良品种和优新技术，十分有利于泸州特色水果产业发展和科技水平提高，为泸州精品果业发展提供强有力的科技支撑。

（三）产业链优势

近几年来，泸州狠抓名优品牌打造和龙头企业建设，在产业链建设上取得了一定成效。合江荔枝是全省第二个通过欧盟GAP认证的果品，合江真龙柚、赤水河甜橙先后获北京农博会、西博会金奖、四川省著名农产品称号。2007年合江县"带绿""铊堤"荔枝分别获北京2008年奥运水果推荐一、二等奖。2008年"带绿"荔枝获"中国国际林博会金奖"和"中华名果"称号，2008年合江荔枝成功入驻奥运会，合江县被授予"中国晚熟荔枝之乡"，获得农业部南亚热带作物名优基地。

打造了一批全国性和区域性龙眼产品品牌。泸县被授予"中国晚熟龙眼之乡"，被农业部命名为"南亚热带作物名优作物龙眼生产基地"，列入了"农业部2012—2016年龙眼优势产业规划"。先后培育出泸州邓氏土特产品有限公司等生产营销龙头企业10家，培育出了海潮桂圆、熟龙桂圆、荔枝、龙眼专合社10个。全市注册与龙眼有关的水果商标20件，其中，"后湾"龙眼、"邓桂"桂圆获四川名牌农产品称号，"邓桂"龙眼品牌获四川省著名商标，泸县海潮桂圆基地通过了国际良好农业规范（GAP）认证（出口欧盟标准）。

（四）政府环境优势

泸州市政府积极探索促进科技成果转化的新机制，先后实施"农村小康快车星火示范工程"和"科技富民推进行动"等科技惠农行动，通过科技下乡、绿色证书、阳光工程等，组织开展农业实用技术培训；下派科技特派员、组建农业科技专家大院、成立农村专业技术服务组织等，构建新型农村科技服务体系。与中科院广州分院（广东省科学院）签订院地合作协议，相关区县和企业也与四川大学、西南大学、成都中医药大学、中国农科院、四川省农科院、省食品发酵研究院等开展了广泛合作。合江县每年在土地出让净收益中提取5%~10%作为荔枝、真龙柚发展基金。通过整合金土地工程、农业综合开发、土地整理、国际援助贷款、乡村道路、水土保持、中央财政支农资金整合试点等项目，投资3 000多万元发展荔枝产业。在江阳区建成沿江百里龙眼生态长廊4万亩。近年来，市政府安排柑桔、荔枝、龙眼专项培训资金，依托国家柑桔、荔枝、龙眼产业技术体系各类技术培训班36期（次），共培训2 500人次，培训了市、县区、乡镇果技人员和专业大户；举办或协助企业举办各类荔枝、龙眼节，提高泸州荔枝、龙眼整体知名度。

（五）产品品质优势

长、沱两江及赤水河流域河谷，浅丘区属中亚热带季风气候，赤水河流域上游河谷地区，属典型的干热河谷气候，立体气候明显，年内温差、昼夜温差大，湿度低，海拔 700 米以下地区是优质柑橘的最适生态区，无黄龙病、溃疡病、木虱等病虫害，所产柑橘果面光洁、口感好、品质优，商品性好，可溶性固形物含量高，风味浓，是我国内陆难得的鲜食精品水果产区，产品先后获国家农产品地理标志认证、获奖产品得到省内外市场认可，畅销成都、重庆、贵阳等市，且销售价格高。泸州市荔枝成熟期在 7 月下旬至 8 月中旬（沿海各省区主要为 5—7 月），为全国同类果品尾市，独占市场消费空档，市场价格比沿海产品高出 4~8 元/千克，尤其是"带绿""铊堤"等优质稀有晚熟品种荔枝可以卖出昂贵的价格，晚熟优势十分明显。泸州龙眼肉质细嫩，可溶性固形物高，风味浓、微香，口感好、耐贮运，制干性能好，尤其是成熟期迟，有很大的市场优势。

三、主导产品市场定位

（一）柑橘

1. 主导产品

按照现有产业基础和市场环境，今后柑橘重点发展产量稳定、质优的合江真龙柚；在叙永县、古蔺县发展鲜食脐橙，重点开发中晚熟、晚熟熟期配套的"纽荷尔""塔罗科血橙"等适合当地的优质鲜食品种。

2. 市场定位

建设西部最大的优质柑橘生产基地。产品以精品鲜食真龙柚和脐橙为主，立足成渝经济圈，重点面向成都、贵阳、重庆等毗邻城市，开拓北京、上海、广州等大城市，积极拓展欧美、日本和韩国等国际市场。

（二）荔枝

1. 主导产品

按照现有产业基础、市场环境及比较优势，今后重点开发"绛纱兰""妃子笑"等中熟和"带绿""桂味"等晚熟优质品种，其中，中熟优良品种和晚熟品种的比例分别从目前的 15% 和 5% 提高到 40% 和 25%。

2. 市场定位

建设晚熟荔枝高档精品果品生产基地和出口基地。产品市场立足国内，重点拓展成都、重庆等邻近城市及北京、上海、广州等大城市。同时，加强荔枝采后贮藏保鲜设施建设，提高产品质量，开拓日本、欧美等国际市场。

（三）龙眼

1. 主导产品

按照以上市场与竞争力分析，今后重点开发以下两大类主导产品：特迟熟的鲜食龙眼，如泸晚、冬宝、松风本等，其成熟期在9月下旬以后；中晚熟的优质品种及各类龙眼加工制品，主要发展蜀冠、泸丰、石硖等品种，生产龙眼罐头、龙眼酒、龙眼膏、桂圆干及桂圆肉等。

2. 市场定位

打造我国西部最大的龙眼供应区和晚熟优质龙眼种植基地。泸州晚熟优质鲜食龙眼应主要面向国内，力争主导川、渝等龙眼鲜果市场；利用晚熟龙眼的品质优势，进一步延长鲜果供应期和拓宽市场范围，并开拓国际市场。

第三节　建设思路与目标

一、建设思路

以党的"十八"大精神为指导，立足泸州生态和地理优势，以合江真龙柚、赤水河流域（古蔺县、叙永县）脐橙，合江荔枝，泸县、江阳区、龙马潭区龙眼为规划重点，以国内外市场为导向，以适度规模、优质安全高效为原则，以"稳面积、提质量、抓配套、保增收"为目标任务，对现有果园进行现代化改造和品种结构调整，打造泸州精品果业。通过柑橘七大工程（真龙柚无病毒苗木繁育体系、授粉树品种配置展示园、老旧果园改造、新建标准果园、高标准示范园、采后商品化处理和乡村旅游）、荔枝六大工程（种业、老旧果园更新改造、新建标准园、高标准示范园、物流市场体系和文化广场）、龙眼九大工程（龙头企业及合作社培育、良种繁育、生态旅游、老旧果园更新改造、新建标准园、高标准示范园、科技支撑、市场体系和深加工）的建设，全面提高泸州精品果产业规模化、标准化、专业化、优质化、组织化和现代化水平，延长水果产业链和增加附加值，把泸州建设成中国最具竞争力的优质真龙柚、脐橙及晚熟荔枝、龙眼生产流通基地，打造国内外知名品牌，促进产业持续健康发展。

二、基本原则

（一）市场导向原则

充分考虑现实市场和潜在市场，适应市场对水果果品安全化、多样化和优质化的需求，确定好目标市场，并根据目标市场消费需求，优化和调整品种结构，合理布局优势产区，坚持用工业化理念发展泸州精品水果产业，用绿色理念提升泸州精品水果产业，推进泸州精品水果产业现代化建设。

（二）比较优势原则

综合考虑资源禀赋、生产规模、市场区位、环境质量、资金、技术、人才以及政策等方面的优势，突出重点，相对集中、因地制宜、扬长避短，把潜在优势转变为现实经济优势。

（三）可持续发展原则

坚持经济、社会、环境协调发展，合理开发利用与保护自然生态环境相结合，实现速度、规模与效益统一，形成区域性、规模化生产基地，构建物流保鲜基地，建立健全产业链。

（四）科技优先原则

科技是第一生产力。要把科技放在优先规划的位置，实施精品战略，以优质精品安全为主导，实现泸州精品果业由"数量扩张型"向"质量效益型"转化。

（五）产业化开发原则

以产业链条整体开发为导向，以注重基地、龙头企业、品牌、文化、市场等各个产业点的建设，推进产业化经营。

三、发展目标

（一）总体目标

通过本规划实施，加速产业向优势区域集中，建成一批规模化种植、标准化生产、商品化处理、品牌化销售、产业化经营的精品果业基地，打造国内知名品牌。建成我国西部最具竞争力和品质最优的真龙柚和脐橙供应基地，以及国内领先水平的晚熟荔枝、龙眼生产基地。实现泸州市名优水果百万亩，带动户均增收万元以上。精品果业发展目标见表1-1。

表1-1　精品果业 2025 年发展目标

作物	面积（万亩）	产量（万吨）	产值（亿元）
脐橙	25	30	24
真龙柚	30	45	45
荔枝	30	5	15
龙眼	30	10	10
合计	115	90	94

（二）阶段目标

1. 柑橘

2014—2016 年，脐橙种植面积发展为 1.7 万亩，总面积达 16.7 万亩、总产量达 6 万吨、总产值达 4.8 亿元；真龙柚发展为 16.5 万亩，总面积达 30 万亩、总产量达 6 万吨、总产值达 7.2 亿元。建成设施完善、管理规范、效益高的脐橙和真龙柚标准化生产基地达 5 万亩；果品采后商品化处理率达 70%；果园良种比例达 95%。打造"赤水河"等为省级知名品牌。基地基础设施得到完善，建成 3 个省级龙头柑橘企业。

2017—2020 年，脐橙种植面积发展为 3.3 万亩，总面积达 20 万亩、总产量 15 万吨、总产值 12 亿元；真龙柚总面积稳定在 30 万亩、总产量 20 万吨、总产值 20 亿元。建设脐橙和真龙柚标准化生产基地 8 万亩；果品采后商品化处理率 90%；果园良种比例达 98%。打造"赤水河"等为国家级知名品牌，建成 5 个省级龙头柑橘企业。

2021—2025 年，脐橙种植面积发展 5 万亩，总面积达 25 万亩、年总产量 29 万吨、总产值 23.2 亿元；真龙柚总面积稳定在 30 万亩、年总产量 45 万吨、总产值 45 亿元。建成脐橙和真龙柚标准化生产基地 10 万亩；果品采后商品化处理率 100%；果园良种比例达 100%。打造"赤水河"等为国际知名柑橘品牌，建成 2 个国家级龙头柑橘企业，6 个省级龙头柑橘企业。

2. 荔枝

2014—2016 年，总面积达 30 万亩、总产量 1.8 万吨、总产值 7.2 亿元。完成农业部热作标准园（500 亩）1 个、省级万亩标准示范园 3 个、县级标准示范园（200 亩）1 个和镇级标准示范基地建设（11 000 亩左右）11 个，旅游观光园建设初见成效。

2017—2020 年，荔枝总面积稳定在 30 万亩、年产量 3 万吨、总产值 10.5 亿元。其中，示范基地的面积达到 5.5 万亩，旅游观光园面积达到 5.4 万亩。力争使合江晚熟荔枝产业化水平接近国内先进水平。早、中、迟熟品种比例由目前的 8.0∶1.5∶0.5 调整至 4.0∶4.0∶2.0，采后商品化处理率达 80%。

2021—2025 年，荔枝栽培面积稳定在 30 万亩左右，年产量达 5 万吨，总产值 15 亿元。其中，标准果园的面积达到 6 万亩，旅游观光园面积达到 6.0 万亩。采后商品化处理率达 90%，早、中、迟熟品种比例由 2020 年 4.0∶4.0∶2.0 调整至 3.5∶4.0∶2.5，科技贡献率、良种覆盖率、优质果品率、果品采后商品化处理率明显提升。

3. 龙眼

2014—2016 年，龙眼面积达 27.6 万亩，产量 6.2 万吨，产值 6.2 亿元。建设龙眼标准化生产示范园 2 万亩，在龙眼主产县区各培育 1~2 个省级龙眼产业龙头企业，打造"邓桂""泸桂圆""后湾"等省级知名品牌，龙眼果品加工率达 20%，建设特色明显、类型多样、竞争力强的"一村一品"示范村 50 个。

2017—2020 年，龙眼面积 30 万亩，产量 8 万吨，产值 8 亿元。建设龙眼标准化生产示范园 3 万亩，早、中、晚熟品种比例由目前的 1∶7.5∶1.5 调整至

1.5：6：2.5，采后鲜果商品化处理率达 70%。在龙眼主产乡镇各培育 1~2 个能够带动产加销一体化的省、市级龙头企业或专合社，打造"后湾""邓桂""泸桂圆"等为国家级知名品牌，龙眼果品加工率达 25%，建设"一村一品"示范村 80 个。

2021—2025 年，龙眼面积稳定在 30 万亩，产量 10 万吨，产值 10 亿元，建设龙眼标准化生产示范园 3.5 万亩，早、中、晚熟品种比例调整至 1.5：4.5：4，采后鲜果商品化处理率 90%，在龙眼主产乡镇、村培育一批能够整体提升泸州龙眼产业化经营水平的龙头企业、专合社、家庭农场，巩固"后湾""邓桂""泸桂圆"等国家级知名品牌的地位，果品加工率达 30%，建设"一村一品"示范村 100 个。精品果业分阶段发展目标见表 1-2。

表 1-2　精品果业分阶段发展目标

区（县）	发展指标		2014—2016 年			2017—2020 年				2025 年
			2014	2015	2016	2017	2018	2019	2020	
合江县	真龙柚	面积（万亩）	19.5	25.5	30	30	30	30	30	30
		产量（万吨）	3	4	6	8.5	12	16	20	45
		产值（亿元）	3.6	4.8	7.2	8.5	12	16	20	45
	荔枝	面积（万亩）	30	30	30	30	30	30	30	30
		产量（万吨）	1.4	1.5	1.8	2.1	2.4	2.7	3	5
		产值（亿元）	5.6	6	7.2	8	9	10	10.5	15
泸县	龙眼	面积（万亩）	15	16.7	17.6	18.2	18.9	19.5	20	20
		产量（万吨）	3.4	3.45	3.6	4	4.5	4.75	5.0	6.7
		产值（亿元）	3.4	3.45	3.6	4	4.5	4.75	5.0	6.7
江阳区	龙眼	面积（万亩）	6	6	6	6	6	6	6	6
		产量（万吨）	1.4	1.45	1.5	1.55	1.6	1.65	1.7	2
		产值（亿元）	1.4	1.45	1.5	1.55	1.6	1.65	1.7	2
龙马潭区	龙眼	面积（万亩）	4	4	4	4	4	4	4	4
		产量（万吨）	1.0	1.05	1.1	1.15	1.2	1.25	1.3	1.3
		产值（亿元）	1.0	1.05	1.1	1.15	1.2	1.25	1.3	1.3
古蔺县	脐橙	面积（万亩）	9	9.5	10	10.6	11.2	11.6	12	16
		产量（万吨）	3	3.5	4	5	6	8	9	19.2
		产值（亿元）	2.4	2.8	3.2	4	4.8	6.4	7.2	15.36
叙永县	脐橙	面积（万亩）	6	6.35	6.7	7.2	7.5	7.75	8	9
		产量（万吨）	1.5	1.8	2	3	4	5	6	10.8
		产值（亿元）	1.2	1.44	1.6	2.4	3.2	4	4.8	8.64

（续表）

区（县）	发展指标	2014—2016 年			2017—2020 年				2025 年
		2014	2015	2016	2017	2018	2019	2020	
合计	面积（万亩）	89.5	98.05	104	106	108	109	110	115
	产量（万吨）	14.7	16.75	20	25.3	31.7	39.35	46	90
	产值（亿元）	18.6	20.99	25.4	29.6	36.3	44.05	50.5	94

第四节　主要发展任务

一、柑橘

（一）夯实果园建设基础，促进老果园提档升级

按照"道路硬化到园、管道贯通到园、电力供应到园、防护保障到园"的"四到园"标准，大力开展柑橘园基础设施建设，改善老果园园区生产条件，提高综合生产能力，为促进创建果园提档升级奠定坚实基础。

（二）促进泸州柑橘产业合理布局及科学发展

有计划地引进推广脐橙种植，继续扩大真龙柚的种植面积，形成以合江、古蔺、叙永为主产区的泸州柑橘产业区，并以优质脐橙、真龙柚为核心产品，以现代农业技术为依托，实现产区集中化、园区化，建设水平达到一定高度。对种植农作户进行培训，使其掌握基本种植技术和管理。建立相应的技术团队保障整个产业的科学发展。

（三）筛选推广优良种苗，实现真龙柚果园良种化

有针对性地建立真龙柚无病苗木繁育体系，从现有的结果群体中，选择综合性状最优良的单株培育母本，并以此基础做好母本园的建设。建立规范的采穗园及无病苗圃，繁育品种纯正、砧穗亲和，生长健壮，根系发达，无检疫对象的优质苗木，以推广供应至整个合江县的真龙柚种植。

（四）建设标准化生产示范基地，提高产品质量安全水平

参照《泸州市赤水河流域河谷地区特色产业发展规划》要求，做好标准化的示范柑橘果园建设，特别做好果园水利及道路建设，在标准果园中推广优质脐橙及真龙柚标准化种植技术，建立培训体系，对标准园区经营管理者开展种植技术培训，提高并稳定果品质量，保证产品安全。

（五）做好商品化处理，完善普通贮藏库建设

柑桔的果实商品化处理包括选果、洗果、打蜡、分级、贴标、包装、贮运等

工序。通过对果实的商品化处理、对提高产品质量、促进销售、便于贮运和优质优价竞争力具有重要的意义。

全市 50 万亩柑橘生产基地投产后，每年有 70 万吨柑桔需要商品化处理。

在古蔺、叙永、合江各建 1~2 条自动清洗、打蜡、分级、贴标的自动化生产线，年处理果品能力 10 万吨以上。配套建设产地常温贮藏和保鲜库。

（六）加强宣传及市场建设，促进产品营销

有针对性地开展特色品种营销，扩大产品知名度，加大在宣传上的投入，打造优质品牌形象，并在合江、古蔺、叙永配套建设专业交易市场。依靠专合社、专业营销队伍拓展市场销售网络。

（七）打造柑橘乡村旅游，推动第三产业发展

利用合江现有旅游景点，与重庆、贵州等景区相结合，在合江县真龙柚主产区发展一批集观光、旅游、休闲、接待于一体的档次较高的农家乐；开展多种形式的节庆活动，拉动第三产业发展，促进果品销售。在密溪乡、大桥镇、白米镇规划建设 3~5 个观光休闲农业景点，建设观光环线公路，并配套相应设备设施等。

二、荔枝

（一）加强产业基地建设，促进果园提档升级

针对新建荔枝果园编制《新建标准果园技术规程》，重点推进道路硬化到园、沟渠贯通到园、水电供应到园、综合防治到园"四到园"，夯实基础设施，建设荔枝生产基地；对盛果期果园编制《标准果园建设技术规程》，重点推广荔枝标准化生产集成技术；对低产园、老果园编制了《老果园标准改造技术规程》，重点推进改树、改种、改土、改条件、改方法"五改"，改善老旧基地硬件条件。

（二）建立健全合江荔枝产业科技支撑体系

1. 技术研发体系

依托国家荔枝、龙眼产业技术体系的力量，有针对性地研发符合合江荔枝特点种植技术。重点开展荔枝新品种选引及示范推广、密蔽荔枝园生态改造、以"肥水药一体化"为主的节肥、节水、节药、节工综合肥水药管理、以病虫害测报、药物、药械和农艺为主的病虫害综合防控、荔枝稳定成花和保果、荔枝采后处理和综合保鲜技术等六个产业化关键技术研发。

2. 技术培训与推广体系

构建多层次培训与推广体系网络。以泸州综合试验站为平台，借助国家荔枝、龙眼产业技术体系的力量对县农业局（经作站）、各乡镇农业技术推广站的技术干部和技术人员、荔枝龙头企业、荔枝专合社、种植大户、示范基地等生产

第一线的技术骨干进行定期培训。以市、县区农业局（经作站）为平台，以市农业局（经作站）技术队伍为主要力量，开展培训、咨询、指导、电视授课等形式多样的技术服务。以荔枝专合社和龙头企业为平台，依靠荔枝种植能手，采用现场示范、技术承包、到户指导等方式服务本地区果农。尝试建立"三电合一"的远程技术服务方式，以县农业科技服务大厅为龙头，以乡镇区域站为枢纽，以村级服务站为基础，整合"电话、电脑、电视"（三电）等媒介，建立电话咨询区、电脑查询区、科技影视放映区、新技术新品种展示区、科技书刊阅览区和检测化验区。

3. 服务与保障体系

稳定技术推广机构，适度增加编制，制定优惠政策，吸纳和引进高学历、高素质、高水平的专业技术人才。充实水果技术队伍，乡镇农业技术推广站要兼负水果技术推广职责，每个站至少要配备1名水果专干，精品水果专业村可配1名科技副主任。

（三）建立健全产业化生产配套体系

通过培育新型农业经营主体，提高产业组织化程度。

1. 大力培育和扶持农业龙头企业

重点扶持本地从事荔枝为主的农业龙头企业2~3家，以生产型龙头企业为辅，以"公司+农户""企业+基地+农户""公司+合作社+农户""公司+专业协会+农户"等形式带动果农进入市场，积极开展荔枝种植、采后商品化处理、市场营销等技术和产品的开发和创新。

2. 做大做实做强农民专合社

以现有的24个荔枝专合社为基础，重点发展荔枝销售型、农业生产资料供应型、技术服务型及营销型、产销一体化经营型的专合社，以现有荔枝专合社为示范，辐射其他乡镇专业合作社建设，做大做实做强荔枝专合社，解决果品销售难题，搞活农产品流通。重点扶持打造荔枝品牌，解决果农生产与采后商品化处理、销售脱节及利益分割问题，增加果农的经营收益，提高抵御市场风险的能力。

（四）大力发展荔枝生产性服务业

加大财政投入，发展公共服务业。以政府投入为主建设和完善荔枝科技推广、荔枝病虫害预测预报和统防统治、荔枝安全生产和质量检测、荔枝流通服务等体系。加强荔枝信息服务网络及基础设施建设。加快培育以政府公共服务为依托，以农业龙头企业、农民专合社和荔枝协会为骨干，以水果（荔枝）市场体系为平台，公益性服务和经营性服务的新型的荔枝生产性服务体系，由主要提高纯公共服务向提供产前农资购销、产中技术服务、农机服务及产后运销等综合性服务职能转变。大力支持农业龙头企业为荔枝产业提供各种类型的服务。

（五）建立以古荔资源保护和休闲旅游为主题的荔枝产业链延伸体系

1. 加强古荔资源保护

树立"以荔带旅、以旅促荔"的产业联动目标，对古老、稀有、珍贵的荔枝种群加强保护。加强古荔调研登记工作。通过政府财政补助、市场运作、民间组织等多种筹资渠道，建立专项古荔和种质资源保护专项基金，并争取把合江荔枝种质资源保护列入国家生态保护计划。建立健全古荔资源保护的具体法律法规及相关政策、制度和措施。在密溪乡、合江镇几个古荔树较集中的地方建设古荔保护区，对濒危古树适时抢救。

2. 完善荔枝休闲旅游产业体系

整合合江古荔枝人文内涵、荔枝产业和溪流、塘库、森林、绿色农业等自然生态资源，发展主题休闲公园、旅游休闲、主题酒店、风情度假村等旅游设施，打造精品旅游线路和区域旅游品牌，建设合江荔枝休闲旅游示范区。采取生态观光、康体娱乐、商贸节庆、民俗文化等多种模式，拓展旅游客源市场，提高荔枝休闲旅游的知名度和美誉度。

三、龙眼

（一）加强基础设施建设和老旧果园改造

一是加强果园基础设施建设。重点推进道路硬化、沟渠贯通、水电供应、综合防治等，夯实产业基础、建设标准化生产示范基地。二是解决果园密植问题。泸州有80%果园是定植不到5年的幼龄果园，如果长期不予解决，将在近几年封林，后果会非常严重。需要采取搬迁的措施，科学移植。三是开展龙眼实用技术的创新集成。突破冷藏保鲜、鲜果冷链运销和加工技术，改善果品品质，如大小、外观，食用品质，贮藏性能，加工性能以及功能性等，降低果园管理强度和投入成本，提高产量、质量和稳产性。

（二）引进筛选新品种，实现龙眼果园良种化

依靠国家荔枝、龙眼产业技术体系泸州综合试验站，国家晚熟龙眼种质资源圃建设项目，组织专业技术人员，扎实开展新品种及配套技术引进、试验和示范工作，对低产果园实施高接换种，逐步减少中熟品种数量，优化中、晚熟品种比例；将普通品种高接换种为优质品种，减少劣质品种的比例。

（三）培植龙头企业和知名品牌，实现产业化经营

探索和完善可行的土地流转办法，以土地入股、技术入股等方式，将公司和农户利益紧密联系起来，形成新型的"龙头企业+基地""基地+农户"的运作模式，以龙头企业带动产业化发展。重点扶持泸州邓氏土特产品有限公司，尽快建成年加工能力3 000吨龙眼干加工厂，促进龙眼加工业发展，实现产业化经营。重点打造"后湾牌""邓桂"桂圆等名优果品，做好"泸州桂圆"地理标志创

名优品牌，增强市场竞争力，扩大优势产品的市场供应量和市场占有份额，提高产业发展的经济效益。实施产学研结合，开发有市场前景的龙眼深加工新产品，改进龙眼干、肉，龙眼罐头等传统产品工艺，打造龙眼酒及果酱、果泥、果冻、果糕等系列新产品，深度挖掘龙眼加工利用价值。引入适合保鲜的内外包装，加强冷藏、储运、保鲜设施建设，打造"泸州桂圆"鲜果品牌。

（四）建设高标准龙眼生产基地，提高产品质量安全水平

进一步完善标准化体系建设，严格按生产标准、质量标准、安全认证标准化生产体系生产，建立产品质量安全体系，以 GAP 认证为契机，围绕无公害食品、绿色食品生产、有机食品的发展，加快农业标准化生产示范基地建设，推广标准化种植、提高果品质量安全水平。广泛实行无公害农产品生产资料专供制度，力争在全市范围内全面创建无公害龙眼生产基地。支持江阳区和泸县龙眼率先争创全国绿色食品生产示范基地，泸州邓氏土特产品有限公司申报绿色食品龙眼，进一步提升泸州龙眼质量安全发展水平。

（五）进一步强化培训，提高从业人员素质

为提升泸州龙眼栽培技术水平，推广龙眼丰产栽培集成技术，加强泸州龙眼技术培训，邀请华南农业大学、广东省农科院、福建省农科院等专家、教授在泸州开展实地教学和现场培训，努力提高专业技术人员和专业大户技术水平，从而带动提高广大果农技术水平。通过"国家现代荔枝、龙眼产业技术体系泸州综合试验站"建设，狠抓科技服务队和技术协会的建设，培养和稳定现有技术人才队伍。

（六）创新机制，发展龙眼合作组织

积极探索新型农村经济组织形式。鼓励和扶持农民在自愿、平等、互利的基础上，组建多种形式的自我管理、自我服务、自我发展的专业合作经济组织。积极培育和发展农村经纪人、专业大户和其他中介组织，建立起适合泸州龙眼产业的组织化制度，推进全市龙眼标准化生产和果品营销工作。

（七）保护和弘扬泸州龙眼文化，发展观光农业

对泸州龙眼的古树资源、古文献、古诗画等进行全面收集、整理、包装、宣传和推介，打造泸州文化品牌，使龙眼成为泸州市的一张名片。一是加强古龙眼树的保护。实施古龙眼园和泸州龙眼母树保护项目，对主要古树进行普查、登记造册，挂牌保护，明确保护主体，由政府与母树拥有人签订保护协议，对龙眼种质资源进行系统保护和开发利用，争取把泸州龙眼种质资源保护列入国家保护计划，建立专项古龙眼种质资源保护基金。二是举办龙眼节。每年举办泸州龙眼节，扩大龙眼节影响力。三是开发龙眼旅游。整合泸州龙眼旅游资源，开发川南龙眼生态、观光、文化旅游。

（八）加强市场建设，促进产品营销

一是建立营销网络。建立和完善同各地各级果协、营销大户、龙头企业、各大超市的营销网。二是搞好营销相关设施建设。重点建设农产品批发市场；建立营销冷运链，有计划培养营销人才，严格把好成熟度关、质量关、精品关。三是建立完善营销机制。搞好产品定位，采取多形式的营销渠道，开展多种形式促销手段，建立激励营销的倾斜政策，设立农产品营销基金，奖励营销大户和开拓市场搞得好的企业和个人。四是搞好农业信息服务体系。充分利用信息网络资源，建立直达乡村、农户的农业信息服务网络，为农村广大群众提供方便、快捷、实用的农产品市场信息服务和农技咨询服务，提高农村信息化程度。

（九）加强基础设施建设，提高果园综合生产能力

积极争取国家及省扶持龙眼产业发展的农业综合开发项目，整合土地整理、退耕还林等多种项目，市财政配套充足资金，加大基地水利、道路、改土等基础设施建设，提高果园抗旱、抗寒、抗病虫害能力和单产水平。

第五节　产业区域布局

一、柑橘

在优势区域内规划新建真龙柚 16.5 万亩、脐橙 10 万亩。

（一）真龙柚

真龙柚主产区在合江县赤水河流域、长江以北片和长江以南合渝高速沿线，新建规模化基地 16.5 万亩，2014—2016 年建设完成。以密溪乡、大桥镇、白米镇、实录镇、白沙镇、先市镇为产业发展核心，建真龙柚授粉树品种配置展示园 6 个，共 9 000 亩；在大桥镇、虎头镇、白鹿镇建良繁基地 3 个共 100 亩。表 1-3、表 1-4 和表 1-5 分别是合江县真龙柚产区布局、合江真龙柚授粉树品种配置展示园和良繁基地布局和合江真龙柚示范生产基地布局。表 1-6 是脐橙产区布局。

主攻方向，一是加快授粉树品种配置展示园和育苗场建设。通过以高换和桥接技术，提纯品种，复壮树势，合理配置不同品种的授粉树，稳定品质，提高单产；采用设施化、工厂化集中育苗的方式，建设良繁场，确保新建果园优质苗木达到 100%。二是培育龙头，提升品牌。扶持建设产加销一体化、带动能力强的区域性龙头企业，规范真龙柚商标的使用，做强做大企业和产品品牌。三是加强示范，标准化、产业化、规模化发展。打造现代农业真龙柚产业示范区，推广绿色防控技术，广泛开展标准化生产技术培训，切实搞好技术指导，强力推进标准化生产。通过示范园带动，辐射周边农村和经营主体，加大投入力度，不断发展

加工业和旅游等服务业，促进产业规模化发展。柑橘产业链如图 1-1 所示。

表 1-3　合江县真龙柚产区布局　　　　　　（单位：亩）

片区	乡镇	发展阶段（年）			合计
		2014	2015	2016	
赤水河流域	密溪乡	7 000	7 000	3 500	17 500
	先市镇	3 000	3 000	3 000	9 000
	实录乡	4 000	5 000	3 500	12 500
	合江镇	4 000	3 000	2 000	9 000
	车辋镇	2 000	2 000	2 000	6 000
	法王寺镇	3 000	3 000	2 000	8 000
	虎头镇	2 000	2 000	2 000	6 000
长江以北片	白米镇	8 000	7 000	3 500	18 500
	参宝镇	3 000	3 500	2 500	9 000
	白沙镇	3 000	3 500	3 000	9 500
	望龙镇	3 000	3 000	2 500	8 500
	焦滩乡	3 000	3 000	2 000	8 000
长江以南合渝高速沿线	佛荫镇	3 000	3 000	3 000	9 000
	大桥镇	2 000	2 000	2 000	6 000
	尧坝镇	3 000	3 000	2 500	8 500
	榕山镇	2 000	3 000	2 500	7 500
	白鹿镇	5 000	4 000	3 500	12 500
合计		60 000	60 000	45 000	165 000

表 1-4　合江真龙柚授粉树品种配置展示园和良繁基地布局　　（单位：亩）

	乡镇	发展阶段（年）					合计
		2014	2015	2016	2017	2018	
授粉树品种配置展示园	密溪乡	500	500	500			1 500
	大桥镇	500	500	500			1 500
	白米镇	500	500	500			1 500
	实录镇		500	500	500		1 500
	白沙镇			500	500	500	1 500
	先市镇			500	500	500	1 500
合计		1 500	2 000	3 000	1 500	1 000	9 000

（续表）

乡镇		发展阶段（年）					合计
		2014	2015	2016	2017	2018	
良繁基地	虎头镇	30					30
	白鹿镇	30					30
	大桥镇	40					40
合计		100					100

表 1-5　合江真龙柚示范生产基地布局　（单位：亩）

片区	乡镇	发展阶段（年）						合计
		2014	2015	2016	2017	2018	2019	
赤水河流域	密溪乡	1 000	2 000	3 000	4 000			10 000
	先市镇		1 000	1 000	2 000			4 000
	实录乡			1 000	1 000	2 000	2 000	6 000
	合江镇		1 000	1 000	1 000	1 000	1 000	5 000
	车辋镇		500	500	500	1 000	1 000	3 500
	法王寺镇			1 000	1 000	1 000	1 000	4 000
	虎头镇			500	500	500	1 500	3 000
长江以北片	白米镇	1 000	2 000	2 000	2 000	3 000		10 000
	参宝镇		500	500	500	500	2 000	4 000
	白沙镇		500	500	500	1 000	1 500	4 000
	望龙镇	1 000		1 000	1 000	2 000		5 000
	焦滩乡	500	500	500	500	2 000		4 000
长江以南合渝高速沿线	佛荫镇		500	500	500	1 000	1 500	4 000
	大桥镇	1 000	1 000	1 000	1 000			4 000
	尧坝镇		500	500	1 000	1 000	1 000	4 000
	榕山镇		500	500	500	500	500	2 500
	白鹿镇		1 000	1 000	1 000	1 000	1 000	5 000
合计		4 500	11 500	16 000	18 500	17 500	14 000	82 000

（二）脐橙

脐橙选纽荷尔作主栽品种。主产区在赤水河流域的古蔺县和叙永县，列入农业部《柑橘优势区域发展规模（2008—2015）》，计划新发展 10 万亩，见表 1-6。

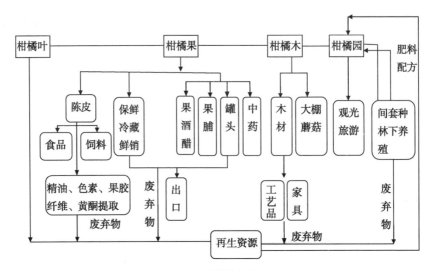

图 1-1　柑橘产业链

表 1-6　脐橙产区布局　　　　　　　　　　　　　　　　　　（单位：亩）

县	乡镇	发展阶段（年）						合计
		2015	2016	2017	2018	2019—2020	2021—2025 年	
古蔺	马蹄						5 000	5 000
	马嘶						1 000	1 000
	椒园	2 000	1 500	1 000	1 000	1 000	3 500	10 000
	白泥	2 000	1 500		1 000	1 000	3 500	9 000
	水口	1 000	1 000	1 000	1 000	1 000	5 000	10 000
	丹桂			1 000	1 000	1 000	5 000	8 000
	石宝			1 000		1 000	5 000	7 000
	土城					1 000	2 000	3 000
	二郎						2 000	2 000
	太平			1 000	1 000	1 000	4 000	7 000
	永乐		1 000	1 000	1 000	1 000	4 000	8 000
小计		5 000	5 000	6 000	6 000	8 000	40 000	70 000
叙永	赤水	2 000	1 500	2 000	1 000	2 500	4 000	13 000
	水潦	1 000	1 200	1 500	1 000	2 000	4 000	10 700
	石坝	500	800	1 500	1 000	500	2 000	6 300
小计		3 500	3 500	5 000	3 000	5 000	10 000	30 000
合计		8 500	8 500	11 000	9 000	13 000	50 000	100 000

1. 古蔺县

新发展优质脐橙 7 万亩。涉及赤水河、古蔺河沿岸海拔 700 米以下乡镇 12 个，65 个村。以马蹄、水口、太平、永乐为核心，辐射带动马嘶、椒园、白泥、丹桂、石宝、土城、二郎等乡镇。

2. 叙永县

新发展优质脐橙 3 万亩。涉及县内赤水河流域赤水、水潦、石坝 3 个乡镇等。

主攻方向，一是建设高标准良种繁育基地。完善母本园、采穗圃和苗圃等良繁生产设施，确保生产基地良种覆盖率达到 100%。二是建设高标准生产基地。完善果园配套水利、道路设施，新建排灌设施。加强标准示范园建设，推进标准化生产。依托科技服务人员队伍，开展技术培训。加强果园生产期及非生产期管理，推广绿色防控技术。建立采后商品化处理包装生产线，提高商品率和优质率。三是创新管理机制，提高生产经营组织化程度。组建专合社，拖动规模化发展、标准化建设、集约化经营。四是建立健全市场营销体系。引进和培育一批具有先进理念、综合实力强的生产、加工和营销企业，打造产品品牌，增加产品附加值和产业效益，提高产业化水平。

二、荔枝

形成"一区三带"核心荔枝产业新布局，见表 1-7~表 1-11。

表 1-7　合江县荔枝标准生产示范园布局

类型	2016 年		2020 年		2025 年	
	数量	面积（亩）	数量	面积（亩）	数量	面积（亩）
国家级	1	500	2	1 000	2	1 000
省级	3	30 000	4	40 000	4	40 000
县级	1	200	2	400	3	600
合计	4	30 700	8	41 400	9	41 600

表 1-8　合江县各乡镇荔枝生产区域布局

年份	2013 年		2014 年	
	面积（亩）	%	面积（亩）	%
合江镇	42 800	17.47	52 800	17.60
密溪乡	8 400	3.43	8 400	2.80
虎头镇	38 500	15.72	46 500	15.50
实录乡	30 000	12.25	42 000	14.00
凤鸣镇	5 600	2.28	7 600	2.53

（续表）

年份	2013 年		2014 年	
	面积（亩）	%	面积（亩）	%
佛荫镇	16 400	6.69	20 400	6.80
大桥镇	5 140	2.10	8 140	2.71
尧坝镇	13 300	5.43	17 300	5.77
先市镇	10 000	4.08	13 000	4.33
法王寺镇	2 500	1.02	5 500	1.84
福宝镇	1 060	0.43	3 060	1.02
甘雨镇	6 500	2.65	7 500	2.50
九支镇	1 000	0.41	3 000	1.00
榕山镇	500	0.20	1 500	0.50
其他 5 个乡镇	63 300	25.84	63 300	21.10
合计	245 000		300 000	

注：合江县荔枝面积 2014 年达到 30 万亩后，不再计划新种，稳定在 30 万亩

表 1-9　合江县荔枝新品种引进观察、展示和采穗母本园布局

类型	2016 年		具体情况
	数量	总面积（亩）	
引种观察园	1	50	位于泸州市农业科学研究院荔枝资源圃内
品种展示园	2	100	每个 50 亩（分别位于佛荫镇乘山村和合江镇柿子田村）
采穗母本园	2	100	可与品种展示园结合起来建设
合计	5	250	

表 1-10　合江县荔枝高接换种计划

品种		2014 年		2020 年		2025 年	
		面积（亩）	%	面积（亩）	%	面积（亩）	%
合计		300 000		300 000		300 000	
早熟品种	小计	240 000	80.0	120 000	40.0	10 500	35.0
	大红袍	240 000	80.0	120 000	40	105 000	35.0
中熟品种	小计	45 000	15.0	120 000	40.0	120 000	40.0
	绛纱兰	22 000	7.3	40 000	13.3	40 000	13.3
	妃子笑	10 000	3.3	30 000	10.0	35 000	11.7
	糯米糍	8 000	2.7	30 000	10.0	35 000	11.7
	其他	5 000	1.7	20 000	6.7	10 000	3.3

（续表）

品种		2014 年		2020 年		2025 年	
		面积（亩）	%	面积（亩）	%	面积（亩）	%
晚熟品种	小计	15 000	5.0	60 000	20.0	75 000	25.0
	带绿	6 000	2.0	20 000	6.7	25 000	8.3
	井岗红糯	1 600	0.53	5 000	1.67	10 000	3.33
	红绣球	2 000	0.66	5 000	1.67	6 000	2
	红灯笼	1 500	0.5	5 000	1.67	6 000	2
	双肩玉荷包	600	0.2	4 000	1.33	5 000	1.67
	观音绿	1 000	0.33	4 000	1.33	5 000	1.67
	马贵荔	1 500	0.5	5 000	1.67	6 000	2
	其他	800	0.27	12 000	4	12 000	4

表 1-11　合江县荔枝休闲旅游观光园布局

类型	2016 年		具体情况
	数量	面积（亩）	
采摘观光园	2	53 800	一个位于虎头镇三江示范片观光环线，由 8 个村组成，荔枝种植面积有 3 万亩；另一个位于合江镇柿子田村，由 7 个村组成，荔枝种植面积有 2.38 万亩
生态观光园	1	10 560	位于福宝镇和甘雨镇旅游快速通道沿线，面积 10 560 亩
民俗文化园	1	30 300	位于尧坝古镇和先市镇观光农业环线，面积 30 300 亩
古荔观购园	1	100	位于密溪乡赤水河畔，建成以观赏百年古荔枝树、定选定购、游赤水河畔为主题休闲观赏园，面积 100 亩
合计	4	94 760	

（一）三江示范片核心区

包括合江镇柿子田村、柳马埂村、魏家祠村、龙潭村、三块石村、金银村、明家坝村、果园村、石堰村，面积共 5.58 万亩；虎头镇花桂村、河嘴村、甘雨村、坪上村、花桂村、小塞村、河坝村、双河村，面积共 6.55 万亩；实录乡两马村、蒋湾村、阳棚坳村、三江村、觉悟村，面积共 5.8 万亩；密溪乡集中村、聚宝村、中村、三支田村、王咀村、新瓦房村，面积共 0.94 万亩；凤鸣镇牌坊村、双凤村、黄金湾村、农化村，面积共 0.74 万亩。总面积 19.61 万亩。

（二）宜泸渝高速路产业带

其优势在于发展历史较悠久、较适宜荔枝种植，品质好。包括合江镇天井村、会青山村、大水河村、山顶上村、黄溪村，面积为 1.00 万亩；佛荫镇将军湖村、乘山村、斯坝村、坝中村、算刀村、上房村、流石村，面积为 2.54 万亩；

大桥镇土地坝村、堰坎村，面积为 0.81 万亩。总面积共 4.35 万亩。

（三）成自泸赤高速路佛尧路高标准果园产业带

其优势在于发展历史较悠久、建园标准较高。包括尧坝镇白村、团结村、向石塔村、鼓楼山村、井桥村，面积为 2.18 万亩；先市镇大土湾村、汪坳村、后坝村，面积为 1.10 万亩；二里乡四通村，面积为 0.20 万亩。总面积共 3.48 万亩。

（四）福宝旅游快速通道高标准果园产业带

其优势在于大部分是新发展区，果园建设标准较高。包括福宝镇岩口村、高村，面积为 0.21 万亩；甘雨镇槐花村、油榨村、兴隆村、剑龙村、黄桷村、华石村、流湾村、学堂村，面积为 1.10 万亩。总面积共 1.31 万亩。

主攻方向是加快荔枝园生态结构和现代化改造，调整品种结构。品种结构向优质中熟及晚熟品种进行调整，增加中、晚熟优良品种荔枝比重。引导和发展市场销售前景好的品种。通过采取高接换种等措施，逐步减少大红袍品种数量，使早、中、晚熟品种比例由目前的 8.0：1.5：0.5 调整为 2020 年的 4.0：4.0：2.0 及 2025 年的 3.5：4.0：2.5。将比例很大的早熟荔枝品种大红袍，高接换种为中熟优质品种广东妃子笑、绛纱兰、糯米糍和晚熟优质品种带绿、观音绿、井岗红糯、红绣球、红灯笼、双肩玉荷包、红蜜荔及特晚熟早结丰产优质品种马贵荔等。在结构调整过程中实现荔枝面积总体上保持稳定、产量稳定增长、品质迅速提升、采后商品化处理提高的发展目标。依托合江县旅游资源，发展生态荔枝旅游业，围绕古荔园和生产基地，打造龙眼采摘、观光、旅游文化点。

三、龙眼

泸州市主要发展泸县、江阳区、龙马潭区一县二区"沿江龙眼产业带"，集中发展产业带和产业片，形成集约化经营，强化产业优势，优化产业布局，建设产业集群。规划泸县发展 20 万亩、江阳区 6 万亩、龙马潭区 4 万亩，见表 1-12。

表 1-12 泸州龙眼生产区域布局 （单位：万亩）

区（县）	乡镇	发展阶段（年）					
		2015	2016	2017	2018	2019—2020	2021—2025 年
泸县	海潮	3.6	3.8	3.9	4	4	4
	潮河	3.8	4	4.1	4.2	4.5	4.5
	太伏	3.5	3.7	3.8	4	4.1	4.3
	兆雅	0.6	0.7	0.8	1	1	1
	云龙	0.7	0.7	0.7	0.7	0.7	0.7
	其他	4.5	4.7	4.9	5	5.2	5.5
	小计	16.7	17.6	18.2	18.9	19.5	20

（续表）

区（县）	乡镇	发展阶段（年）					
		2015	2016	2017	2018	2019—2020	2021—2025 年
江阳区	弥陀	0.6	0.6	0.6	0.6	0.6	0.6
	黄舣	1.4	1.4	1.4	1.4	1.4	1.4
	华阳街道	0.8	0.8	0.8	0.8	0.8	0.8
	张坝景区	0.5	0.5	0.5	0.5	0.5	0.5
	泰安镇	0.7	0.7	0.7	0.7	0.7	0.7
	方山镇	0.5	0.5	0.5	0.5	0.5	0.5
	况场镇	0.5	0.5	0.5	0.5	0.5	0.5
	其他	1	1	1	1	1	1
	小计	6	6	6	6	6	6
龙马潭区	金龙	2	2	2	2	2	2
	胡市	1.4	1.4	1.4	1.4	1.4	1.4
	特兴	0.6	0.6	0.6	0.6	0.6	0.6
	小计	4	4	4	4	4	4
合计		26.7	27.6	28.2	28.9	29.5	30

（一）泸县

泸县是泸州市龙眼主产地，规划建设 20 万亩龙眼产业带。6°～20°坡度地形为主。主要包括以长江和沱江岸线的桂圆林带。以太伏、潮河、海潮产业带优质桂圆，以福集、得胜、嘉明为基地的 321 国道桂圆林带，以兆雅、云龙、云锦、百和为中心的桂圆示范区，共同组成泸县桂圆特色农业经济园区。适宜品种为泸丰、蜀冠、石硖、泸早和泸晚等。

（二）江阳区

在弥陀、黄舣等镇建设 6 万亩长江沿岸桂圆产业带。5°以下平缓地形占到 45%，6°～20°坡度地形占 55%。适宜品种为泸丰、蜀冠、泸早及其他优良品种。

（三）龙马潭区

在金龙、胡市、特兴等镇建设 4 万亩龙眼产业带。5°以下平缓地形占到 30%，6°～20°坡度地形占 55%，21°以上坡度地形占到 15%。适宜品种为蜀冠、泸丰、石硖等。

主攻方向，一是加快龙眼园标准化改造，调整品种结构，在调整过程中完善生产管理技术，实现产量稳定增长、品质迅速提升、采后商品化处理率逐步提高。二是在巩固与提高现有龙眼生产基地的同时，稳步拓展龙眼栽培面积。泸县是泸州市龙眼主产地，龙眼面积从现有 14 万亩至 2025 年发展到 20 万亩，打造成西部最大的特晚熟龙眼优势产业带。三是发展观光农业。依托江阳区张坝桂圆是内陆唯一的龙眼种质基因库和中国北回归线上最大最古老的桂圆林的优势，建设沿江百里路龙眼长廊生态环境旅游观光农业；打造江阳区黄舣镇罗湾村、郭石村、龙马潭区桐兴龙眼基地、胡市金山渔港，泸县潮河镇后湾村等龙眼采摘、观光、旅游文化基地。四是推动龙眼产业组织化、产业化发展。鼓励龙眼果园土地流转，建立家庭农场，成立专合社，实行集中规模经营，提高产业效益，见图 1-2 和表 1-13~表 1-15。

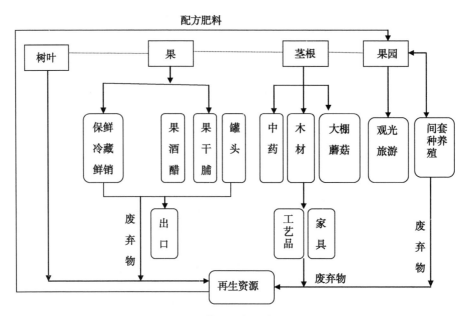

图 1-2　荔枝、龙眼产业链图

表 1-13　泸州市龙眼标准化生产示范园布局

类型	2016 年		2020 年		2025 年	
	数量	面积（亩）	数量	面积（亩）	数量	面积（亩）
国家级	2	1 000	4	2 000	5	2 500
省级	4	2 000	6	2 400	7	3 500
县级	6	3 000	8	3 200	10	5 000
合计	12	6 000	18	7 600	22	11 000

表 1-14　泸州市龙眼品种比例调整 　　　　　　（单位：万亩）

推荐品种	2013 年	2016 年		2020 年		2025 年	
	%	面积	%	面积	%	面积	%
早熟品种：泸早、龙优等	7.55	2.6	10	4.2	15	4.5	15
中熟品种：蜀冠、泸丰、石硖、大乌园、水南 1 号、东良等	92.45	18.2	70	15.4	55	13.5	45
晚熟品种：泸晚、松风本、冬宝 9 号、立冬本、晚香等	—	5.2	20	8.4	30	12	40
合计	100	26	100	28	100	30	100

表 1-15　泸州休闲旅游观光园布局

区域	类型	具体情况
江阳	古龙眼文化园	张坝桂圆林景区
	采摘观光带	黄舣镇罗湾村、郭石村
龙马潭区	农家乐	胡市金山渔港
	生态观光园	特兴镇桐兴桂圆基地
泸县	古树文化园	原野山庄
	文化旅游	潮河镇后湾村、太伏镇永利村等

第六节　重点建设项目

重点建设项目情况，具体详见表 1-16～表 1-19。

表 1-16　柑橘产业重点建设项目

序号	名称	主要建设内容	投资（万元）	建设地点
1	真龙柚无病毒苗木繁育体系建设	土地准备（100 亩，其中：授粉品种 2 亩、无病毒苗圃 98 亩）、种植准备（挖坑、施肥等）、种植、设施建设（道路、防虫大棚、肥水药一体化、实用机具）等	1 300	合江县
2	真龙柚授粉树品种配置展示园建设	每 100 亩配置授粉品种 150 株，通过高换、桥接等改良提纯品种。种植准备（挖坑、施肥等）、种植、设施建设（道路、水池、杀虫灯、灌溉等设施设备、实用机具）等	7 100	合江县
3	真龙柚老旧果园改造工程	提升原有基地基础设施配套，改造全县老旧真龙柚老果园 10 万亩	20 000	合江县
4	真龙柚新建标准果园	全市真龙柚新建标准果园 16.5 万亩	49 500	合江县

（续表）

序号	名称	主要建设内容	投资（万元）	建设地点
5	高标准真龙柚示范园建设	建4个示范园，各1000亩	1600	合江县密溪乡、白米镇
6	真龙柚采后商品化处理包装生产线和普通贮藏库的建设	建设自动清洗、打蜡、分级、贴标的自动化生产线，每条生产线配套建设简易通风库房3000平方米，年处理果品能力10万吨以上。同时配置厂房2000平方米、停车场2000平方米	1000	合江县合江镇、佛荫镇
7	真龙柚乡村旅游基地	重点打造采摘观光和农家乐休闲果园，果园总体规划面积约为2000亩	3800	合江县密溪、大桥、白米、白沙乡（镇）

表1-17　脐橙产业重点建设项目

序号	名称	主要建设内容	投资（万元）	建设地点
1	老旧果园改造工程	提升原有基地基础设施配套，改造全市脐橙果园10万亩	20000	古蔺县、叙永县
2	新建标准果园	全市新建标准脐橙果园10万亩	30000	古蔺县、叙永县
3	高标准示范园建设	在古蔺和叙永各建2个示范园，各1000亩	1600	古蔺县、叙永县
4	采后商品化处理包装生产线和普通贮藏库的建设	在古蔺、叙永各建1个自动清洗、打蜡、分级、贴标的自动化生产线，每条生产线配套建设简易通风库房3000平方米，年处理果品能力10万吨以上；同时配置厂房2000平方米、停车场2000平方米	1500	叙永县、古蔺县
5	主产地批发市场建设项目	在古蔺县和叙永县各建设一个集分级、打蜡、包装、仓储等于一体的，规模在300亩左右的脐橙专业批发销售中心，负责本县产脐橙产品的果品流转	2600	叙永县、古蔺县

表1-18　荔枝产业重点建设项目

序号	名称	主要建设内容	投资（万元）	建设地点
1	种业工程项目	新品种引进观察园土地准备（50亩）、种植准备（挖坑、施肥等）、种植（按每亩55株的标准）、设施建设（道路、肥水药一体化、实用机具）等	50	江阳区
		优良品种展示和采穗园土地准备（50亩/个）、种植准备（挖坑、施肥等）、种植（按每亩55株的标准）、设施建设（道路、肥水药一体化、实用机具）等	100	佛荫镇乘山村和合江镇柿子田村

（续表）

序号	名称	主要建设内容	投资（万元）	建设地点
2	老旧果园更新改造工程	提升原有基地基础设施配套，改造荔枝果园13.5万亩	27 000	合江县
3	新建标准园工程	全市荔枝新发展4.2万亩，其中建设标准果园4.2万亩	12 600	合江县
4	高标准化示范园	主要包括果园硬件和软件条件建设，如果园道路的硬底化、果园水肥药一体化设施建设、产地果园生态条件的改造和产地、水利、道路-主要产区道路扩（改）建、生产便道建设、产品认证和冷库建设等	国家级每个规模500亩以上　600	虎头乡河嘴村、合江镇柿子田村
			省级10 000亩　8 000	合江镇、虎头镇、实录乡、佛尧片
			县级200亩以上　120	甘雨镇莲花岛、尧坝镇田坝村、大桥镇土地坝村
5	荔枝、真龙柚物流市场体系建设	采后商品化处理物流中心主要建设和完善合江县采后商品化处理及物流中心及11个荔枝真龙柚产区乡镇物流分中心，同时配备冷运设备设施。利用淘宝、天猫等平台，开展电子商务	3 700	合江县城及荔枝真龙柚主产镇
		主产地批发市场在合江县城周边规划建设集洗选、分级、包装、冷藏、气调、仓储等于一体的，规模在300亩左右的荔枝真龙柚专业批发销售中心，在荔枝真龙柚主产的11个镇，各建一个规模在30亩左右的产地市场	2 600	
6	荔枝品牌与文化推广	建设"带绿荔枝""绛纱兰荔枝""大红袍荔枝""坨缇荔枝"的原产地保护；制定品牌标准，品牌宣传和保护等，在包装材料选择和设计上均要突出合江荔枝文化和地方特色；分别在合江镇柿子田村和密溪乡建设一个荔枝古树保护点	300	合江11个荔枝产区（镇乡）
		合江荔枝文化广场建设，占地面积约120亩	1 200	合江县

表1-19　龙眼产业重点建设项目

序号	名称	主要建设内容	投资（万元）	建设地点
1	龙头企业（合作社）培育工程	培育2个国家级龙头企业，3个省（市）级龙头企业，5个区（县）级龙头企业	1 000	泸县的潮河、海潮、福集、得胜、太伏等乡镇，龙马潭区的胡市、金龙、特兴等镇，江阳区的弥陀、黄舣等乡镇
		龙眼生产专业村和规模化乡扶持50个果农经济合作组织	1 000	

（续表）

序号	名称	主要建设内容	投资（万元）	建设地点
2	良种繁育示范工程	建设引种观察圃、良种采穗圃、嫁接苗圃、品种示范园基础设施，完善园地的道路、水利、土壤改良、水肥药一体化设施等，苗圃需要建设3 000平方米的育苗大棚	300	泸州市
		150亩引种园，包括引种观察圃30亩、良种采穗圃70亩、嫁接苗圃50亩		
		1 500亩品种示范园，种植重点推广的龙眼优良品种，每个品种进行多点示范栽培，每个品种在各示范点种植面积不少于10亩	1 000	泸县、龙马潭区、江阳区
3	生态旅游工程	重点打造"一园、一节"（即龙眼主题庄园、龙眼文化节）	3 800	泸县的潮河镇、海潮镇、太伏镇、兆雅镇
		主题庄园总体规划面积约为2平方千米		
		主题文化节为每年的8—9月份，为期一周	3 600	
4	老旧果园更新改造工程	提升原有基地基础设施配套，通过良种改造全市龙眼果园10万亩	20 000	龙马潭区、江阳区、泸县
5	新建标准园工程	全市龙眼新发展5.5万亩，其中建设标准果园5.5万亩	16 500	泸县、江阳区、龙马潭区
6	高标准示范园建设工程	创建35个规模在1 000亩以上的标准化基地，将标准化生产贯穿于生产全过程，建设内容为良种栽培与先进技术应用、田间道路、主要产区道路扩（改）建、生产便道建设、水利设施、土地整理、种苗、肥料等	8 000	龙马潭区金龙、胡市、特兴，江阳区弥陀、黄舣，泸县潮河、海潮、太伏、福集、得胜等10个乡镇
7	科技支撑工程	建立专家指导组，由泸州市热作中心牵头，聘请华南农业大学、福建农科院、四川农科院、泸州市农科院、主产区市县相关专家，组建泸州市龙眼产业技术体系专家指导组，专家规模在7~9人，提供产业及技术咨询	6 000	泸县
		重点科研攻关，每年列出优先支持的2~3项攻关课题，突破产业核心问题	2 400	
8	市场体系建设工程	建设直达乡村、农户的龙眼信息服务网络，提供方便、快捷、实用的农产品市场、农技咨询等服务；龙眼产地批发市场，方便果农销售和客商采购及处理，其中泸州市泸县2个、江阳区1个、龙马潭区1个	400	泸县、江阳区、龙马潭区
9	深加工提升工程	建设龙眼深加工园区1个，具备储藏保鲜、分级包装及精深加工处理能力，采取分步建设，2014—2016年建成年加工鲜果0.3万吨加工厂，2017—2020年扩建成年加工鲜果0.7万吨，2020—2025年扩建成年加工鲜果1万吨	10 000	泸县潮河镇、太伏镇

一、柑橘

（一）真龙柚无病毒苗木繁育体系建设

1. 实施地点

合江县。

2. 建设内容与规模

土地准备（100亩，其中，授粉品种2亩、无病毒苗圃98亩）、种植准备（挖坑、施肥等）、种植、设施建设（道路、防虫大棚、肥水药一体化、实用机具）等。

3. 投资与效益估算

（1）投资估算。投资项目包括建设防虫网100亩，每亩建设费5万元，共需500万元；道路、厂房、灌溉设施、平整土地、土壤改良等需300万元，两项合计需800万元。每年维护管理费50万元。

（2）经济效益估算。2014年开始到2016年，每年出圃无病苗180万株，因2017年之后，真龙柚多为更新改造和补植用苗，苗木需求数量减少，预计2016年、2020年、2025年分别比2013年增加直接效益880万元、100万元和100万元。预测通过优质苗木推广产生的增产增收效益将更加巨大。

4. 建设进度安排

2015年建成苗圃；2016年之后维护苗圃，并选出符合条件的无病优良单株；2017—2025年，维护苗圃，并进一步进行良种培育。

（二）真龙柚授粉树品种配置展示园建设

1. 实施地点

合江县。

2. 建设内容与规模

9 000亩，每100亩配置授粉品种150株。通过高换、改良提纯品种。种植准备（挖坑、施肥等）、种植、设施建设（道路、水池、杀虫灯、灌溉等设施设备、实用机具）等。

3. 投资与效益估算

（1）投资估算。投资项目包括，每亩建设费6 000元，共需5 400万元；道路、水池、灌溉设施、平整土地、土壤改良等需1 200万元。合计需6 600万元。每年维护管理费50万元。

（2）经济效益估算。通过授粉树品种配置展示园建设，从2016年开始，每年每亩增产1 000千克，按照10元/千克单价计，预计到2016年、2020年和2025年分别比2013年增加效益2 000万元、4 000万元和9 000万元。

4. 建设进度安排

（1）提纯。2015—2016 年对部分品种不纯进行提纯；2017—2020 年对部分品种不纯进行提纯。

（2）授粉品种配置建设。2015—2016 年选出符合条件的优良授粉品种单株配栽；2017—2020 年观察筛选品质稳定、高产稳产授粉品种进行展示、示范推广。

（三）真龙柚老旧果园改造工程

1. 实施地点

合江县。

2. 建设内容与规模

提升原有基地基础设施配套，改造全县真龙柚旧老果园 10 万亩。

3. 投资与效益估算

（1）投资估算。以 2 000 元/亩的标准投资估算，2014—2016 年总投资 2 亿元。

（2）经济效益估算。通过老旧果园改造建设，单产水平提高 500 千克/亩，按 10 元/千克计算，预计到 2016 年、2020 年和 2025 年分别比 2013 年增加效益 2.5 亿元、3.75 亿元和 5 亿元。

4. 建设进度安排

分两个阶段进行老旧果园改造，2014—2016 年、2017—2020 年分别建设 1.5 万亩、8.5 万亩。

（四）真龙柚新建标准果园

1. 实施地点

合江县。

2. 建设内容与规模

全市真龙柚新建标准果园 16.5 万亩。

3. 投资与效益估算

（1）投资估算。以 3 000 元/亩的标准投资估算，2014—2016 年总投资 4.95 亿元。

（2）经济效益估算。通过标准果园的建设，全县新建果园真龙柚品质提高，单产水平达到国内领先水平，按单产比普通果园增加 500 千克/亩、市场价格 10 元/千克计，预计到 2016 年、2020 年和 2025 年新增经济效益 0.5 亿元、3.75 亿元和 7 亿元。

4. 建设进度安排

分三个阶段进行标准果园建设，2014 年、2015 年、2016 年分别建设 6 万亩、6 万亩、4 万亩。

（五）高标准真龙柚示范园建设

1. 实施地点

合江县密溪乡、白米镇。

2. 建设内容与规模

建4个示范园，每个1 000亩。

3. 投资与效益估算

（1）投资估算。以4 000元/亩高标准建设示范园，每个400万元，共需1 600万元。

（2）经济效益估算。通过建设高标准示范园，辐射带动其他果园，全市单产水平提高，预计到2016年、2020年和2025年增加效益2 500万元、4 000万元和5 000万元。

4. 建设进度安排

分阶段进行示范园建设工程，在2015年、2016年分别完成2个。

（六）真龙柚采后商品化处理包装生产线和普通贮藏库建设

1. 实施地点

合江县合江镇、佛荫镇。

2. 建设内容与规模

建设自动清洗、打蜡、分级、贴标的自动化生产线两条，每条生产线配套建设简易通风库房3 000平方米，年处理果品能力10万吨以上。同时配置厂房2 000平方米、停车场2 000平方米。

3. 投资与效益估算

（1）投资估算。投资约1 000万元。共建2条生产线，2014—2016年、2017—2020年分别投资500万元，建成商品化处理生产线。

（2）经济效益估算。通过项目实施，预计到2016年、2020年和2025年分别比2013年新增加效益1亿元、1.5亿元、2亿元。

4. 建设进度安排

2016年建成1条，2020年建成1条。

（七）真龙柚乡村旅游基地

依托白米镇等主产区已有资源优势，以真龙柚果园观光采摘及相关产业为资源，培育生态观光、休闲农业等为主体的乡村旅游产业，打造3~5家精品农家乐，带动区域经济发展。

1. 实施地点

以合江县的密溪、大桥、白米、白沙乡（镇）为重点，加大宣传力度，开展生态有机真龙柚采摘和农家乐旅游活动，打造5个精品真龙柚农家乐。

2. 建设内容与规模

重点打造采摘观光和农家乐休闲果园，果园总体规划面积约为 2 000 亩。

3. 投资与效益估算

（1）投资估算。真龙柚旅游果园建设 2014—2016 年投资 2 000 万元，2017—2025 年每年维护费 200 万元。

（2）经济效益估算。通过项目带动，提升品牌效益，全市产值增长预计 2016 年、2020 年、2025 年分别比 2013 年增加效益 4 000 万元、6 000 万元、1 亿元。

4. 建设进度安排

观光果园 2014—2016 年完成主体建设，2017—2020 年维护拓展。

二、脐橙

（一）老旧果园改造工程

1. 实施地点

古蔺县、叙永县。

2. 建设内容与规模

提升原有基地基础设施配套，改造全市脐橙果园 10 万亩。

3. 投资与效益估算

（1）投资估算。以 2 000 元/亩的标准投资估算，总投资 2014—2016 年 8 000 万元，2017—2020 年 1.2 亿万元。

（2）经济效益估算。通过老旧果园改造建设，单产水平提高 500 千克/亩，按 8 元/千克计算，预计到 2016 年、2020 年和 2025 年分别比 2013 年增加效益 2.5 亿元、3.75 亿元和 5 亿元。

4. 建设进度安排

分两个阶段进行老旧果园改造。2014—2016 年、2017—2020 年分别建设 4 万亩、6 万亩。

（二）新建标准果园

1. 实施地点：古蔺县、叙永县。

2. 建设内容与规模：全市新建标准脐橙果园 10 万亩。

3. 投资与效益估算

（1）投资估算。以 3 000 元/亩的标准投资估算，2014—2016 年总投资 5 100 万元，2017—2020 年 9 900 万元，2021—2025 年 1.5 亿元。

（2）经济效益估算。通过标准果园的建设，全市新建果园柑橘品质提高，单产水平达到国内领先水平，按单产比普通果园增加 500 千克/亩、市场价格 10 元/千克计，预计到 2016 年、2020 年和 2025 年新增经济效益 0.5 亿元、3.5 亿元和 7 亿元。

4. 建设进度安排

分三个阶段进行标准果园建设。2014—2016 年、2017—2020 年、2021—2025 年分别建设 1.7 万亩、3.3 万亩、5 万亩。

(三) 高标准示范园建设

1. 实施地点

古蔺县、叙永县。

2. 建设内容与规模

在古蔺和叙永各建 2 个示范园,每个 1 000 亩。

3. 投资与效益估算

(1) 投资估算。以 4 000 元/亩高标准建设示范园,每个 400 万元,共需 1 600 万元。

(2) 经济效益估算。通过建设高标准示范园,辐射带动其他果园,提高全市单产水平,预计到 2016 年、2020 年和 2025 年增加效益 2 500 万元、4 000 万元和 5 000 万元。

4. 建设进度安排

分阶段进行示范园建设工程,在 2015 年、2017 年分别各完成 2 个。

(四) 采后商品化处理包装生产线和普通贮藏库的建设

1. 实施地点

古蔺县、叙永县。

2. 建设内容与规模

在古蔺、叙永各建 1 个自动清洗、打蜡、分级、贴标的自动化生产线,每条生产线配套建设简易通风库房 3 000 平方米,年处理果品能力 10 万吨以上。同时配置厂房 2 000 平方米、停车场 2 000 平方米。

3. 投资与效益估算

(1) 投资估算。每条生产线投资约 500 万元 (其中包括厂房 100 万元,生产线 120 万元,其他设备 100 万元,通风贮藏库 150 万元,其他 30 万元)。共建 2 条生产线,2014—2016 年、2017—2020 年分别投资 500 万元,建成商品化处理生产线。

(2) 经济效益估算。通过项目实施,预计到 2016 年、2020 年和 2025 年分别比 2013 年新增加效益 1 亿元、1.5 亿元、2 亿元。

4. 建设进度安排

2015 年建成 1 条,2017 年建成 1 条。

(五) 主产地批发市场建设项目

1. 实施地点

叙永县和古蔺县。

2. 建设内容与规模

在古蔺县和叙永县各建设 1 个集分级、打蜡、包装、仓储等于一体的，规模在 300 亩左右的脐橙专业批发销售中心，负责本县产脐橙产品的果品流转。

3. 投资与效益测算

（1）投资估算。主产地批发市场投资合计 2 600 万元，其中叙永县 1 个，1 300 万元，古蔺县 1 个，1 300 万元。

（2）经济效益估算。通过项目实施，提升泸州市脐橙流通效率，预计 2020 年和 2025 年分别比 2013 年增加 4 000 万元和 8 000 万元以上。

4. 建设实施进度

2017—2018 年古蔺县建设 1 个，2018—2019 年叙永县建设 1 个。

三、荔枝

（一）种业工程项目

1. 实施地点

新品种引进观察园在四川省泸州市江阳区泸州市农业科学研究院；优良品种展示和采穗园在佛荫镇乘山村和合江镇柿子田村，由乘山荔枝专合社和柿子田荔枝专合社承担建设任务。

2. 建设内容与规模

新品种引进观察园土地准备（50 亩）、种植准备（挖坑、施肥等）、种植（按每亩 55 株的标准）、设施建设（道路、肥水药一体化、实用机具）等。优良品种展示和采穗园土地准备（50 亩/个）、种植准备（挖坑、施肥等）、种植（按每亩 55 株的标准）、设施建设（道路、肥水药一体化、实用机具）等。

3. 投资与效益估算

（1）投资估算。新品种引进观察园投资需 50 万元，由国家荔枝、龙眼产业技术体系泸州试验站负责管理和观察。优良品种展示和采穗园每个园需政府投资 50 万元。两个批发市场建设共需投资 100 万元。

（2）经济效益估算。新品种引进观察园项目为公益性项目，只有社会效益和生态效益，几乎没有经济效益。优良品种展示和采穗园建成后，预计 2016 年、2020 年和 2025 年分别比 2013 年增加效益 600 万元、2 400 万元、5 000 万元。

4. 建设进度安排

新品种引进观察园：2014—2016 年完成建设内容，开始进行观察筛选；2017—2025 年进一步进行引种和观察筛选；对有望品种进行展示和示范推广。优良品种展示和采穗园：2014—2016 年完成 2 个园的建设任务；2017—2025 年每年提供新品种展示及足够的接穗供高接换种用（每年计划高换 1 万亩）。

（二）老旧果园更新改造工程

1. 实施地点

合江县。

2. 建设内容与规模

提升原有基地基础设施配套，改造荔枝果园 13.5 万亩。

3. 投资与效益估算

（1）投资估算。以 2 000 元/亩的标准投资估算，总投资 2014—2016 年 0.8 亿元，2017—2020 年 1.2 亿元，2021—2025 年 7 000 万元。

（2）经济效益估算。通过果园改造建设，单产水平提高 200 千克/亩，按 20 元/千克计算，预计到 2016 年、2020 年和 2025 年分别比 2013 年增加效益 8 000 万元、5.4 亿元和 5.4 亿元。

4. 建设进度安排

分三个阶段进行标准果园建设 2014—2016 年、2017—2020 年、2021—2025 年分别建设 4 万亩、6 万亩、3.5 万亩。

（三）新建标准园工程

1. 实施地点

合江县。

2. 建设内容与规模

全县荔枝新发展 4.2 万亩，其中建设标准果园 4.2 万亩。

3. 投资与效益估算

（1）投资估算。以 3 000 元/亩的标准投资估算，2014—2016 年总投资 1.26 亿元，2017 年以后不进行投资。

（2）经济效益估算。通过标准果园的建设，全市荔枝品质提高，单产水平达到国内领先水平，按单产比普通果园增加 200 千克/亩、市场价格 20 元/千克计，预计到 2020 年和 2025 年分别比 2013 年新增经济效益 1.68 亿元和 1.68 亿元。

4. 建设进度安排

2014—2016 年建设 4.2 万亩，此后稳定面积。

（四）高标准化示范园

1. 实施地点

国家级荔枝标准果园建设在虎头乡河嘴村、合江镇柿子田村，由龙汇荔枝专合社和柿子田荔枝专合社完成。省级标准示范园建设在合江镇、虎头镇、实录乡、佛荫片，由各乡镇牵头完成。县级标准示范园建设在甘雨镇莲花岛、尧坝镇田坝村、大桥镇土地坝村，分别由莲花岛荔枝专合社、鼓楼山荔枝专合社、土地坝荔枝专合社承担建设。

2. 建设内容与规模

主要包括果园硬件和软件条件建设，如果园道路的硬底化、果园水肥药一体化设施建设、产地果园生态条件的改造和产地、水利、道路——主要产区道路扩（改）建，生产便道建设、产品认证和冷库建设等。其中，国家级每个规模 500 亩以上；省级 10 000 亩；县级 200 亩以上。

3. 投资与效益估算

（1）投资估算。资金来源由国家、省和市县的财政扶持、企业和园主贷款或自筹。按每亩增加投入 2 000 元计算，国家级 1 000 亩需要 200 万元；省级 4 000 亩需要 8 000 万元；县级 600 亩需要 120 万元，共需 8 320 万元。

（2）经济效益估算。在国家、省、县三级的示范基地带动下，全市单产水平提高，预计 2016 年、2020 年和 2025 年分别比 2013 年增加 3 000 万元、1 亿元和 1.5 亿元。

4. 建设进度安排

国家级示范园 2014—2016 年 1 个、2017—2020 年 1 个；省级示范园 2014—2016 年 3 个、2017—2020 年 1 个；县级示范园 2014—2016 年、2017—2020 年、2021—2025 年各 1 个。

（五）荔枝、真龙柚物流市场体系建设

1. 实施地点

合江县及荔枝真龙柚主产镇。

2. 建设内容与规模

采后商品化处理物流中心，主要建设和完善合江县采后商品化处理及物流中心和 11 个荔枝、真龙柚产区乡镇物流分中心，同时配备冷运设备设施。利用淘宝、天猫等平台，开展电子商务。主产地批发市场在合江县城周边规划建设集洗选、分级、包装、冷藏、气调、仓储等于一体的，规模在 300 亩左右的荔枝、真龙柚专业批发销售中心，在荔枝、真龙柚主产的 11 个镇，各建一个规模在 30 亩左右的产地市场。

3. 投资与效益测算

（1）投资估算。采后商品化处理物流中心建设投资合计 3 700 万元。建设采后商品化处理及物流中心 1 个，投资 400 万元；在 11 个产区乡镇各建设 1 个采后商品化处理及物流分中心，每个投资约 300 万元，需资金 3 300 万元左右。主产地批发市场建设投资合计 2 600 万元。其中，建设中心批发市场 1 个，投资 400 万元；在 11 个乡镇建设小型荔枝批发市场各 1 个，每个 200 万元，需投资 2 200 万元。

（2）经济效益估算。通过项目实施，提升泸州市荔枝真龙柚流通效率。预计

2016 年、2020 年和 2025 年分别比 2013 年增加 5 000 万元、1 亿元和 1.2 亿元以上。

4. 建设实施进度

采后商品化处理物流中心：2014—2016 年建设 3 个、2017—2020 年建设 6 个，2021—2025 年建设 3 个。主产地批发市场建设：2014—2016 年 3 个，2017—2020 年 6 个，2021—2025 年 3 个。

（六）荔枝品牌与文化推广

1. 实施地点

合江荔枝品牌培育工程在合江 11 个荔枝产区（镇乡），由合江县农业局（经作站）承担；荔枝文化广场建设在合江县城中心广场，由合江县人民政府承担。

2. 实施内容与规模

合江荔枝品牌培育工程主要建设"带绿荔枝""绛纱兰荔枝""大红袍荔枝""坨缇荔枝"的原产地保护；制定品牌标准，品牌宣传和保护等，在包装材料选择和设计上均要突出合江荔枝文化和地方特色；分别在合江镇柿子田村和密溪乡建设一个荔枝古树保护点；建设合江荔枝文化广场。

3. 投资与效益估算

（1）投资估算。合江荔枝品牌培育工程需 300 万元。其中，"合江荔枝"原产地保护建设，开展申报、产地及产品认证和宣传，共投资 100 万元；在合江镇和密溪乡建设荔枝古树保护点 2 个，每个点投资 100 万元，共 200 万元。荔枝文化广场建设投资合计 1 200 万元。其中，荔枝文化广场的观荔休闲园荔枝种植及设施建设投资 600 万元；大型"合江荔枝"石头塑像 300 万元；荔枝文化素材挖掘及整理 300 万元。

（2）经济效益估算。通过项目实施，提升泸州市荔枝品牌价值，预计 2016 年、2020 年、2025 年分别比 2013 年增加效益 4 000 万、6 000 万、1 亿元以上。

4. 建设实施进度

（1）品牌培育工程。2014—2016 年搞好原产地保护标志申报和审定工作；2017—2020 年百年以上荔枝古树的保护；2021—2025 年品牌保护、宣传。

（2）荔枝文化广场。2014—2016 年建设文化广场基本设施；2017—2020 年建设石头塑像；2021—2025 年荔枝文化素材挖掘及整理。

四、龙眼

（一）龙头企业（合作社）培育工程

通过财政扶持，壮大一批带动能力强、与农民建立紧密利益联结机制的农业产业化龙头企业，培育一批运作规范、组织带动力强的农民专合社。以土地入股、技术入股等方式，将公司（合作社）和农户利益紧密联系起来，以龙头企业（专业合作社）带动规模化、产业化发展。

1. 实施地点

在龙眼生产的优势区域，包括泸县的潮河、海潮、福集、得胜、太伏等乡镇，龙马潭区的胡市、金龙、特兴等乡镇，江阳区的弥陀、黄舣等乡镇，选取泸桂圆土特产品有限公司、江阳区农业投资公司、泸县土产棉麻果品有限公司（泸县现代农业开发有限公司）、四川宴美农产品冷链物流有限公司、龙马潭区胡市镇浸口龙眼合作社等具有一定规模与实力的企业（合作社）作为重点建设单位。

2. 建设内容与规模

根据泸州龙眼产业区域优势及发展需要，2014—2025年，培育2个国家级龙头企业，3个省（市）级龙头企业，5个区县级龙头企业；在龙眼生产专业村和规模化乡扶持50个果农经济专业合作组织。

3. 投资与效益估算

（1）投资估算。投资以企业为主体，国家、省、市、县各级财政资金给予适当补助。龙头企业每个补助100万。专业合作社每个补助20万元。

（2）经济效益估算。通过龙头企业（专业合作社）带动，全市产值增长。预计2016年、2020年、2025年分别比2013年增加效益1亿元、2亿元、3亿元。

4. 建设进度安排

龙头企业2014—2016年建成3个、2017—2020年建成4个、2021—2025年建成3个；专业合作社2014—2016年建成20个、2017—2020年20建成个、2021—2025年建成10个。

（二）良种繁育示范工程

1. 实施地点

引种园150亩，建在泸州市农科院和泸州市农业局经作站果树试验基地；品种示范园1 500亩，其中泸县900亩、龙马潭区300亩、江阳区300亩，各县区在每个龙眼主产乡镇建100~200亩。品种示范园建设由各龙眼主产乡镇的龙头企业或专合社承担，市、县区给予扶持。

2. 建设内容与规模

150亩引种园，包括引种观察圃30亩、良种采穗圃70亩、嫁接苗圃50亩。1 500亩品种示范园，重点推广龙眼优良品种，每个品种进行多点示范栽培，每个品种在各示范点种植面积不少于10亩。建设引种观察圃、良种采穗圃、嫁接苗圃、品种示范园基础设施，完善园地的道路、水利、土壤改良、水肥药一体化设施等，苗圃需要建设3 000平方米的育苗大棚。

3. 投资与效益估算

（1）投资估算。2014—2016年150亩引种园前期投资需200万元，2017—

2020 年投入需 50 万元，2021—2025 年投入需 50 万元，由政府投资；1 500亩品种示范园前期投资需 1 000万元，由政府支持 500 万元，其他资金由示范园业主承担。

（2）经济效益估算。品种引种园项目为公益性项目，主要是社会效益和生态效益。优良品种示范园投产后每年经济效益 2 000万元。预计 2016 年、2020 年、2025 年分别比 2013 年增加效益 5 000万元、1 亿元、1.5 亿元。

4. 建设进度安排

（1）品种引种园：2014—2016 年完成引种园建设，开始提供接穗、苗木；2017—2025 年继续为龙眼产地提供接穗、苗木。

（2）品种示范园：2014—2016 年完成示范园建设，且开始投产；2017—2025 年示范园继续投产，产生经济社会效益。

（三）生态旅游工程

依托沱江、长江两岸优质晚熟龙眼产业带，以龙眼种植、加工及相关产业为资源，培育生态观光、休闲农业等为主体的生态旅游工程，带动区域经济发展。

1. 实施地点

以泸县的潮河镇、海潮镇、太伏镇、兆雅镇为重点，加大宣传力度，唱响"中国晚熟龙眼之乡""中国优质晚熟龙眼基地县"和"中华名果"品牌，同时加大建设力度，打造产村、产园相融的生态旅游示范工程。

2. 建设内容与规模

重点打造"一园、一节"（即龙眼主题庄园、龙眼文化节）。主题庄园总体规划面积约为 2 平方千米，主题文化节为每年的 8—9 月份，为期一周。

3. 投资与效益估算

（1）投资估算。龙眼主题庄园 2014—2016 年建设投资 2 000万元，2017—2025 年每年维护 200 万元。龙眼文化节每年 300 万元。

（2）经济效益估算。通过项目带动，提升品牌效益，全市产值增长预计 2016 年、2020 年、2025 年分别比 2013 年增加效益 4 000万元、6 000万元、1 亿元。

4. 建设进度安排

龙眼主题庄园 2014—2016 年完成主体建设，2017—2020 年维护拓展；龙眼文化节按年度进行。

（四）老旧果园更新改造工程

1. 实施地点

龙马潭区、江阳区、泸县。

2. 建设内容与规模

完善原有基地基础设施配套，通过良种改造全市龙眼果园 10 万亩。

3. 投资与效益估算

（1）投资估算。以 2 000 元/亩的标准投资估算，2014—2016 年投资 6 000 万元，2017—2020 年 8 000 万元，2021—2025 年 6 000 万元。

（2）经济效益估算。通过果园改造建设，单产水平提高 200 千克/亩，按 8 元/千克计算，预计到 2020 年和 2025 年分别比 2013 年增加经济效益 1.6 亿元和 1.6 亿元。

4. 建设进度安排

分三个阶段进行老旧果园更新。2014—2016 年、2017—2020 年、2021—2025 年分别建设 3 万亩、4 万亩、3 万亩。

（五）新建标准园工程

1. 实施地点

泸县、江阳区、龙马潭区。

2. 建设内容与规模

建设标准果园 5.5 万亩。

3. 投资与效益估算：

（1）投资估算。以 3 000 元/亩的标准投资估算，总投资 2014—2016 年 7 800 万元，2017—2020 年 5 700 万元，2021—2025 年 1 500 万元。

（2）经济效益估算。通过标准果园的建设，全市龙眼品质提高，单产水平达到国内领先水平，按单产比普通果园增加 200 千克/亩、亩产达 500 千克，市场价格 8 元/千克计，预计到 2020 年和 2025 年新增经济效益 8 800 万元和 8 800 万元。

4. 建设进度安排

2014—2016 年标准果园建设 2.6 万亩，2017—2020 年 1.9 万亩，2021—2025 年 0.5 万亩。

（六）高标准示范园建设工程

坚持总体布局、突出优势、稳步推进的原则，整合项目、集成技术、集中投入，建设一批龙眼标准化生产基地，示范带动发展龙眼标准化生产。

1. 实施地点

重点在龙马潭区金龙、胡市、特兴，江阳区弥陀、黄舣，泸县潮河、海潮、太伏、福集、得胜等 10 个乡镇，辅以安宁、石洞、云龙、兆雅、嘉明等乡镇，集中连片开发。

2. 建设内容与规模

创建 35 个规模在 1 000 亩以上的标准化基地，将标准化生产贯穿于生产全过程，建设内容为良种栽培与先进技术应用、田间道路、主要产区道路扩（改）建、生产便道建设、水利设施、土地整理、种苗、肥料等。

3. 投资与效益估算

（1）投资估算。以 2 000 元/亩的标准投资测算（其中：基础设施建设投资 1 000元/亩，土地整理 500 元/亩，肥料、农药、种苗 750 元/亩，管理费用 250 元/亩），每个标准化基地投资在 200 万元以上。合计 2014—2016 年需投资 4 000万元，2017—2020 年投资需 2 000万元，2021—2025 年投资需 1 000 万元。

（2）经济效益估算。通过标准化生产示范带动，全市龙眼产量年增长在 3% 以上，产值增长在 5%以上，预计 2016 年、2020 年、2025 年分别比 2013 年增加效益 0.8 亿元、1.6 亿元、2 亿元。

4. 建设进度安排

分阶段推进标准化基地建设工程，2014—2015 年、2017—2020 年、2021—2025 年分别建设 20 个、10 个、5 个以上的标准化基地。

（七）科技支撑工程

围绕龙眼产业发展中的关键技术问题，通过引进优良品种、先进技术或技术集成创新，提升龙眼产业化开发能力，支撑龙眼产业发展。

1. 实施地点

泸县。

2. 建设内容与规模

一是建立专家指导组，由泸州市热作中心牵头，聘请华南农业大学、福建农科院、四川农科院、泸州市农科院、主产区市县相关专家，组建省泸州市龙眼产业技术体系专家指导组，专家规模在 7~9 人，提供产业及技术咨询。二是重点科研攻关，每年列出优先支持的 2~3 项攻关课题，突破产业核心问题。

3. 投资与效益估算

（1）投资估算。每年投资 700 万元。其中，专家指导组每年经费 500 万，科研课题每年 200 万。

（2）经济效益估算。通过项目实施，提升龙眼产业科技贡献率，预计 2016 年、2020 年、2025 年分别比 2013 年增加经济效益 2 000万元、6 000万元、1 亿元以上。

4. 建设进度安排

项目按年度进行，每年承担固定建设任务。

（八）市场体系建设工程

按照"统一、开放、竞争、有序"现代市场体系建设要求，统筹考虑近期和远期市场发展状况，有重点、分步骤地推进龙眼产业市场体系建设。

1. 实施地点

龙眼产业信息中心建在江阳区，同时在泸县、江阳区、龙马潭区建设产地批发市场。

2. 建设内容与规模

一是建设直达乡村、农户的龙眼信息服务网络，提供方便、快捷、实用的农产品市场信息、农技咨询等服务；二是建设4个龙眼产地批发市场，方便果农销售和客商采购及处理，其中泸县2个、江阳区1个、龙马潭区1个。

3. 投资与效益估算

（1）投资估算。信息网络建设费300万元，每年维护费50万元，共需350万元；产地批发市场每个面积在3000平米左右，每个建设费200万元，共需800万元。

（2）经济效益估算。通过项目实施，提升泸州市龙眼流通效率，预计2016年、2020年、2025年分别比2013年提高效益4000万元、1.2亿元、2亿元以上。

4. 建设进度安排

信息网络在2015年建成，产地批发市场在2014—2016年、2017—2020年各建成2个。

（九）深加工提升工程

结合产业发展需要，发展龙眼干、果脯、果酒、果糖等加工产品，提升产业效益。

1. 实施地点

泸县潮河镇、太伏镇。

2. 建设内容与规模

建设龙眼深加工园区1个，具备储藏保鲜、分级包装及精深加工处理能力。采取分步建设，2014—2016年建成年加工鲜果0.3万吨加工厂，2017—2020年扩建成年加工鲜果0.7万吨，2020—2025年扩建成年加工鲜果1万吨。

3. 投资与效益估算

（1）投资估算。项目总投资1亿元。2014—2016年、2017—2020年、2021—2025年分别投入5000万元、3000万元、2000万元。

（2）经济效益估算。通过项目实施，预计2016年、2020年、2025年分别比2013年提高效益1亿元、1.5亿元、2亿元以上。

4. 建设进度安排

2014—2016年建成，2017—2025年扩建，提升产品处理能力。

五、投资效益估算与进度安排

(一)投资估算

精品果业建设投资需求 27.07 亿元。其中,2014—2016 年 14.66 亿元,2017—2020 年 8.06 亿元,2021—2025 年 4.35 亿元。表 1-20 是真龙柚产业投资概算,表 1-21 是脐橙产业投资概算、表 1-22 荔枝产业投资概算、表 1-23 龙眼产业投资概算、表 1-24 真龙柚项目效益增加值估算。

表 1-20　真龙柚产业投资概算　　　　　　　　(单位:万元)

区(县)	项目名称	2014—2016 年			2017—2020 年				2021—2025 年
		2014	2015	2016	2017	2018	2019	2020	
合江县	真龙柚无病毒苗木繁育体系		800	50	50	50	50	50	250
	真龙柚授粉树品种配置展示园		6 600	50	50	50	50	50	250
	老旧果园改造	4 000	4 000	4 000	2 000	2 000	2 000	2 000	
	新建标准果园	18 000	18 000	13 500					
	高标准示范园		800	800					
	商品化处理生产线		500			500			
	乡村旅游基地	1 000	500	500	200	200	200	200	1 000
	合计	23 000	31 200	18 900	2 300	2 800	2 300	2 300	1 500

表 1-21　脐橙产业投资概算　　　　　　　　(单位:万元)

区(县)	项目名称	2014—2016 年			2017—2020 年				2021—2025 年
		2014	2015	2016	2017	2018	2019	2020	
古蔺县	老旧果园改造	1 000	1 000	1 000	2 000	2 000	2 000	2 000	
	新建标准果园		1 500	1 500	1 800	1 800	1 200	1 200	12 000
	高标准示范园		400		400				
	商品化处理生产线		500			500			
	批发市场				1 300				
叙永县	老旧果园改造	1 000	1 000	1 000	2 000	2 000	2 000	2 000	
	新建标准果园		1 050	1 050	1 500	900	750	750	3 000
	高标准示范园		400		400				
	商品化处理生产线				500				
	批发市场						1 300		
	合计	2 000	5 850	4 550	9 900	7 200	7 250	5 950	15 000

表 1-22　荔枝产业投资概算　　　　　　　（单位：万元）

区（县）	项目名称	2014—2016 年			2017—2020 年				2021—2025 年
		2014	2015	2016	2017	2018	2019	2020	
合江县	新品种引进观察园		50						
	优良品种展示和采穗园		100						
	老旧果园更新改造	2 000	4 000	2 000	3 000	3 000	3 000	3 000	7 000
	新建标准园	4 200	4 200	4 200					
	国家级示范园	150	150	150	150				
	省级示范园	2 000	2 000	2 000	2 000				
	县级标准园		40		40				40
	采后商品化处理物流中心	700	600	600	300	300	300		900
	荔枝主产地批发市场	600	400	400	200	200	200		600
	品牌培育工程		100		100				100
	荔枝文化广场		600		300				300
	合计	9 650	12 240	9 350	6 090	3 500	3 500	3 000	8 940

表 1-23　龙眼产业投资概算　　　　　　　（单位：万元）

区（县）	项目名称	2014—2016 年			2017—2020 年				2021—2025 年
		2014	2015	2016	2017	2018	2019	2020	
泸县	龙头企业		100	100	100	100			200
	合作社		100	100	60	60	40	40	200
	龙眼主题庄园		1 000	1 000	200	200	200	200	1 000
	龙眼文化节	300	300	300	300	300	300	300	1 500
	老旧果园更新改造	2 000	500	500	2 000	2 000			4 000
	新建标准园	2 000	2 800	3 000	2 000	2 000	1 000	700	1 500
	标准化基地	1 000	1 000		1 000				1 000
	专家指导组	500	500	500	500	500	500	500	2 500
	重点课题	200	200	200	200	200	200	200	1 000
	产地批发市场		200			200			
	深加工		5 000		3 000				2 000

（续表）

区（县）	项目名称	2014—2016 年			2017—2020 年				2021—2025 年
		2014	2015	2016	2017	2018	2019	2020	
江阳区	龙头企业		100		100				
	合作社		60	40	60	40			
	老旧果园更新改造	1 000	500		1 000	1 000			1 000
	新建标准园	0	0	0					
	标准化基地	600	400		600	400			1 000
龙马潭区	龙头企业				100				100
	合作社		60	40	60	40			
	老旧果园更新改造	1 000	500		1 000	1 000			1 000
	新建标准园	0	0	0					
	标准化基地	400	400	200					
泸州农科所	品种引种园		200		50				50
	品种示范园		500	500					
	合计	9 000	14 420	6 480	12 330	8 040	2 240	1 940	18 050

（二）效益估算

按照类别进行效益估算，表1-24 真龙柚项目效益增加值估算、表1-25 脐橙项目效益增加值估算、表1-26 荔枝项目效益增加值估算、表1-27 龙眼项目效益增加值估算。

表 1-24　真龙柚项目效益增加值估算 （单位：万元/年）

序号	项目	2016 年	2020 年	2025 年
1	真龙柚无病毒苗木繁育体系	880	100	100
2	真龙柚授粉树品种配置展示园	2 000	4 000	9 000
3	老旧果园改造	25 000	37 500	50 000
4	新建标准果园	5 000	37 500	70 000
5	高标准示范园	2 500	4 000	5 000
6	采后商品化处理包装生产线和普通贮藏库建设	10 000	15 000	20 000
7	乡村旅游基地	4 000	6 000	10 000
	合计	49 380	104 880	104 100

表 1-25　脐橙项目效益增加值估算 （单位：万元/年）

序号	项目	2016 年	2020 年	2025 年
1	老旧果园改造	25 000	37 500	50 000
2	新建标准果园	5 000	37 500	70 000
3	高标准示范园	2 500	4 000	5 000
4	商品化处理生产线	10 000	15 000	20 000
5	批发市场	0	4 000	8 000
	合计	42 500	98 000	153 000

表 1-26　荔枝项目效益增加值（比 2013）估算　（单位：万元/年）

序号	项目	2016 年	2020 年	2025 年
1	种业工程	600	2 400	5 000
2	老旧果园更新改造	8 000	54 000	54 000
3	新建标准园	0	16 800	16 800
4	高标准示范园	3 000	10 000	15 000
5	荔枝物流市场体系	5 000	10 000	12 000
6	荔枝品牌与文化推广	4 000	6 000	10 000
	合计	20 600	99 200	112 800

表 1-27　龙眼项目效益增加值（比 2013 年）估算　（单位：万元/年）

序号	项目	2016 年	2020 年	2025 年
1	龙头企业（合作社）培育工程	10 000	20 000	30 000
2	良种繁育示范工程	5 000	10 000	15 000
3	生态旅游工程	4 000	6 000	10 000
4	老旧果园更新改造工程	2 000	10 000	16 000
5	新建标准园工程	0	8 800	8 800
6	标准化示范园建设工程	8 000	16 000	20 000
7	科技支撑工程	2 000	6 000	10 000
8	市场体系建设工程	4 000	12 000	20 000
9	深加工提升工程	10 000	15 000	20 000
	合计	45 000	103 800	149 800

（三）进度安排

表 1-28 是精品果业的真龙柚、表 1-29 脐橙、表 1-30 是荔枝、表 1-31 是龙眼等项目进度安排。

表 1-28　真龙柚进度安排

序号	项目	2014—2016 年			2017—2020 年				2021—2025 年
		2014	2015	2016	2017	2018	2019	2020	
1	无病苗圃	选出符合条件的优良单株			进一步进行引种和观察筛选，出圃无病苗。				出圃无病苗
2	高换、桥接提纯	●	●	●	●	●	●	●	
3	授粉品种配置	选出符合条件的优良授粉品种单株			筛选品质稳定、高产稳产授粉品种进行展示和示范推广				
4	老旧果园改造（万亩）			1.5	3	3	2.5		
5	标准果园建设（万亩）	6	6	4.5					
6	高标准示范园（个）		2	2					
7	商品处理生产线（条）		1			1			
8	乡村旅游基地		●	●	●	●	●		

表1-29　脐橙进度安排

序号	项目	2014—2016年			2017—2020年				2021—2025年
		2014	2015	2016	2017	2018	2019	2020	
1	老旧果园改造（万亩）		2	2	2	2	2		
2	标准果园建设（万亩）		0.85	0.85	1.1	0.9	0.65	0.65	5
3	高标准示范园（个）		2		2				
4	商品化处理生产线（条）		1		1				
5	批发市场				●	●	●	●	

表1-30　荔枝项目建设进度安排

序号	项目	2014—2016年			2017—2020年				2021—2025年
		2014	2015	2016	2017	2018	2019	2020	
1	新品种引进观察园	完成建设内容，开始进行观察筛选			进一步引种和观察筛选，对优良品种展示和示范推广。				
2	品种展示和采穗园		1	1					5
3	老旧果园改造（万亩）		2	2	2	2	1	1	3.5
4	新建标准园（万亩）	4.2							
5	国家级示范园			1		1			
6	省级示范园	1	1	1	1				
7	县级标准园		1				1		
8	商品化处理中心			3		3		3	3
9	荔枝、真龙柚产地批发市场			3		3		3	3
10	品牌培育工程	原产地保护标志申报和审定工作			百年以上荔枝古树的保护				品牌保护、宣传
11	荔枝文化广场	●	●	●					

表1-31　龙眼项目进度安排

序号	项目	2014—2016年			2017—2020年				2021—2025年
		2014	2015	2016	2017	2018	2019	2020	
1	省级龙头企业	1	1	1	1	1			3
2	合作社	7	7	6	6	6	6	2	10
3	品种引种园	●	●	●					
4	品种示范园	●	●	●					
5	龙眼主题庄园	●	●	●					
6	龙眼文化节	●	●	●	●	●	●	●	●

（续表）

序号	项目	2014—2016 年			2017—2020 年				2021—2025 年
		2014	2015	2016	2017	2018	2019	2020	
7	老旧果园更新改造（万亩）	1	1	1	1	1	1	1	3
8	新建标准园（万亩）	0.5	1.7	0.9	0.6	0.7	0.6	0.5	
9	高标准示范园	7	7	6	6	6	6	2	10
10	专家指导组	●	●	●	●	●	●	●	●
11	重点课题	●	●	●	●	●	●	●	●
12	信息网络			1					
13	产地批发市场		1	1	1	1			
14	深加工	●	●	●	●	●	●	●	

第七节　保障措施

一、组织保障

（一）强化组织机构

成立市、县（区）水果产业发展领导小组，统筹推进产业建设工作，决策、协调、指导解决重大问题。领导小组办公室负责产业发展规划实施的日常工作。各镇成立相应的组织机构和领导班子，全面负责本镇水果产业发展的领导、组织、规划和协调工作。

（二）加强部门配合

市委宣传部、市发改委、市财政局、市农业局、市商务局、市国土局、市工商局、市交通运输局、市科技局、市统计局、林业局、水务局、农机局、供销社、旅游局等部门结合本部门工作职责，制订专项工作规划和年度工作方案，积极主动支持服务水果产业发展，形成党委统一领导，党政齐抓共管，农村工作综合部门组织协调，有关部门各负其责的工作领导机制和体制。

（三）加强督查考核

县（区）将水果产业发展纳入对镇和县级相关部门的目标绩效考核，签订目标责任书。各镇和部门将规划的目标任务和重点工作分解到年度，建立相应的目标责任制，形成一级抓一级，一级对一级负责的工作机制。县（区）水果产业发展领导小组办公室对产业的规划、实施全程督查，定期通报情况，确保水果产业有序发展。

二、投入保障

建立健全"以政府投入为导向、工商资本为支撑、农村集体和农民资金为补充"的多元化投入体系。在规划实施期内，政府逐年增加对水果产业的投入，且支出增长幅度高于财政经常性收入增长幅度。

（一）整合项目资金

抓住并用好西部大开发、成渝经济区建设、省委省政府《关于加快县域经济发展的意见》和《关于支持百万人口大县改革发展的政策措施》等政策机遇，按照资金渠道、性质、用途不变的原则，整合现有将涉农项目，打捆使用，切实发挥财政政策和涉农资金的合力效应。同时，积极争取协调农业综合开发、园艺作物标准园创建、测土配方施肥补助等中央财政项目，见表1-32、表1-33，为水果产业发展提供项目支持。

表1-32　中央财政项目政策一览表

序号	项目	内容	区县
1	荔枝、龙眼种质资源保护项目	依托泸州市农业科学研究院建设荔枝、龙眼保护项目，建立热带北缘荔枝、龙眼种质资源圃，积极开展荔枝、龙眼优良品种选育	江阳区
2	农业综合开发项目	平整土地、兴修水利、改良土壤、开垦荒地、植树造林、装备机械、改进生产技术、发展多种经营	合江县、古蔺县、叙永县、泸县、江阳区、龙马潭区
3	园艺作物标准园创建项目	抓好水果标准园创建，推进规模化经营、标准化生产、品牌化销售	合江县、古蔺县、叙永县、泸县、江阳区、龙马潭区
4	果园测土配方施肥补助	开展精品果园测土配方施肥手机信息服务试点和新型经营主体示范，扩大配方施肥到田覆盖范围	合江县、古蔺县、叙永县、泸县、江阳区、龙马潭区
5	种子工程	支持育繁推一体化企业建设果树良种良苗创新基地	合江县、古蔺县、叙永县、泸县
6	农产品追溯体系建设项目	利用种植、畜牧、水产和农垦等行业农产品质量安全追溯信息平台，建设泸州精品水果质量安全追溯管理系统。	江阳区、龙马潭区
7	国家现代农业示范区建设项目	力争纳入到农业改革与建设试点和第三批国家现代农业示范区，进一步扩大试点范围和示范区规模，更好发挥示范引领作用	合江、泸县、龙马潭、江阳区
8	农产品产地初加工项目	建设果蔬贮藏库和烘干房等农产品产地初加工设施。	合江、泸县、龙马潭、江阳区
9	鲜活农产品运输绿色通道政策	泸州所有收费公路（含收费的独立桥梁、隧道）全部纳入鲜活农产品运输"绿色通道"网络范围，对整车合法装载运输鲜活农产品车辆免收车辆通行费	合江县、古蔺县、叙永县、泸县、江阳区、龙马潭区

（续表）

序号	项目	内容	区县
10	生鲜农产品流通环节税费减免政策	促进物流业健康发展，切实减轻物流企业税收负担，免征果品流通环节增值税	合江县、古蔺县、叙永县、泸县、江阳区、龙马潭区
11	阳光工程	将泸州荔枝、龙眼、柑橘主产县区纳入试点县，重点面向专业大户、家庭农场、农民合作社、农业企业等新型经营主体中的带头人、骨干农民等开展技术培训，吸引和培养造就大批高素质农业生产经营者。	合江县、古蔺县、叙永县、泸县、江阳区、龙马潭区
12	农作物病虫鼠害疫情监测与防治项目	加强对水果重大病虫害和疫情的监测预警能力，建立应急防控机制，开展科学用药和防治技术指导、培训和示范	合江县、古蔺县、叙永县、泸县、江阳区、龙马潭区
13	无公害农产品质量安全监测	对水果进行质量安全例行监测、产品质量安全监督抽查、质量安全普查、农药及农药残留监控	合江县、古蔺县、叙永县、泸县、江阳区、龙马潭区
14	优势农产品重大技术推广项目	对泸州的优势果品荔枝、龙眼、真龙柚、脐橙的技术示范、推广和培训工作进行扶持	合江县、古蔺县、叙永县、泸县、江阳区、龙马潭区
15	农产品促销项目	对泸州特产的荔枝、龙眼、真龙柚和脐橙等鲜水果远销和出口进行扶持和补贴，扶持其举办或者参加大型展销会	泸州市

表 1-33　省级财政项目一览表

序号	项目	内容	区县
1	扶持专合社	促进农业生产经营体制创新，支持农民专合社建设	合江县、古蔺县、叙永县、泸县、江阳区、龙马潭区
2	一村一品示范村镇	选择一批产品品质优良、区域特色鲜明、带动农民增收效果显著、具有明显发展潜力的一村一品示范村镇作为试点，通过支持其品牌建设，进一步提升示范村镇知名度和特色产品附加值，更好带动农民就业增收	合江县、古蔺县、叙永县、泸县、江阳区、龙马潭区
3	农技推广与体系建设	推进基层水果产业推广体系改革与建设，加强基层农技人员队伍建设，创新农技推广运行机制，提升技术推广服务能力	合江县、古蔺县、叙永县、泸县、江阳区、龙马潭区
4	农业项目科研经费	支持市县级科研单位开展农业技术研究	江阳区（泸州农科院）
5	农村机电提灌建设项目	支持果园建设机电提灌设施，完善果园水利基础设施，提高果园建设水平和综合生产能力	叙永县、合江县、古蔺县

（二）设立专项基金

设立县级水果产业建设专项基金，每年新增的农业投入资金应主要用于基地建设。发挥财政资金的导向作用，综合运用直接补助、贷款贴息、参股、担保、以奖代补等手段，引导水果企业和社会资金投入基地建设。对建设标准化生产基地并带动500户以上的龙头企业业主、农民专合社在技术开发、产品质量认证、品牌创建、市场开拓等给予重点支持。

（三）创新金融服务

进一步深化农村金融改革，继续发挥农信社支农主力军作用，大力培育村镇银行、小额贷款担保公司等各类新型农村金融机构，扩大农户小额信用贷款和农户联保贷款的覆盖面，支持拓展农村商业保险和合作保险。

（四）扶持龙头企业

对水果保鲜、加工、流通企业在税收、土地、资金及人才方面给予扶持。通过政策、资金、技术等多种方式，扶持一批保鲜、加工、流通龙头企业。帮助企业建立稳定的原料生产基地，扶持龙头企业购置先进的保鲜流通设备，以龙头企业的发展带动水果产业的进一步发展，逐步建立农工贸、产加销一体化的水果产业发展机制。

（五）鼓励发展水果专合社

坚持"民办、民管、民受益"的原则，通过政策引导和政府扶持，鼓励水果加工、流通龙头企业、龙眼生产大户和农村能人领办水果专合社，并帮助其完善利益联结机制和内部管理机制，提高果农生产经营的组织化程度。建立健全水果产业协会、水果专合社、果农技术协会及果品流通协会等产销服务组织，发挥龙头企业市场带动作用，建立健全水果产品和生产资料营销网点，形成系统的市场服务体系。

三、政策保障

（一）形成长效政策措施机制

市委市政府出台《泸州市关于促进水果产业发展的若干意见》（以下简称《意见》），《意见》的主要内容包括：建立水果产业发展专项基金；扶持、引进水果销售和加工龙头企业；对水果品种结构调整（主要是高接换种）工作进行补贴；扶持建立销售平台；大力鼓励果园、采后处理、冷库、加工和市场的设施建设；建立产业融资政策；加强领导，稳定队伍。

（二）推动建立政策性保险制度

水果生产是自然再生产和经济再生产相交织的过程，极易受气候异常的影响而导致效益受损。只有争取将柑橘、荔枝、龙眼产业纳入国家农业政策性保险范围，才能弱化水果生产经营风险，增强产业抵御自然灾害的能力。

（三）用地政策

一是赋予农民对承包地使用、收益、流转及承包经营权抵押、担保权能，开展土地经营权抵押担保试点。二是鼓励土地承包经营权规范有序流转，推进农村土地适度规模经营。对流转土地发展基地规模较大的经营主体，给予建设用地指标；对流转规模较小的，优先落实设施农用地政策。

四、人才保障

大力培养和吸引水果科技人才，以国家柑橘及荔枝、龙眼产业技术体系为依托，以研发和推广先进适用的水果技术为纽带，培养国内一流的科研创新团队；创新农业技术推广体系，培养一批高素质的农业技术推广骨干和人才队伍；引进和培育产前、产中、产后复合型、深加工、市场营销综合型人才队伍；以全面提高水果产业生产经营水平为核心，加强水果主产区经营型人才、技术服务型人才和知识青年农民的培养，提升果农整体素质，加快水果产业现代化进程。各级政府在安排农村科技开发、技术推广和扶贫资金时，要安排一部分资金作为水果生产者的培训经费；在安排农业基础设施建设投资时，要安排一部分作为农村职业学校和培训机构建设经费。

附件 精品林果重点建设项目库（略）。

第二章 泸州市现代高效林竹产业发展专项规划

第一节 竹产业发展基础与现状分析

一、发展基础

（一）竹资源概况

全球有竹类植物70余属，1 200余种。图 2-1 是世界主要竹子分布国家面积占比。中国素有"竹子王国"之称，竹林面积的年均增长速度约为9%。研究显示，我国各主要产竹省、市、区的竹林面积以每年6%~9%的速度扩增，远高于世界平均水平（3%）。

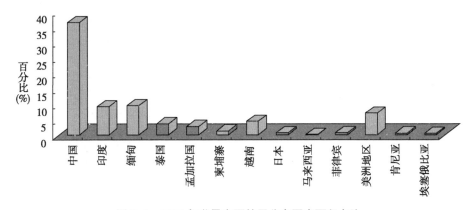

图 2-1 2008 年世界主要竹子分布国家面积占比

四川省是世界竹类发源地和竹类主要分布区域之一，也是全国竹资源大省。据 2011 年国家林业局统计数据，四川省竹林面积位居全国第三（图 2-2），2014年跃居全国之首。近 12 年来，四川竹林面积年均增长速度约为 7.7%。全省有竹子 18 属 160 余种，约占全国竹子属数的 46%，种数的 32%。

自 2008 年四川省提出将川南竹产业经济圈提升为全国重要竹产品加工集散基地的战略构想以来，竹林面积年均增长速度为 7%～10%。

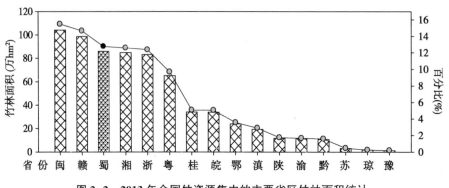

图 2-2　2013 年全国竹资源集中的主要省区竹林面积统计

泸州市具有将竹产业打造成为支柱产业的良好基础。2013 年泸州市竹林总面积 320.58 万亩，分别占全市幅员面积和森林面积的 17.5% 和 40.3%，为全球竹林面积的 6.7‰，占中国现有竹林面积的 3.0%。在全市竹林面积中，东南竹林 40.70 万亩，杂竹林 279.88 万亩。可见从分布状况可看出，竹林主要集中分布在叙永县、合江县、纳溪区等 3 个区县，分别占泸州市竹林总面积的 37.2%、27.3% 和 24.8%。

"十二五"期间，全市累计造林改新建竹林基地 100 万亩。2013 年泸州市杂竹年产量达 170 多万吨。根据 2014 年 8 月的样方调查，对泸州主要竹种（分布面积较大）的立竹度和竹径（离地 1.3 米处）等的检测结果显示，立竹量最大的为西风竹，为每亩 2 048 株，最小的是绵竹（梁山慈竹）；胸径最大的是楠竹，平均达到（11.5±0.2）cm，其次为麻竹，平均胸径为（7.2±0.4）cm，最小为合江方竹，平均胸径为 2.2cm（图 2-3）。据此推算竹林地上部分生物量，泸州市现存竹林蓄积量较大。

（二）竹资源分布

根据竹子分布的地带性和区域性特征，中国的竹区分为黄河—长江竹区（散生竹区）、长江—南岭竹区（散生竹—丛生竹混合区）、华南竹区（丛生竹区）和西南高山竹区。其中长江—南岭竹区是中国竹林面积分布最大的地区，主要竹种有刚竹属、慈竹属、苦竹属、方竹属、箬竹属、大节竹属等。

泸州市属于长江-南岭竹区，植被类型为低山—丘陵亚热带竹林和中山—亚高山竹林。主要竹种有：毛竹（楠竹）、硬头黄竹、斑竹、蓉城竹（白夹竹）、麻竹、慈竹、孝顺竹（西风竹）、合江方竹（大竹）、绵竹（梁山慈竹）、苦竹、方竹、水竹、大（小）琴丝竹、罗汉竹、紫竹等。统计发现，面积在 10 万亩以

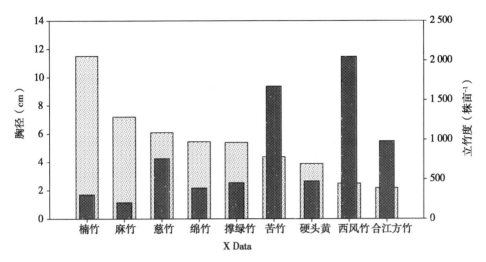

图 2-3　泸州市分布面积最大的主要竹种胸径比较

上的乡镇有 8 个，其中叙永县水尾镇面积最大（25.53 万亩），合江县福宝镇排列第二（18.07 万亩），纳溪区打古镇最小（10.85 万亩）；面积在 5 万~10 万亩的乡镇有 11 个；1 万~5 万亩的乡镇 43 个，0.1 万~1 万亩以下的乡镇 49 个，其余乡镇面积较小，在 1 000 亩以下。

二、发展现状

（一）全球竹产业发展现状

世界各国或地区在竹业发展水平和产业方向上存在差异，关注竹产业的元素也存在不同程度的差异。

亚太地区：日本的竹产业以竹文化与高科技内涵为主，但需大量进口；印度施行"国家竹子计划"以来，已成为竹制品出口大国；泰国的竹笋加工产业非常发达，每年向欧美和日本出口的笋罐头达 15 万多吨，是我国竹笋产业的主要竞争对手。

美洲：美洲国家联合施行"美洲竹子"行动，效果较显著。如美国成立了"竹子协会"，竹产业以竹种买卖和分销为主，其消费主要靠进口，是世界上最大的竹制品进口国。

欧洲：2000 年成立了"欧洲竹子协会"，开展了"竹子可持续经营和竹材质量改进"及"欧洲竹子行动计划"等重大项目研究，把竹林作为一种新资源主要用于服务业领域。

非洲：由于生产和加工技术落后，竹产业尚未形成完整产业链。随着竹子产品认同度逐渐提高，联合国工发组织（UNIDO）十分重视竹产品的研发、利用和加工，使之成为非洲农业收入的主要来源之一。

（二）国内竹产业发展现状

中国竹产业涉及领域众多，已形成 100 多个系列，数千个品种，成为全球竹产业的榜样。2009 年竹产业产值达 1 000 多亿元，每年以 20%左右的速度递增。目前已是全球竹产品最大的生产和出口国，在产品研发和创新等方面处于世界先进水平。

（三）川南竹产业发展现状

据统计，2013 年川南地区共有竹林 795 万多亩，竹材产量每亩达 1.5 吨。现有竹产品加工利用企业 598 家（省级重点龙头企业 15 家）。竹浆造纸产能 158 万吨、竹人造板产能 82 万立方米、竹家具产能 453 万件套和竹笋加工产能 41 万吨，分别比 2010 年增长 35.7%、130.5%、35.7%和 50.7%。2013 年川南竹业年总产值 120.7 亿元，竹农人均收入 177 元，分别比 2010 年增长 40.6%、111.5%。目前，川南地区已初步形成了竹浆造纸、竹人造板、竹工艺品、竹建材、竹家具、竹笋、竹文化旅游等生态—低碳与经济效益"双赢"的新型竹产业。此外，林下竹禽、竹菌和竹茶等种养殖业以及竹文化生态旅游的经营模式，提升了农民收入。如泸州市银桩农业有限公司在纳溪区租赁 1 000 亩竹林地建立林下鸡养殖基地，使每户农民增收 3 万余元。竹产业已成为川南林业的一大新兴产业和农民脱贫致富的新经济增长点。

（四）泸州市竹产业发展现状

全市竹加工企业 200 余家，其中，竹浆纸类企业 5 家，生产能力达到 20 万吨；竹纤维企业 1 家，生产能力 5 万吨；竹胶合板生产企业 23 家，年生产量达 7 万立方米；竹地板企业 3 家，年产量 40 万平方米；竹笋加工企业 16 家，年产量 1 万吨；竹筷生产企业 40 家（户），年产量 24 万担；竹炭、竹制品等其他加工企业 100 多家。

实地调研和提供资料表明，目前运作良好且有一定规模的企业有 20 余家（其中 1 家竹浆企业——永丰浆纸企业在建待产），均分布在叙永县和纳溪区。合江县的竹产企业目前几乎处于不景气状态。泸州市现存企业中，产值上亿的只有 1 家，超过千万的有 9 家，过百万的有 4 家，其余厂家均在百万以下。除此之外，多数小微企业属家庭式、作坊式以及专业合作社等生产经营模式。

三、主要问题

（一）竹林资源分布不均

由于历史、地形和交通等诸多因素，形成了泸州市竹资源相对集中的分布格局。竹林面积有 90%以上分布于叙永县、纳溪区和合江县等 3 个区县，而幅员面积最大的古蔺县，竹林面积发展相对滞后，仅占全市竹林面积的 2.0%。调研发现，竹林资源优势区域的竹农经济状况较好。譬如叙永县水尾镇，楠竹每亩平均可增收 500~600 元；合江方竹笋每亩可达上万元。

（二）产品科技含量低

泸州市竹产业生产加工的产品大致分为两类：一类是竹材加工，主要产品有竹工板、竹胶合板、竹地板、竹家具、竹片/竹块、竹筷、竹编、竹制品、竹料、竹浆及建筑箱板等；二是竹笋加工，主要为清水笋、盐渍笋、瓶装佐餐竹笋、休闲即食竹笋和笋干等。总体而言，竹产品科技含量不高，创新不足，特色不明显，且同质化问题严重，未形成具有支撑带动作用的龙头企业和拳头产品。此外，企业受生产技术水平和自身规模的限制，加工余下的废弃物未能循环利用；一些企业或农户的加工水平虽有所提升，但只满足于作坊式或小规模加工现状，产品认证力度较低，未形成良好市场竞争氛围。

（三）基础设施不完善

调研发现，林区道路设施欠缺，造成大量竹资源未能充分利用。例如，合江和古蔺等地运力成本较高，造成竹资源浪费现象严重；又如，纳溪区全区竹林出现"晴天公路"现象，竹林采伐成本攀升，每年约有 6 万吨杂竹未得到利用。总之，交通不便、竹林灌溉设施建设滞后等原因造成企业和竹农均不能有效地在竹资源的开发上获取利润。

（四）产业结构失衡

从现状看，一、二、三产业发展不均衡。三产业中以二产为主，一产次之，三产未能体现其应有的价值，导致竹产业化水平不高，经济效益较低。以纳溪区为例，2013 年竹业年产值约为 8 亿元，一产占总产值的 17.4%，二产占总产值的 57.3%，三产占总产值的 25.3%；同属于长江经济带的浙江安吉县，竹产业总产值则达到了 143 亿元，竹产业化水平居全国之首，其中一产占总产值的 25.7%，二产占总产值的 27.9%，三产占总产值的 46.4%。

（五）"产加销"一体化的产业链尚需完善

泸州市竹产业虽初步构筑了"公司+农户""公司+基地+农户""公司+批发市场+农户"等多种"产加销"一体化经营组织模式，但尚未实现规模化、标准化、品牌化以及国际化的"产加销"一体化产业链。此外，立体竹产业林下资源开发不足且发展规模和水平参差不一。综合而言，竹产业发展链条不够健全，未能形成良性的企业技术创新机制，这就使得泸州竹产业发展在当今"两型"社会中步履维艰。

第二节　竹产业发展优势分析

一、优势分析

（一）气候优势

泸州市地处准南亚热带湿润气候区。全市年平均气温 17.8~18.3℃，最冷月 1 月平均气温 6.7~7.3℃，极端最低气温 -1.60℃（古蔺县）；最热月 7 月平均温 27.2~28.0℃，极端最高气温度 43.5℃（叙永县）。无霜期长（342 天），且雨热同季，昼夜温差小，适宜竹子生长，使得泸州市境内具有丰富多样的竹类植物资源。

（二）交通和水资源优势

泸州是长江经济带和丝绸之路经济带的交汇点，更是成渝经济区内实现东西部双向开放发展战略的关键节点。随着长江经济带建设的快速发展，泸州交通优势凸显。首先，公路交通十分便捷。泸州是国家公路枢纽城市之一，被列为国家二级物流园区布局城市；其次，航空条件优越，属四川省第三大航空港；第三，具有良好的水运交通。泸州港为我国内河主要港口和国家二类水运口岸，是四川第一大港口和集装箱码头、国家粮食进口指定口岸。此外，泸州地处川滇黔渝结合处，处在成渝 2 小时经济圈内，区位优势突出。

水资源方面，主要有长江、沱江、永宁河、赤水河、濑溪河等交织成网。境内长江航道 133 千米，入境水量 2 420.8 亿立方米，出境水量 2 945.6 亿立方米。

（三）竹种质资源和土地资源优势

泸州市现有 40 余个竹种，占四川省竹种的 40%，其中乡土竹种 39 个，为四川省林竹资源主要富集区之一。分布面积大且相对集中的竹种主要有楠竹、硬头黄竹、麻竹、慈竹、西风竹、合江方竹、梁山慈竹、苦竹、撑绿竹等。目前，泸州竹林面积约占四川省竹林面积的 20%。在竹林资源中，楠竹蓄积量 6 450 万根，年可采伐量达 400 万根；杂竹蓄积量达 726 万吨，年采伐量达 100 万吨，竹笋 10 万吨。

依据土地利用现状，结合国家基本农田政策，同时兼顾土壤侵蚀因子，可将疏林地、灌木林地、宜林荒山荒地和沙荒地（及陡坡耕地，坡耕地本规划已去除）等建设成为高效木竹混合林地，以提高区域生态安全。开发竹林地的土地利用类型见表 2-1。

从表 2-1 可知，泸州发展竹子种植第一产业潜力较大。根据竹子生长习性，结合气象要素中的水热因子叠加状况，判断适宜竹子生长区域。结果表明，有条件新造竹林面积 9 万亩以上的有叙永县、古蔺县和纳溪区，4 万亩以上的有合江县。其他区县可加大开发竹子种植推广力度，适度发展竹林种植面积。

表 2-1　开发竹林地的土地利用类型　　　　　　（单位：亩）

区（县）	疏林地	灌木林地	未成林林地	无立木林地	宜林荒山荒地	宜林沙荒地
叙永县	358.65	102 418.80	51 952.80	10 811.55	21 386.40	34.65
合江县	—	2 061.60	81 143.40	2 085.30	929.10	141.15
纳溪区	1 505.25	104 847.00	119.55	—	7 265.85	—
泸县	1 483.05	2 032.05	—	—	—	—
古蔺县	—	65 320.65	16 012.95	4 405.05	73.95	—
江阳区	9 055.95	24 436.35	—	—	—	—
龙马潭区	7.65	5 306.70	—	—	—	—
合计	12 410.55	306 423.20	149 228.70	17 301.90	29 655.30	175.80

注：2011 年林保工程森林数据

（四）民族文化优势

泸州市有 46 个少数民族，民族风情醉美浓郁，传统习俗丰富多彩，例如咪苏唢呐、苗族婚姻礼词、苗场与踩山习俗、苗族歌谣继等进入了各级非物质文化遗产名录。此外，附有地方特色的踩山节、芦笙舞、板凳舞、雨坛彩龙、古蔺花灯、合江傩舞、纳溪滚板山歌、鱼凫彩龙、"泸州河"川剧等得到了人们广泛认同。

（五）旅游资源优势

泸州市具有丰富悠久的自然和人文历史文化景观，旅游资源独特而丰富。如泸州市拥有各种级别景区和公园 48 个。这些丰富的旅游资源优势为生态竹文化旅游的开发奠定了良好的基石。

二、产业市场供需状况

（一）市场格局分析

2014 年对泸州竹产业调研发现，泸州竹业企业生产的竹饰品、竹家具、竹浆等主要销往国内市场，在国际市场的占有份额低下甚至尚属空白；竹编产品绝大部分在国内销售，缺乏国际市场开拓；竹笋产品主要销往日本、新加坡、韩国及我国台湾等地，在欧美市场的占有率几乎为零，同时对国内市场开发力度欠佳。例如，2011 年浙江安吉县竹产业产值 143 亿元，其中出口创汇 2.3 亿美元，占全国竹产业出口创汇额的 9.2%；泸州市 2013 年竹产业产值仅 63 亿元，其中出口创汇仅 1 000 多万美元，农民人均竹业收入 781 元，重点竹区达 1 000 元。在竹产业产值增速方面，泸州市近几年约为 20%，安吉为 10%。对比可知，泸州市由于竹产品科技含量不高，致使出现对外贸易开发不足和国内市场开发不力的局面。但随着泸州市委市政府的高度重视，竹产业必将健康快速发展。

（二）市场需求与预测

竹产品具有生态低碳特性，已渐为广大用户所青睐。通过调整产业经济结构以及产品的转型升级，有效提升竹资源利用率，实现竹资源开发与资源环境保护双赢。

1. 竹浆造纸

竹浆可替代阔叶木浆和针叶木浆用量，用于制造各种纸张。因此，大力发展竹浆造纸可调整我国造纸行业原料结构，弥补中高档纸浆的严重缺口。预计2020年我国纸张消费量将达到19 953万吨；到2025年，我国纸品消费量将达25 446万吨。据报道，近年来我国每年耗资约60亿美元进口纸和纸浆以满足国内市场需求，可见竹浆造纸发展潜力巨大。

2. 竹笋

竹笋产品畅销全国各地以及东亚、东南亚和北美洲等地，市场需求呈现持续增长的态势。全国竹笋（折合为笋干）需求量2013年达到100万吨，国外市场需求量400~500万吨，40%用于鲜笋，60%用于笋干；2015年全国竹笋加工产品需求量为350万吨。如果按照年增长速度8%计算，预计到2020年达到514万吨，到2025年达到730万吨。2013年，泸州市竹笋产量为2万吨，如按照年增长速度9%计算，到2020年达到3.7万吨，2025年达到5.6万吨。

3. 竹家具

竹家具深受西方发达国家人们的喜爱，表明竹家具发展空间广阔。我国及东南亚国家的竹家具已成为发达国家和地区的主要消费品之一。国内，低碳消费已成为人们的时尚选择，这为竹家具国内市场提供了良好的消费平台。以目前年均8%的增长速度，预计2020年我国竹家具需求量将达到1 412.5万件（套），2025年达2 173.2万件（套）；四川省2020年和2025年竹家具需求量达到79.2万和116.4万件（套）；泸州市2020年生产量达4.2万件（套），到2025达到6.1万件（套）。

4. 竹饰品

目前竹产品市场需求的关注点已转向生态清新环保的竹饰材料。例如，竹地板可带给人们回归自然和高雅脱俗的感受，在现代家居装饰中备受宠爱。60%以上的竹饰品主要出口美国、欧洲、日本、韩国、加拿大等发达国家，如果按照年均速度5%增长，预计2020年和2025年需求量分别为95万立方米和121.2万立方米；四川省需求量为7.10和9.04万立方米。又如，我国竹材人造板的国际市场份额达90%，但国内人们的认知度不高，加之竹材人造板与其他地板的市场竞争状况尚未发生改变，因此占有率仅为20%上下，如果加强技术和产品创新以及宣传力度，提高人们的认知度，竹材人造板在国内市场的占有率将会逐步攀升，预计2020年全国竹材人造板需求量将达到374万吨，2025年达到477.3万吨。

5. 竹炭和竹饮制品

竹炭是用于农业、环境卫生和环保等多个领域的一种新型环保产品。研究显示，2007—2011年我国竹炭贸易竞争力均在98%以上，预计未来我国竹炭需求量还将保持年均13%左右的速度增长。如果按照年增长速度10%计算，2020年竹炭需求量达到36万吨；四川省竹炭的产量预计2020年和2025年分别达2.10万吨和3.40万吨；泸州市则分别达0.44千吨和0.65千吨。

多功效竹饮制品已逐步受到人们的偏爱。根据全国林业规划统计数据，未来五年，中国竹饮料行业的产量和产值将以年均40%以上的速度递增。如果按照年均增长速度15%计算，到2020年我国竹饮制品产量将达到14万吨，2025年达到22.5万吨。四川省的生产能力如果也按照15%的增长速度计算，到2020年和2025年将分别达到0.82万吨和1.65万吨；泸州市现有企业状况的生产能力将分别达到0.04万吨和0.09万吨。

6. 竹纤维制品

竹纤维被冠以"会呼吸的纤维""纤维皇后""人的第二肌肤"等美称，具有广阔的发展前景。《纺织工业"十二五"科技进步纲要》指出，竹浆纤维企业要进一步加强自主创新，力争2015年国内竹浆纤维总产能超过10万吨，年均增长速度约为25%。如果以10%的速度增长，我国预计2020年竹纤维制品的需求量将达到38万吨，2025年将达到56.4万吨；四川省将分别达到2.23万吨和3.59万吨，而泸州市则分别达到0.12万吨和0.19万吨。

（三）竞争力分析

竹产业属四大朝阳产业之一，发展前景十分广阔。2011年，我国竹产业产值达1047亿元，2012年达1170余亿元，同比增长了11.57%。通过龙头企业的带动作用，已形成了竹产业集群的竞争优势。此外，竹文化生态旅游业发展呈现出强劲势头。时下竹产业已成为我国经济发展过程中的一个新增长点。

1. 泸州竹产业的区域竞争力

西南地区是我国竹产区的主要组成部分。据全国林业资料显示，2012年，四川省竹林面积占到西南地区总竹林面积的53.3%，位居榜首（图2-4）。泸州市的竹林面积占四川省的20%，年产杂竹量100余万吨，年产楠竹量400万根，面积和蓄积量居全省首位，说明泸州市竹林资源在西南地区优势明显。此外，便捷的交通和得天独厚的自然气候条件，也提升了泸州市的区域基础竞争能力。

2. 泸州竹产业在成渝经济区的竞争力

泸州位于四川省与重庆市的交界处，是成渝经济圈的重要枢纽。因此，从区位看，泸州在成渝经济圈具有较强的竞争力。

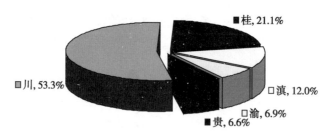

图 2-4　西南地区主要竹产区省市所占比例

研究资料显示，2013 年泸州市竹林面积与宜宾市的相当，但泸州竹产业总产值却比宜宾少 16.8%，因为泸州市目前多数企业以粗加工产品为主，科技附加值不高。因此，提高产品科技含量及附加值，彰显泸州市竹产业在成渝经济区中的地位，显得尤为迫切。

3. 泸州竹产业在长江经济带的竞争力

泸州市位于长江经济带的西部内陆地带。2011 年，泸州市竹产业与长江经济带东部的浙江安吉县（竹林面积不及泸州市）相比，其竹产业年产值仅为安吉县的 19.2%，该县以不足 1.8% 的国内竹资源，创造了全国 20% 的竹业总产值，其产品畅销于欧洲、美国、日本、加拿大等地。这种差异说明，泸州市竹产业应当调整生产规模、强化技改，加强龙头企业的规划建设，以提升竹产业的市场地位。

4. 产业链竞争力

泸州市竹产业发展虽有一定基础，但产业结构不够科学，没有充分利用竹资源优势。据资料统计，2013 年泸州市竹业第一产业占总产值的 30.9，第二产业占总产值的 33.9，第三产业占总产值的 35.2。例如，纳溪区竹业年产值为 8 亿元，一、二、三产业分别占总产值的 17.4%、58.4% 和 24.2%。可以看出，竹产业二产比重过大，三产发展不力，故而竹产业年产值较低。2011 年，安吉县竹产业产值为 125 亿元，一、二、三产业分别占总产值的 26.0%、27.8% 和 46.2%，可见第三产业的发展有利于促进竹产业结构升级转型，提高产业知名度和经济效益。因此，要在大力完善和提升竹产业一体化和产业链体系形成的同时，强化生态竹文化旅游，以提高竹产业产品的市场竞争力。

5. 相关及辅助产业状况

目前竹产业主要采取"公司+基地+农户""1+N+1"共赢模式"基地+工厂+销售""合作社+农户"等多种经营模式。尽管初步形成了"产加销"一条线的产业链，但相关和辅助性产业不完善，产业相关组织机构发展相对滞后，因此对泸州市竹产业的发展和提升竞争力的促进作用未能凸显。

6. 企业战略与竞争

泸州市初步形成了"产加销"市级龙头企业的生产格局，但尚未形成有效地主导竞争格局。因此，从企业集群发展战略角度看，应做大做强龙头企业，强化企业集群建设，形成有效地垄断竞争格局。

7. 政府作用

近年来，泸州市委、市政府十分重视竹产业的发展和建设，相继出台了《加快竹产业发展的意见》《关于现代林业产业突破的实施意见》等文件。但竹产业发展之初因市场体系建设不完善，导致无序竞争，多数企业运行不良。为此，市委市政府提出到2016年的竹产业发展将实现"四个一百"目标。可预见，泸州竹产业发展将如破土春笋，节节看长。

三、主导产品市场定位

根据竹产业发展优劣势的分析、企业规模、产品种类以及产品国内外需求状况，主导产品可划分为六个大类：

1. 竹笋系列

以盐渍笋、干笋、水煮笋罐头、保鲜笋等为主。继续加大对韩国、日本、新加坡以及加拿大等地的国际市场力度，拓展国内市场，开拓欧洲、亚洲市场。

2. 竹纤维系列

以竹原纤维为主，立足国内市场，发展国外市场。

3. 竹炭、竹醋液、竹饮制品

以竹炭、竹醋、竹饮制品及其生活日用品为主，立足国内市场，开拓东亚、东南亚市场以及欧美市场。

4. 竹装饰板和竹家具系列

以竹地板、竹集层板、竹地热地板、竹复合地板、竹编胶合板、竹装饰板材、高档竹家具为主。发展国内市场，积极开拓东亚以及欧美市场。

5. 竹工艺品系列

以竹席、竹筷、竹雕、竹编、竹扇、竹伞、竹茶道工艺品为主。立足川内和成渝地区，开拓国内市场，发展东亚、东南亚以及欧美市场。

6. 竹纸浆产品系列

以全竹浆纸为主，占领西南市场，积极开发中部地区市场。

第三节　发展基本思路与目标

一、发展基本思路

坚持科学发展观，以《中共中央国务院关于加快林业发展的决定》为指针，施行《四川省林业厅关于推进现代林业产业基地和林业产业强县建设的实施意见》以及《泸州市关于加快竹产业发展的实施意见》《泸州市关于现代林业产业突破的实施意见》。首先，以现有低产林改造为重点，以竹产品开发利用为龙头，开拓国内外市场，逐步形成培育-加工-销售-服务一条龙的竹业新体系。其次，充分发挥地理区位、竹资源丰富等优势，按照"资源集中分布区域布局、规模化种植、基地化发展、综合高效化利用、体系化服务"的"一局四化"理念，依靠科技，建设"示范基地、培育大型龙头企业、扶持中小型企业、改善竹区基础设施、延伸产业链条、完善物流服务、加强竹业协作"为主抓手，形成"抓二发三优一"（即主抓二产，快速发展三产，优化一产）的产业发展新格局。再次，强化地方特色产品和地标产品的认证以及品牌打造，提升生态竹文化旅游的开发力度，架构规模化竹产业集群，力推竹产业升级换代转型，做大做强有地方特色的现代高效竹产业，使之成为农业增效和竹农增收的重要主导产业。用 5 年时间，建立起符合市场经济运行规律、开放协作、竞争有序、运营高效的竹产业科技服务业体系；在此基础上，再用 5 年时间，将泸州市竹产业打造成为川南乃至长江经济带综合效益显著的地方性特色主导产业。

二、基本原则

（一）突出重点与全面发展结合

根据 2011 年"林保"统计数据，以竹资源集中的三个区县（叙永、纳溪、合江）为重点发展对象，同时兼顾具有发展潜力的古蔺县，带动和辐射周边地区的竹产业发展。

（二）新建与改造相结合

既要重视新增竹林建设，又要重视现有竹林改造，优化竹种结构，推进规模化种植、集约化管理。

（三）合理布局与产业链完善相结合

根据泸州市竹资源以及现有产业格局，优化、提升和调整产业布局，做到产加销一体化发展，形成科学完善的竹产业链。

（四）适度规模与标准化相结合

根据竹资源分布状况，科学合理确定产业发展规模，强调高效经营，提高资源利用率；严格工序管理，推进有机-绿色、无公害及标准化生产，切实提高竹产品品质。

（五）政府扶持与市场引领相结合

政府出台扶持政策，调动社会各界参与竹产业开发的主动性和积极性。充分发挥市场引领作用，加快产业集聚，积极拓展国内市场，促进产业健康发展。

三、发展目标

按照绿色—循环—低碳经济发展要求，2016 年推动低效竹林的改造，引进竹产企业，为竹产业成为川南品牌产业打下坚实基础；到 2020 年，加大低产林改造和重组现有竹产企业，引入高新竹产企业，提高竹产业的多元性及稳定性，将竹产业打造成为川南乃至川滇黔渝核心腹地的品牌，实现竹产业的跨越式发展；到 2025 年争取把泸州市打造成为长江经济带乃至中国西南地区的竹产业强市之一。

2014—2016 年，全市改造低产竹林面积 20 万亩，新建竹林面积 23.14 万亩；拟建企业 8 家；竹业总产值预计达 67.97 亿元，出口创汇 3.02 亿美元，直接解决就业人口 8.13 万人；竹区农民收入人均增加约 127 元，工资性收入约 887 元，占农民人均纯收入的 30.73% 以上。

2017—2020 年，全市竹林面积达 372.1 万亩，其中新增竹林面积 51.52 万亩；拟建企业 11 家；竹业总产值预计达 217.17 亿元，出口创汇 9.62 亿美元，直接解决就业人口 25.96 万人；竹区农民收入人均增加约 307 元，工资性收入约 2 148 元，占农民人均纯收入的 35.79% 以上。

2021—2025 年，进一步加大竹林基地技改力度，实现竹产业绿色健康良性发展；拟建 1 家企业；预计竹业总产值 337.82 亿元，出口创汇 14.94 亿美元，直接解决就业人口 40.31 万人；竹区农民收入人均增加约 500 元，工资性收入约 3 500 元，占农民人均纯收入的 40% 以上。

竹产业发展目标具体见表 2-2。

表 2-2　现代高效林竹产业发展目标

区(县)	类别	发展指标		2014—2016 年			2017—2020 年			2021—2025 年
				2014	2015	2016	2017	2018	2019	2020	
叙永县	竹林面积 (万亩)	竹基地 (个，万亩以上)		—	3	3	3	3	2	2	4
		低效竹林改造 (万亩)		—	4.00	4.00	6.10	6.10	6.10	6.10	16.00
		新增竹林面积 (万亩)		—	4.07	3.40	3.73	4.39	3.05	—	—
		竹种苗繁育基地 (万亩)		—	0.20	0.10					
	拟建企业	竹家具系列	产量 (万件套)		—	50.00					
			产值 (亿元)		—	5.62					
		竹木复合系列	产量 (万平方米)				350.00				
			产值 (亿元)				6.25				
		竹浆造纸系列	产量 (万吨)				—	20.00			
			产值 (亿元)				—	15.15			
		竹笋制品系列	产量 (万吨)				—	10.00			
			产值 (亿元)				—	27.77			

（续表）

区(县)	类别	发展指标	2014—2016年			2017—2020年				2021—2025年
			2014	2015	2016	2017	2018	2019	2020	
叙永县	拟建企业	竹饮制品系列 产量（万吨）	—	—	—	—	—	2.50	—	—
		产值（亿元）	—	—	—	—	—	6.69	—	—
		竹地热板系列 产量（万平方米）	—	—	—	—	—	—	200.00	—
		产值（亿元）	—	—	—	—	—	—	4.26	—
		竹纤维系列 产量（万吨）	—	—	—	—	—	—	—	5
		产值（亿元）	—	—	—	—	—	—	—	16.54
		竹胶合板系列 产量（万平方米）	—	—	—	—	—	—	—	180.00
		产值（亿元）	—	—	—	—	—	—	—	4.56
纳溪区	竹林面积（万亩）	竹基地（个，规模万亩以上）	—	3	2	2	2	2	2	3
		低效竹林改造（万亩）	—	2.7	2.7	4	4	4	4	11
		新增竹林面积（万亩）	—	2.04	2.06	2.43	2.34	2.49	—	—
		竹种苗繁育基地（万亩）	—	0.05	0.05	—	—	—	—	—
	拟建企业	竹笋制品系列 产量（万吨）	—	—	6	—	—	—	—	—
		产值（亿元）	—	—	14.83	—	—	—	—	—
		竹胶合板系列 产量（万平方米）	—	—	—	50	—	—	—	—
		产值（亿元）	—	—	—	0.89	—	—	—	—
		竹编 产量（万套）	—	—	—	—	—	60	—	—
		产值（亿元）	—	—	—	—	—	8.03	—	—
		竹炭、竹醋等系列 产量（万吨）	—	—	—	—	5	—	—	—
		产值（亿元）	—	—	—	—	12.62	—	—	—
合江县	竹林面积（万亩）	竹基地（个，规模万亩以上）	—	2	2	3	3	3	3	4
		低效竹林改造（万亩）	—	3	3	4.5	4.5	4.5	4.5	12
		新增竹林面积（万亩）	—	1.33	1.44	2.23	1.62	2.24	—	—
		竹种苗繁育基地（亩）	—	0.10	0.10	—	—	—	—	—
	拟建企业	竹炭（竹醋）系列 产量（万吨）	—	—	5	—	—	—	—	—
		产值（亿元）	—	—	11.24	—	—	—	—	—
		竹地板系列 产量（万平方米）	—	—	60	—	—	—	—	—
		产值（亿元）	—	—	1.01	—	—	—	—	—
		竹办公家具系列 产量（万件套）	—	—	—	50	—	—	—	—
		产值（亿元）	—	—	—	5.96	—	—	—	—
		竹饮制品系列 产量（万吨）	—	—	—	—	—	3	—	—
		产值（亿元）	—	—	—	—	—	8.03	—	—
		竹装饰板系列 产量（万件套）	—	—	—	—	—	—	50	—
		产值（亿元）	—	—	—	—	—	—	7.09	—
		竹笋制品系列 产量（万吨）	—	—	—	—	—	—	—	5
		产值（亿元）	—	—	—	—	—	—	—	16.54
		竹工艺品系列 产量（万件套）	—	—	—	50	—	—	30	—
		产值（亿元）	—	—	—	—	2.98	—	2.13	4.78

（续表）

区（县）	类别	发展指标	2014—2016 年			2017—2020 年				2021—2025 年
			2014	2015	2016	2017	2018	2019	2020	
古蔺县	竹林面积（万亩）	竹基地（个，万亩以上）	—	1	1	—	—	—	—	—
		低效竹林改造（万亩）	—	0.3	0.3	0.4	0.4	0.4	0.4	1
		新增竹林面积（万亩）	—	2.3	2.2	2.1	1.98	—	—	—
	拟建企业	竹笋制品系列 产量（万吨）	—	—	—	—	4	—	—	—
		竹笋制品系列 产值（亿元）	—	—	—	—	11.11	—	—	—

第四节 产业区域布局

一、竹林布局

根据近 30 年的气象资料插值分析显示，泸州市的三区四县均适宜于竹林种植，但古蔺县东南部的多数乡镇不宜大力发展。依据 2011 年泸州市林业保护资料，按照退耕还林政策以及可开发种植竹种资源的林地类型，制定竹林基地发展规划，根据科学选址原理，以笋材物尽其用为目标，通过合理布局，实现对竹资源的高效和循环利用。

（一）重点区县

以竹资源现有分布状况及今后有扩增潜力的区域为基础，综合分析竹林面积、立竹度、蓄积量、水热因素等指标，确定重点发展区县为叙永县、纳溪区、合江县及具有开发潜力的古蔺县等 4 个区县。

（二）重点乡镇

1. 竹业重点发展乡镇的标准

现有和新增竹林资源面积总和大于 3 万亩的乡镇作为重点发展乡镇。

2. 竹业一般发展乡镇的标准

现有和新增竹林资源面积总和小于 3 万亩大于 1 万亩的乡镇作为一般发展乡镇。

3. 划分结果

重点发展乡镇：根据本规划的划分标准，全市符合条件的乡镇有 29 个（表 2-3）。

重点发展乡镇，以改造现有低产竹林地、提高竹林质量和产量等为重点，强化万亩竹林基地建设，加强竹区集中分布地的基础设施和竹林便道建设。相应区县应大力发展现代高效竹林基地、现代科技示范园区以及构筑生态竹文化旅游重点线等建设，同时扶持现有中型和小微企业，发展大型企业或企业集团，建立骨干龙头企业，延伸竹产业链以构筑产业集群，为成渝经济区的竹产业发展探索新路子，创建模式发展的范式。

表2-3　泸州市竹产业重点发展乡镇统计表 　　　　（单位：个）

区（县）	乡镇	数量	合计
叙永县	水尾镇、江门镇、向林乡、大石乡、马岭镇、龙风乡、天池镇、兴隆乡、叙永镇、两河镇	10	
纳溪区	护国镇、白节镇、天仙镇、大渡口镇、上马镇、打古镇、合面镇、丰乐镇、渠坝镇	9	29
合江县	福宝镇、凤鸣镇、九支镇、法王寺镇、五通镇、车辋镇、榕右乡、尧坝镇、甘雨镇	9	
古蔺县	桂花乡	1	

一般发展乡镇涉及全市的二区四县34个乡镇（表2-4），以培育竹林资源为基础，适度发展万亩竹林基地建设，并实现竹林地从粗放经营向集约经营转变；提高竹林管理水平和生产率。在龙头企业的带动下，鼓励发展小型竹产品初级加工企业，为大中型企业提供原料供应，也为竹产业发展提供保障和支撑作用。

表2-4　泸州市竹产业一般发展乡镇统计表 　　　　（单位：个）

区（县）	乡镇	数量	合计
叙永县	黄坭乡、落卜镇、合乐苗族乡、震东乡、白腊苗族乡	5	
纳溪区	龙车镇、新乐镇、棉花坡镇	3	
合江县	先滩镇、实录乡、榕山镇、石龙乡、合江镇、先市镇、望龙镇、密溪乡、白米镇、虎头镇、大桥镇、佛荫镇、南滩乡、白鹿镇、自怀镇、白沙镇	16	2
江阳区	方山镇、泰安镇	2	
古蔺县	德耀镇、黄荆乡、古蔺镇、永乐镇	4	
泸县	福集镇、云锦镇、玄滩镇、得胜镇	4	

二、竹加工布局

按照"三核+多点"的集群格局进行竹加工布局，泸州市竹产业新增布局规划表见表2-5。"三核"指以纳溪竹精深加工园区、合江榕山临港竹加工园区和叙永江门竹加工园区作为创新核心，"多点"是指周边广泛分布的向竹加工核心园区提供初级产品的小微企业，通过"三核+多点"的互动形成竹产业集群效应，完善循环竹产业链，全面提升泸州市竹加工产品档次和竹产业竞争力。

纳溪区：打造新乐镇竹产业园区。规划期内，引入一家竹笋加工、一家竹

炭、竹醋企业、一家竹地板和一家竹编企业等。同时加大竹文化旅游资源的
开发。

合江县：打造合江榕山临港工业园区（或九支竹产业园区）。引入两家竹
炭、竹醋、竹饮企业，一家竹笋企业、一家竹家具企业、一家竹地板企业、两家
竹工艺品企业。

叙永县：打造提升叙永江门加工园区，加快叙永江门 20 万吨竹浆纸一体化
项目建设，大力发展竹地板和竹笋企业，预期引入三家竹地板企业，一家竹家具
企业，一家竹笋企业，一家竹纤维企业，一家竹饮企业。

古蔺县：除引进一家竹笋企业外，提升地方民族文化的竹旅游的开发力度。

表 2-5　泸州市竹产业新增布局规划表

区（县）	年限	企业	产量	园区
叙永县	2015	竹家具系列	50 万件（套）	江门镇竹加工园区
	2016	竹木复合板系列	350 万平方米	
	2017	竹笋系列	10 万吨	
	2018	竹饮制品系列	2.5 万吨	
	2019	竹地热板系列	200 万平方米	
	2020	竹纤维系列	5 万吨	
	2022	竹胶合板系列	180 万平方米	
纳溪区	2015	竹笋制品系列	6 万吨	新乐镇竹加工园区
	2016	竹地板系列	50 万平方米	
	2017	竹炭、竹醋系列	5 万吨	
	2018	竹编系列	60 万件（套）	
合江县	2015	竹炭、竹醋系列	5 万吨	榕山镇临港竹加工园区
	2015	竹胶合板系列	60 万平方米	
	2016	竹办公家俱系列	50 万件套	
	2016	竹伞、竹扇系列	50 万件	
	2018	竹饮制品系列	3 万吨	
	2019	竹装饰板系列	50 万件（套）	
	2019	竹工艺品系列	30 万件	
	2020	竹笋制品系列	5 万吨	
古蔺县	2017	竹笋制品系列	4 万吨	桂花乡

注：表中所列企业主要从主导产品角度出发，所引企业主要以表中所列产品为主

第五节　主要发展任务

一、建立现代生态循环产业结构体系

现代高效竹产业应构筑减量化、资源化、废弃物再利用的现代产业结构发展模式，把清洁生产和废弃物综合利用融为一体，延长竹产业链，达到最大限度地减少废弃物排放的低碳生态产业目的。现代高效竹生态循环产业链结构如图2-5所示。

首先，应当加大力度推行低产竹林改造工程，做到高效优质培育第一产业；其次，对竹材进行精深加工以及有效利用竹材加工剩余物生产竹炭、活性炭以及提取高品质的竹醋液、竹醋粉等，形成"资源+产品+废弃物有效利用"的生态循环产业发展链，达到全竹的有效循环利用，提高竹资源的产品附加值；最后是建立竹产品现代综合物流园区以及竹文化生态旅游。

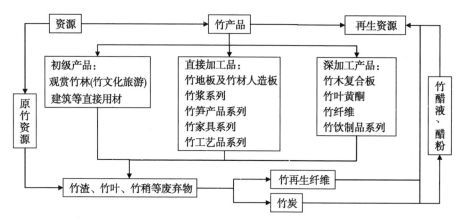

图2-5　现代高效竹生态循环产业链结构

二、加强设施竹业工程建设

在竹林集中分布区县加强设施竹业示范基地建设，主要修建灌溉设施、建立蓄水池、地表覆盖竹林下套种等措施进行竹笋及竹材两用林地建设，同时在竹区修建便道。其次，建设现代竹苗圃，修建温室大棚、大棚竹苗圃，开展竹类的无性繁殖研究，以培育高产竹类新品种，增加培育种类（如观赏竹类）等。此外，增加生态高效竹林基地、现代竹林科技示范园区、竹产品展示园区等建设，为发展竹产业及竹文化生态旅游奠定良好基石。

三、建立以产业链为主的物流体系

从产业链的角度对泸州市竹产品物流体系进行创新构建，大力发展地标产品和培育知名品牌产品。首先发展龙头企业，扶持中小企业，联动竹产品的生产、加工和销售，形成各具特色的竹产品金字招牌；其次是架构"企业+深加工+标准+基地+农户+大型批发中心+网络信息平台"的产加销物流体系，实现"赚竹钱、吃竹饭"的小康梦想；再次是建立监控和可追溯的物流体系，为生产者、消费者以及竹产品监管部门提供一个科学的管理手段和工具，对问题产品实行严格的追责制度并建立产品质量信誉保障体系，建立竹产品的科技管理机构对整个过程进行监管，确保竹产品的质量安全。现代竹产业物流结构如图2-6所示。

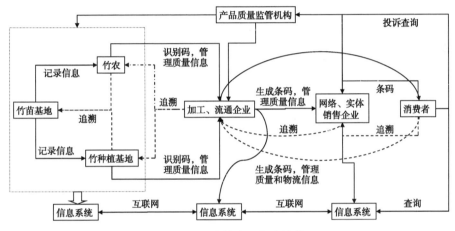

图 2-6　现代竹产业物流结构

四、建设现代产业防灾减灾体系

调查分析发现，现有竹子虽长势良好，但有可能会受到极端气候和病虫害的影响。目前，对竹子生长影响最大的有两种情况：一是气候灾害，主要有干旱（高温）、大雪、雨涝及低温等；二是病虫害。为此，应构建合理的防灾减灾体系。现代竹产业防灾减灾体系如图2-7所示。

建立极端气候的防灾体系一是调整竹林结构，改造低产林和新造林时，要新造或保留一些阔叶树，同时调整竹龄结构和竹株分布结构以增强抵抗暴风雨的能力；二是合理钩梢或摇梢及林内生烟以减少雪灾的影响；三是通过开山、挖篼、垦复、引水灌溉、施放高效保水剂、人工增雨等措施预防干旱对竹林造成的影响；四是通过施肥、覆盖、保持竹林适当密度以减缓低温对竹林造成的伤害；五是花龄竹林应全部清光老、弱、病、虫的竹株，保证竹林的活力。

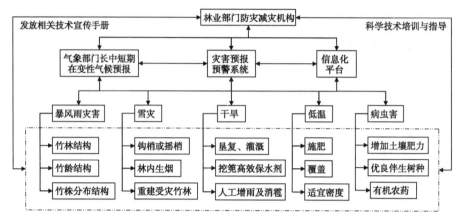

图 2-7　现代竹产业防灾减灾体系

此外，病虫害防治主要施用生态有机农药、增加土壤肥力以及保留或栽培优良伴生树种，以增加竹子的抵抗能力。

第六节　重点建设项目

一、标准化产业基地建设

实施竹资源培育工程，是当今时代竹产业发展的必然要求，也是竹产业转型升级、达到规模化生产的必要前提。建设现代标准化产业基地，可提升泸州市在成渝经济区乃至整个西部竹产业发展的核心地位，也可很好地表征生态、经济和社会等综合效益。

（一）竹林基地建设

调研发现，泸州市绝大部分竹林基础设施薄弱，仍以粗放经营为主。例如，楠竹林在粗放经营的前提下，每亩可提供竹材 6~8 株，但培育经营则可达到每亩 50~70 株，既能提高竹林集约化经营水平，又可使竹农增收 7.3~7.8 倍效益。为此，在竹林资源培育上，应加大力度推广竹林集约经营技术，实现从粗放经营向集约经营的根本性转变。

在改造低效或新建竹林时，应考虑竹种的生态特性。根据竹林分类经营和定向培育建设竹林基地建设的基本要求，竹林分类经营主要以笋用竹林、纸浆竹林、材用竹林和笋材两用竹林等四种为主要类型，每个类型打造 10~20 个万亩以上竹基地。

1. 低效林改造和新增竹林面积

规划期内，新造高效竹林面积51.52万亩，各区布局见表2-6。改造低效竹林面积120万亩。具体来说，2014—2016年改造竹林面积20万亩，新造竹林面积23.14万亩；2017—2020年改造面积60万亩，新建竹林面积28.38万亩；2021—2025年改造竹林面积40万亩。

表2-6　泸州市新增竹林面积分配表　　　（单位：万亩）

区（县）	古蔺县	叙永县	纳溪区	合江县	江阳区	龙马潭区	泸县
发展程度		重点				一般	
面积	8.58	18.70	11.37	8.64	3.35	0.53	0.35

2. 笋用竹林基地建设

（1）建设范围。笋用林基地建设范围主要包括叙永县、纳溪区、合江县、古蔺县4个区县中的27个乡镇，见表2-7。

表2-7　泸州市笋用竹林基地建设范围分布表　　（单位：个）

区（县）	乡镇	数量	合计
叙永县	水尾镇、马岭镇、向林乡、大石乡、天池镇、分水镇	6	
纳溪区	渠坝镇、白节镇、打古镇、护国镇、上吗镇	5	
合江县	甘雨镇、榕右乡、福宝镇、凤鸣镇、自怀镇、石龙乡、南滩镇、先滩镇、车辋镇、榕山镇、五通镇	11	27
古蔺县	黄荆乡、桂花乡、大寨乡、德跃镇、箭竹乡	5	

（2）建设规模。规划全市共新建和改造低效笋用竹林基地面积31.12万亩，改造低效笋用竹林基地面积20万亩，新建竹林基地面积11.12万亩，其中，重点区县8.0万亩，重点区县笋用竹林基地建设规划见表2-8。

表2-8　重点区县笋用竹林基地建设规划表　　（单位：万亩）

区（县）	2014—2016年		2017—2020年		2021—2025年	
	改造	新增	改造	新增	改造	新增
叙永县	1.4	1.3	4	1.8	2.7	—
纳溪区	0.9	0.7	2.6	1.2	1.8	—
合江县	1.0	0.5	3.0	1.0	2.0	—
古蔺县	0.1	0.8	0.3	0.7	0.2	—
合计	3.4	3.3	9.9	4.7	6.7	—

（3）营造竹种。笋用竹林基地主要营造的竹种有苦竹、方竹、麻竹等。

3. 材用竹林基地建设

材用竹林主要是生产人造板、竹地板、竹质家俱、竹纤维、竹饮制品、竹制日用品（含竹工艺品）和竹炭加工等的加工原料。

（1）建设范围。建设范围包括叙永县、纳溪区、合江县、古蔺县4个区县中的41个乡镇。泸州市材用竹林基地建设范围分布见表2-9。

表2-9　泸州市材用竹林基地建设范围分布表　　　　（单位：个）

区（县）	乡镇	数量	合计
叙永县	后山镇、水尾镇、龙凤乡、向林乡、大石乡、天池镇、江门镇、叙永镇、黄坭乡、白腊苗族乡、两河镇	12	
纳溪区	护国镇、白节镇、打古镇	3	
合江县	合江镇、佛荫镇、南滩乡、白鹿镇、虎头镇、榕山镇、望龙镇、尧坝镇、车辋镇、法王寺镇、实录乡、凤鸣镇、九支镇、先市镇、五通镇、福宝镇、自怀镇、先滩镇	18	41
古蔺县	永乐镇、护家乡、桂花乡、黄荆乡、德耀镇、双沙镇、护家乡、古蔺镇	8	

（2）建设规模。规划全市共新建和改造材用竹林基地面积70.7万亩，新建面积20.7万亩，重点区县19.7万亩，改造低产竹林50万亩，重点区县材用竹林基地建设规划见表2-10。

表2-10　重点区县材用竹林基地建设规划表　　　　（单位：万亩）

区（县）	2014—2016年		2017—2020年		2021—2025年	
	改造	新增	改造	新增	改造	新增
叙永县	3.3	3.1	10.2	4.7	6.7	—
纳溪区	2.2	1.7	6.7	3.0	4.6	
合江县	2.5	1.2	7.5	2.4	5.0	
古蔺县	0.2	1.9	0.7	1.7	0.4	
合计	8.2	7.9	25.1	11.8	16.7	

（3）营造竹种。材用竹林基地发展主要营造竹种主要有毛竹、绵竹、硬头黄竹、慈竹等。

4. 纸浆竹林基地建设

（1）建设范围。建设范围包括叙永县和纳溪区的19个乡镇，泸州市纸浆竹林基地建设范围分布见表2-11。

表 2-11　泸州市纸浆竹林基地建设范围分布表　　　（单位：个）

区（县）	乡镇	数量	合计
叙永县	马岭镇、向林乡、大石乡、天池镇、江门镇、兴隆乡、水尾镇、龙凤乡	8	19
纳溪区	上马镇、打古镇、合面镇、护国镇、新乐镇、棉花坡镇、渠坝镇、白节镇、大渡口镇、龙车镇、天仙镇	11	

（2）建设规模。全市共新建和改造纸浆竹林基地面积 41.8 万亩，其中改造低产竹林 30 万亩，新建竹林面积 11.8 万亩，全在重点区县，重点区县纸浆用竹林基地建设规划见表 2-12。

表 2-12　重点区县纸浆用竹林基地建设规划表　　　（单位：万亩）

区（县）	2014—2016 年		2017—2020 年		2021—2025 年	
	改造	新增	改造	新增	改造	新增
叙永县	2.0	1.9	6.1	2.8	4.0	—
纳溪区	1.4	1.0	4.0	1.8	2.8	—
合江县	1.5	0.7	4.5	1.5	3.0	—
古蔺县	0.2	1.1	0.3	1.0	0.2	—
合计	5.1	4.7	14.9	7.1	10	—

（3）营造竹种。纸浆竹林基地发展应以丛生竹为主，散生竹为辅。主要营造的竹种主要有慈竹、硬头黄竹、绵竹、撑绿竹等。

5. 笋材两用竹林基地建设

（1）建设范围。建设范围包括叙永县、纳溪区、合江县、古蔺县和江阳区等 5 个区县中的 23 个乡镇，泸州市笋材两用竹林基地建设范围分布见表 2-13。

表 2-13　泸州市笋材两用竹林基地建设范围分布表　　　（单位：个）

区（县）	乡镇	数量	合计
叙永县	水尾镇、龙凤乡、兴隆乡、合乐苗族乡、叙永镇、两河镇、落卜镇	7	23
纳溪区	白节镇、打古镇、护国镇、上马镇、渠坝镇	5	
合江县	凤鸣镇、福宝镇、九支镇、尧坝镇、法王寺镇、五通镇	6	
古蔺县	德耀镇、桂花乡	2	
江阳区	方山镇、泰安镇、江北镇	3	

（2）建设规模。全市共新建和改造笋材两用竹林基地面积 27.9 万亩，新建笋材两用竹林基地面积 7.9 万亩，全在重点区县，改造低产林 20 万亩，重点区

县笋材两用竹林基地建设规划见表2-14。

表2-14　重点区县笋材两用竹林基地建设规划表　　　　（单位：万亩）

区（县）	2014—2016 年		2017—2020 年		2021—2025 年	
	改造	新增	改造	新增	改造	新增
叙永县	1.3	1.3	4.1	1.9	2.6	—
纳溪区	0.9	0.7	2.7	1.2	1.8	—
合江县	1.0	0.4	3.0	1.0	2.0	—
古蔺县	0.1	0.7	0.3	0.7	0.2	—
合计	3.3	3.1	10.1	4.8	6.6	—

（3）营造竹种。主要营造的竹种有毛竹、绵竹（梁山慈竹）等。

（二）竹种苗木繁育基地建设

根据新建竹林基地以及产业发展需求，结合竹苗生产现状及现有竹林改造和新增面积总量，确定竹苗繁育基地和竹苗生产建设规模。结合泸州市的土壤和气候条件，采用种子育苗、分株育苗、扦插或埋杆育苗、鞭段培育以及母株园等多种方式进行，选育优良竹种。

1. 苗木供求平衡分析

根据竹资源培育规划造林和低产低效林（以楠竹为例）改造任务量测算，在规划期内全市竹苗总需求量约为1亿株。其中，初期竹苗需求量为2 100万株，中期竹苗需求量为4 800万株，远期竹苗需求量为3 100万株。规划期内平均每年竹苗需求量为1 000万株。

2. 建设规模和地点

根据竹苗繁育基地的现状和各乡镇发展竹苗繁育基地的条件和潜能，基地建设地点主要分布在叙永县的水尾镇、江门镇、向林乡、大石乡，纳溪区的白节镇，合江县的福宝镇等3个区县的6个乡镇。

规划期内，全市繁育基地新建设规模6 000亩，投资约630万元。其中，叙永县3 000亩，合江县2 000亩，纳溪区1 000亩。

二、竹区道路建设

调研发现，目前存在竹资源丰富，销售状况不景气现象。大部分竹林中的竹子运力成本较高，竹农对种竹和培育持消极态度。因此，应加大力度完善基础设施建设，进一步改善竹区交通状况，提高成片竹区的道路通达度。

规划期内，规划全市竹产业重点和一般发展乡镇共急需建设竹区公路至少1 197千米。其中，2014—2016年新建公路357 千米；2017—2020 年新建358 千米；2021—2025 年新建 482 千米。

竹产业重点发展区（县）共急需修建竹区公路至少 1 004 千米，占全市竹区公路建设总任务的 83.95%。其中，2014—2016 年新建竹区公路 241 千米；2017—2020 年新建竹区公路 337 千米；2021—2025 年新建竹区公路 426 千米。

三、竹加工产业建设

根据泸州市交通、水资源及竹林集中分布的实际状况，加快利用现代信息和制造业技术，提升和改造泸州市现有企业生产的实际状况。大力发展市场前景好、产品附加值高的竹笋产品、竹人造板和竹饰板、竹炭、竹醋液和竹纤维等科技含量高、低污染、绿色环保的系列产品，力推地方特色油纸伞及竹编系列产品，积极应对资源环境压力。

按照构建生态循环竹产业链的发展要求，合理配置各种有效资源和竹产业科技示范园区建设，实施地方特色产品和名牌产品战略，促进竹加工业向集约化、规模化、品牌化方向发展，实现企业和农户的双赢目的。规划期内通过整合现有企业资源及招商引资，培育龙头企业，辐射带动中小型企业以延伸产业链，树立现代企业管理意识和品牌战略意识，加快发展其他区县的竹林基地建设进程，到规划期末争取使整个泸州市的竹产业呈现出一片欣欣向荣的景象，达到统领西部乃至全国竹产业的高度。

（一）竹笋加工业发展

竹笋被视为"菜中珍品"，富含多种营养物质、药用价值巨大、味香质脆，为优良的保健蔬菜；竹荪具有营养丰富、香味浓郁、滋味鲜美等特点，自古就列为"草八珍"之一。

1. 建设范围

以合江县、叙永县、纳溪区、古蔺县为重点发展区（县）。

2. 建设思路

泸州竹笋备受消费者青睐，产品主要销往国外，国内市场几乎处于空白。现有加工企业一方面要深精加工传统产品，提高附加值；另一方面要积极开发不同风味的新产品。在扶持发展扩大生产规模的同时，加大竹笋生产加工的招商引资力度，构建竹笋产业集群效应，使其成为区域领头羊。

3. 建设目标

全市现有竹笋加工产量为 1.6 万吨，随着笋用竹林建设规模的扩大和低产竹林的改造，根据市场需要，预计 2014—2016 年我市新增竹笋加工产量为 6 万吨，2017—2020 年新增竹笋加工产量为 14 万吨，2021—2025 年新增竹笋加工产量为 5 万吨，竹笋（竹荪）现有及新增加工业发展规见表 2-15。

表 2-15　竹笋（竹荪）现有及新增加工业发展规划表　（单位：万吨）

区（县）	2013 年前	2014—2016 年	2017—2020 年	2021—2025 年
全市	1.6	6	14	5
纳溪区	0.6	6	—	—
合江县	—	—	—	5
叙永县	1	—	10	—
古蔺县	—	—	4	—

（二）竹纤维制品业发展

竹纤维不仅具有良好的透气、瞬间吸水、耐磨性和良好的染色等特性，还具有天然抗菌、抑菌、除螨、防臭和抗紫外线功能，因而深受消费者的欢迎。

1. 建设范围

以叙永县、纳溪区、合江县、古蔺县为重点发展区县。

2. 建设思路

泸州市的纳溪区和叙永县已形成一条林竹产业带，但分布其间的竹产业结构较为单一，且多数产品属于低端级别，缺乏市场竞争能力；合江县作为竹林大县之一，其竹类资源利用率低下。调研显示，四川银鸽（纳溪）年产 5 万吨竹纤维技改项目已建成，目前正在调试。因此，要致力发展招商引资大型有实力的竹纤维企业，建立规范的竹纤维检测标准，促进竹纤维产业得以有序发展，并将其打造成为泸州市的竹纤维产业名片。

3. 建设目标

全市目前竹纤维产量为 5 万吨，预计 2021—2025 新增竹纤维产量 5 万吨，竹纤维制品业现有及新增发展规划见表 2-16。

表 2-16　竹纤维制品业现有及新增发展规划表　（单位：万吨）

区（县）	2013 年前	2014—2016 年	2017—2020 年	2021—2025 年
全市	5.0	—	—	5.0
叙永县	—	—	—	5.0
合江县	—	—	—	—
纳溪区	5.0	—	—	—

（三）竹炭（含竹醋液和竹饮制品）加工业发展

竹炭是一般用老龄竹（3~5 年）和竹材加工剩余物高温无氧干馏而成，广泛应用于食品烹调、烘烤、储藏及保鲜等方面。竹炭在热解过程中能产生大量的副产品，即竹醋液。竹醋液具有很好的渗透性、吸收性、除臭效果、植物激素等效用。目前，竹炭、竹醋液和竹饮制品等均受到消费者的宠爱。

1. 建设范围

以合江县、叙永县、纳溪区为重点发展区县。

2. 建设思路

竹炭、竹醋液等除了利用原竹生产外，还可利用其他竹产业废弃物进行生产，可使竹子资源得到充分有效的循环利用，延长产业链，提高产品附加值，形成具有规模化生产的龙头企业。在此基础上，应加大招商引资力度，增加生产线生产竹醋液及竹饮制品，通过加快强化营销网络建设和品牌营销以获取更大的市场份额，把竹炭系列产品打造成西部地区的地方品牌。

3. 建设目标

全市现有竹炭、竹饮产量为 0.03 万吨，预计 2014—2016 新增产量 5 万吨，2017—2020 年新增产量为 10.5 万吨。竹炭、竹醋液和竹饮加工业现有及新增发展规划见表 2-17。

表 2-17 竹炭、竹醋液和竹饮加工业现有及新增发展规划表 （单位：万吨）

区 （县）	2013 年前	2014—2016 年	201—2020 年	2021—2025 年
全市	0.03	5.00	10.50	—
纳溪区	0.03	—	5.00	—
合江县	—	5.00	3.00	—
叙永县	—	—	2.50	—

（四）竹家具产业发展

竹家具是一个新兴的低碳产业。竹材因具有生长快速、材质硬度高、韧性大等特点，是取代实木的理想家俱用材。目前国内竹家具市场占有份额不高，因此，要提高生产水平和市场宣传推广力度，提升消费者的认知意识。

1. 建设范围

以合江县、叙永县、纳溪区为重点发展对象。

2. 建设思路

竹家具属生态低碳产业，应加大产品创新力度，提高产品科技含量，进而提高产品的附加值。因此，在稳固和提升现有竹家具企业规模的基础上，加大招商引资力度，构建竹家具制造产业群，建立产品加工产业园区。

3. 建设目标

全市现有竹家具产量为 15 万件（套），2014—2016 年新增产量为 50 万件（套）；2017—2020 年新增产量为 160 万件（套），竹家具现有及新增发展规划见表 2-18。

表 2-18　竹家具现有及新增发展规划表　　　[单位：万件（套）]

区（县）	2013 年前	2014—2016 年	2017—2020 年	2021—2025 年
全市	15.0	50.0	160.0	—
叙永县	15.0	50.0	—	—
纳溪区	—	—	60.0	—
合江县	—	—	100.0	—

（五）竹工艺品加工业发展

竹子自古以来一直被文人雅士所推崇，加之竹工艺产品具有文化品味高、消耗资源少、增值率高等优势，发展前景广阔。

1. 建设范围

以叙永、合江为重点发展区（县），纳溪区为一般发展区县。

2. 建设思路

泸州市的竹工艺品扬名国内外。因此，应加大力度扶持和培育龙头企业扩大产业集群效应，大力推进地标产品申请，创建品牌产品，不断开发新产品，将其竹工艺产品打造成为泸州市的名片产品。

3. 建设目标

全市现有竹工艺品产量 23.12 万件（套），预计 2017—2020 年新增产量为80 万件（套），竹工艺品现有及新增发展规划见表 2-19。

表 2-19　竹工艺品现有及新增发展规划表　　　[单位：万件（套）]

区（县）	2013 年前	2014—2016 年	2017—2020 年	2021—2025 年
全市	23.12	—	80.00	
合江县	—	—	80.00	
叙永县	23.00	—	—	
纳溪区	0.12	—	—	

（六）竹地板（含竹饰品）业发展

竹地板是一种新型生态低碳建筑装饰材料。因此，大力发展和鼓励进行规模化生产。

1. 建设范围

以叙永县、合江县、纳溪区为重点发展区县。

2. 建设思路

规划期内，加强竹材培育基地的发展，鼓励竹加工企业通过投资控股、参股、签订长期战略合作协议等方式拥有竹林基地，形成以"基地+加工"为主的产业格局，同时也可因地制宜实行"农户+基地+公司"等多种形式的产业格局。

规划期内，对现有市级龙头企业要加大扶持力度的同时，加大招商引资力度，使其发展成为川南或成渝经济区的品牌企业。同时推出重组竹地板、竹木复合板等新产品，促进竹地板系列产品向集约化、规模化、品牌化的方向发展，将竹材地板加工业建设成为全省的主要集中地和流通主渠道。

3. 建设目标

全市现有竹地板产量为 47 万平方米，预计 2014—2016 年新增产量为 60 万平方米，2017—2020 年新增产量为 600 万平方米，2021—2025 年新增产量为 180 万平方米。竹地板业现有及新增发展规划见表 2-20。

表 2-20　竹地板业现有及新增发展规划表　　　（单位：万平方米）

区（县）	2013 年前	2014—2016 年	2017—2020 年	2021—2025 年
全市	47	60	600	180
纳溪区	2	—	50	—
合江县	—	60	—	—
叙永县	45	—	550	180
古蔺县	—	—	—	—

（七）竹浆造纸业发展

竹浆制成的纸张，身骨坚挺，纸质好。漂白的用以制造胶版印刷纸、打字纸和其他高级文化用纸，未漂白的可用以制造包装纸等。还可与木浆结合用于电缆纸等绝缘纸以及水泥袋纸等。

1. 建设目标

以叙永县和纳溪区为重点发展区县。

2. 建设思路

由于竹浆造纸会对环境产生一定污染，为响应十八大及十八届三中全会关于推进两型生态文明建设的精神，顺应全球环境保护的趋势，规划期内，在维持泸州市现有银鸽纸业公司、泸州巨源纸业有限公司、江门永丰纸业等大中型竹浆造纸企业基础上，不再增加竹浆项目。

全市现有竹浆生产总量为 6.92 万吨，叙永县江门镇的竹浆企业还在建设中，预计 2017—2020 年投产，产量为 20 万吨。在规划期内维持现有规模，不再增加竹浆相关项目，竹浆现有及新增发展规划见表 2-21。

表 2-21　竹浆现有及新增发展规划表　　　　　　　（单位：万吨）

区（县）	2013 年前	2014—2016 年	2017—2020 年	2021—2025 年
全市	6.92	—	20.00	—
纳溪区	4.62	—	—	—
叙永县	2.30	—	20.00	—

四、竹文化建设

竹文化源远流长，博大精深，对中国的园林艺术、工艺美术、绘画艺术、音乐文化、宗教文化、民俗文化等的发展发挥着极为重要的作用。

在泸州市现有福宝、黄荆、天仙硐、凤凰湖等国家、省市级的生态竹文化旅游胜地，竹生态园和休闲观光农家乐遍布城郊。在瞄准竹旅游的基础上，深度挖掘和弘扬竹文化，力争举办"竹文化节""笋文化节""竹酒文化"等活动，让国内外人士关注泸州。同时积极申报竹工艺和竹炭等系列地标产品，以此为载体，强化竹文化产业建设，促进国内国际竹文化研究、竹工艺产品和竹炭产品企业及客商向泸州集聚，使产业与文化相得益彰。

建设目标：建设竹文化博物馆、竹酒文化博物馆、竹工艺博物馆和竹种园各1 个。根据泸州市的交通、名胜区和公园、竹产企业分布状况，结合泸州市目前旅游发展总体规划，竹文化建设的博物馆和竹种园拟建于纳溪区白节镇，占地1 000 亩，投资 1.8 亿元，园区工程建设预计 2020 年结束。

五、竹文化特色生态旅游

泸州市拥有悠久的酒文化、竹文化、民族文化、竹资源等人文、自然资源，发展全市旅游产业、统筹布局竹文化和竹林生态旅游将极大提升泸州市的整体实力。

泸州市拥有丰富的竹文化旅游资源，在改善泸州部分景区的基础设施以及产业服务基础上，可有效利用泸州独特的地理位置，实现泸州旅游景点与宜宾蜀南竹海、黄果树大瀑布、十丈洞景区等诸多旅游景点的对接，形成川滇黔旅游景观群。同时，泸州位于川滇黔少数民族杂居地，具有多元化的民族地方文化特色，对其进行充分合理挖掘，将民族文化、竹文化与酒文化等进行有机整合，注入泸州竹文化旅游中。在规划期内，着力打造天仙硐、云溪温泉、大旺竹海、锁口湖、法王寺、尧坝古镇、分水油纸伞、张坝桂圆林等"一小时"城市近郊竹生态观光环线。推进白节—打古—向林—江门—水尾—桂花—黄荆，玉兰山—天堂坝—自怀等精品竹旅游线路建设，实现和毗邻省、市旅游线路有效对接。推进凤凰湖、玉龙湖、锁口湖、黄桷坝库区、红龙湖等湿地公园建设。力争 2016 年前建成竹种园,将大旺竹海打造成国家级森林公园和国家 4A 级风景名胜区。每年达到接待 400 余万旅游人次的游客容量,为第三产业的良性发展奠定坚实的基础。

六、竹产业科技示范园区

为进一步加快泸州市现代高效木竹业建设步伐,提高生态-低碳文明建设的总体水平,结合建设现代高效农业的发展要求,建设一个"产—学—研"相结合的现代高效木竹业科技示范园区,其主要目的是给竹农和企业借鉴和学习,以此来促进高新技术在竹产业领域的应用。

园区为竹产业的发展提供优良竹种、新技术、新信息服务,展示现代高效木竹业新的经营模式,为成渝经济区发展生态林业、创汇林业,提高笋竹综合效益树立典范,成为西部地区现代高效木竹产业的生产示范基地及推广窗口。

园区建设内容主要应包含设施工程示范区、林下经济推广实验区、木竹混交实验区、竹笋和竹材丰产示范区、科研培训管理区、高科技含量竹产品生产加工示范区、网络平台展示区等。园区的建设要在西南部同类地区林业建设中起到示范引领作用,使其成为国内领先的林业科研成果与经营管理经验交流平台、传统林业向现代林业发展转型的知名示范基地以及全市生态文明教育和科普模范基地。

根据竹资源分布、保护区及旅游风景区等的分布状况,结合生态环境条件,选址结果出现在纳溪区天仙镇和叙永县水尾镇。综合分析,选址定在叙永县水尾镇更为妥帖,占地 3 000 亩,总投资约为 1.5 亿元。园区工程建设 2020 年结束。

七、现代物流园区

依据《中华人民共和国国民经济和社会发展第十二个五年规划纲要》《国务院办公厅关于印发促进物流业健康发展政策措施的意见》(国办发〔2011〕38号)以及全国物流园区规划要求,泸州市作为全国二级物流园区布局城市之一,打造泸州市竹产业物流园区、提升竹产业的地位就显得十分重要。为促进泸州市竹产业健康有序发展,现代物流园区的建设要体现绿色低碳理念,实现竹产品的绿色物流并对周围企业产生集聚效应和发挥基础平台的作用。总体发展目标是建成较为完善的竹产品现代物流网络服务体系,以建设竹产品流通"龙头"为目标,借以便利的交通,参考竹产业生产总值、货运总量等经济指标的预测值,通过数据整合与集成、异构资源整合检索等构建数据库管理系统,形成物流体系的全网覆盖,充分实现订单处理一体化、仓库管理智能化、货物跟踪全程化、客户查询自动化、资金结算电子化的现代化市场交易平台。

园区建设主要包括仓储区、展示展销区、集装箱区、包装作业区、转运区、配送区、综合服务区等功能区。通过一系列措施,形成一个完善的绿色物流信息系统，架构竹产业的现代化、信息化、系统化的电子网络运营管理模式，为竹农和企业提供一体化服务，满足竹农和企业的物料供应与产品销售等物流需求，促进泸州市竹产品资源优势的转化，提升泸州市竹产品的市场地位和影响力使园区成为立足泸州、服务川南、面向长江经济带、连接国际的西部地区竹产品配送、集散、加工及转运中心。

根据泸州市的区位条件、竹产企业分布状况，结合泸州市土地利用总体规划、城市总体规划和区域发展总体规划。物流园区规划选址位于纳溪区新乐镇，占地 300 亩，总投资 2 亿元。园区工程建设预计 2020 年结束。

第七节　投资与效益分析

一、竹林新建与低产改造投资

依据 2013 年国家林业局竹林建设投资标准，泸州市规划期内（2014—2025年），总投资为 8.92 亿元。其中，新建设竹林基地面积 51.52 万亩，投资 4.12亿元；低产竹林改造 120 万亩，投资 4.80 亿元，泸州市新建竹林规划及投资表见表 2-22，泸州市低产竹林改造规划及投资表见表 2-23。

表 2-22　泸州市新建竹林规划及投资表

| 区（县） | 新建竹林面积（万亩） | | | | | | | | 投资（亿元） |
| | 2014—2016 年 | | | 2017—2020 年 | | | | 2021—2025 年 | |
	2014	2015	2016	2017	2018	2019	2020		
纳溪区	—	2.05	2.06	2.43	2.34	2.49	—	—	0.91
叙永县	—	4.07	3.46	3.73	4.39	3.05	—	—	1.5
合江县	—	1.33	1.44	2.13	1.62	2.12	—	—	0.69
古蔺县	—	2.3	2.2	2.03	2.05		—	—	0.69
龙马潭区	—	—	0.53	—	—	—	—	—	0.04
泸县	—	—	0.35	—	—	—	—	—	0.03
江阳区	—	2	1.35	—					0.27
合计	—	11.75	11.39	10.32	10.4	7.66	—	—	4.12

2014—2016 年，建设面积 43.14 万亩，其中新建竹林面积 23.14 万亩，投资1.85 亿元，改造低产竹林 20 万亩，投资 0.80 亿元，总投资 2.65 亿元。

2017—2020 年，建设竹林面积 88.38 万亩，投资 4.67 亿元，其中新建竹林基地面积28.38万亩，投资2.27亿元；低产竹林改造面积60万亩，投资2.40亿元。

2021—2025年，建设竹林面积40万亩，主要以低效竹林的改造为主，投资1.6亿元。

表2-23　泸州市低产竹林改造规划及投资表

区（县）	新建竹林面积（万亩）								投资（亿元）
	2014—2016年			2017—2020年				2021—2025年	
	2014	2015	2016	2017	2018	2019	2020		
叙永县	—	4.0	4.0	6.1	6.1	6.1	6.1	16.0	1.94
纳溪区	—	2.7	2.7	4.0	4.0	4.0	4.0	11.0	1.30
合江县	—	3.0	3.0	4.5	4.5	4.5	4.5	12.0	1.44
古蔺县	—	0.3	0.3	0.4	0.4	0.4	0.4	1.0	0.13
合计	—	10.0	10.0	15.0	15.0	15.0	15.0	40.0	4.80

此外，竹种苗木繁育基地建设时间在2015—2016年内完成，以便为后续低产林改造和新建竹林基地提供优质竹种资源，投资共计0.06亿元。表2-24为泸州市苗木基地改造规划及投资表。

表2-24　泸州市苗木基地改造规划及投资表

区（县）	新建竹林面积（万亩）								投资（亿元）
	2014—2016年			2017—2020年				2021—2025年	
	2014	2015	2016	2017	2018	2019	2020		
叙永县	—	1 000	2 000	—	—	—	—	—	0.03
纳溪区	—	500	500	—	—	—	—	—	0.01
合江县	—	1 000	1 000	—	—	—	—	—	0.02
合计	—	2 500	3 500	—	—	—	—	—	0.06

二、竹产业投资与效益分析

规划期内拟建20家大中型竹产企业，重点引进竹纤维、竹炭、竹醋系列、竹饮制品、竹家具和竹饰品及竹地板系列等高新技术企业和竹笋高附加值企业，同时适当发展和壮大地方特色传统优势企业。此外，叙永县纸浆项目正在兴建，本规划未给予列出，泸州市新增竹产业投资概算见表2-25。

竹笋制品大部分销往海外，效益较高；竹炭、竹纤维、竹热地板、竹胶复合地板等属于高新产业，技术含量高，市场广阔，利润较高；其他几类作为我国传统竹产业项目，效益可观。泸州市新增竹产业产值估算见表2-26。

表2-25 泸州市新增竹产业投资概算 （单位：亿元）

产品类别	2015—2016年		2017—2020年				2021—2025年
	2015	2016	2017	2018	2019	2020	
竹笋系列	1.23	—	3.05	—	—	1.19	—
竹家具（竹装饰品）系列	0.30	0.32	—	0.40	0.35	—	—
竹纤维系列		—				5.97	—
竹炭、竹醋、竹饮制品等系列	2.58	—	2.74	2.99	—	—	—
竹工艺品系列		0.53			0.35		
竹地板系列	0.62	4.24	—	—	2.32	—	2.28
合计	4.73	5.09	5.79	3.39	3.02	7.16	2.28

表2-26 泸州市新增竹产业产值估算 （单位：亿元）

产品类别	2015—2016年		2017—2020年				2021—2025年
	2015	2016	2017	2018	2019	2020	
竹笋系列	—	14.83	—	38.88	—	—	16.54
竹浆造纸系列	—			15.15			
竹家具（竹装饰品）系列	—	5.62	5.96		8.03	7.09	
竹纤维系列							16.54
竹炭、竹醋、竹饮制品等系列	—	11.24		12.62-	14.72		
竹工艺品系列			2.98			2.13	
竹地板系列	—	1.01	7.15			4.26	4.56
合计	—	32.70	16.09	54.03	22.75	13.48	37.64

注：假定项目投资建设一年后可投产，预计2016年投产

在规划期内，大力推广竹产业集约经营，培育高产高效竹林的同时，进一步加大竹产企业新技术的推广和应用，提升竹产品的科技含量，进而达到提高竹产品产值的目的。规划期内的产值如果按照年增长速度6%计算，其2014—2016年产值可达到67.97余亿元、2017—2020年可达217.17余亿元、2021—2025年则可达到337.82余亿元，泸州市新增竹产业产值估算见表2-27。

表 2-27　泸州市新增竹产业产值估算　　　　（单位：亿元）

产品类别	2013 年前	2014—2016 年	2017—2020 年	2021—2025 年
竹笋系列	5.13	20.57	69.61	114.11
竹浆造纸系列	6.04	6.77	25.50	34.17
竹家俱（竹装饰品）系列	2.19	8.07	32.86	44.03
竹纤维系列	16.02	17.94	22.61	51.14
竹炭、竹醋等系列	0.09	11.34	44.02	58.99
竹工艺品系列	1.00	1.13	7.09	9.51
竹地板、竹胶合板等系列	1.02	2.15	15.48	25.87
合计	31.49	67.97	217.17	337.82

第八节　生态效益评价

竹子鞭根发达，具有良好的截留降水、涵养水源、保持水土等功能。研究显示，竹林净固碳能力每亩每年可达 0.56 吨，如毛竹林每亩年固碳量为 0.85 吨，年固碳量分别是杉木林、马尾松林和热带雨林的 1.46、2.33 和 1.33 倍，固碳能力位居亚洲林种之最。此外，竹林比其他植物多释放 35% 的氧气，每年每亩可吸收 CO_2 0.8 吨，蓄水 1 600 吨，减少土壤侵蚀 60 吨。例如，毛竹林地每亩一般储水量为 33.8 吨，其最大可蓄水量多达 86.9 吨，其蓄水能力比柏木林地大30.61%，比柳杉林地大 52.19%，比杉木林地大 64.98%，比灌木林地大71.94%，比荒山地大 118.49%；苦竹每年每亩可吸收 3.3 吨的 CO_2，释放 8.73吨的 O_2，固碳 11.9 吨；绵竹则可吸收 0.87 吨 CO_2，释放 0.67 吨 O_2。此外，经营措施可改变竹林的生态效益。粗放经营状况下，竹林每年每亩碳储量与同化CO_2 量分别为 10.33 吨和 1.74 吨，如采取经营措施后，分别比粗放经营的高48% 和 14%。因此，竹子在固碳、保持水土及其改善环境质量等方面生态效益显著，已成为速生经济林及防护林的优选树种。

一、水源涵养效益

研究显示，竹林林冠和众多秆茎对降水具有良好的截留作用。据专家测算，每亩竹林可蓄水 66.7 吨。根据有关资料，毛竹林每年每亩的持水量为 296.7 吨。到规划期末，泸州市新增竹林面积 51.52 万亩，增加蓄水量超过 3 430 万吨。森林拦截水源价值相当于等容量水库的价值，按 1 吨水替代价值 0.2 元计算，到规划期末，泸州市新增竹林带来的涵养水源的价值超过 686 万元。

二、减少水土流失的效益

竹子根系庞大，纵横交错，具强大的固土保水功能。平均每亩竹林可减少水土流失量约 4 吨，泸州市新增竹林每年可减少土壤流失 205.8 万吨，按照挖取或拦截一吨泥沙的平均费用 3 元计算，又根据资料，进入河道径流中的固体物质约为泥沙流失量的 50%，因而到规划期末，泸州市新增竹林带来的减少水土流失的价值为 308.7 万元。

三、净化大气效益

竹林每年每亩可吸收 CO_2 0.34 吨，泸州市新增竹林面积每年可吸收 CO_2 17.46 万吨。根据财政部有关碳税研究，2014—2016 年碳税每吨大概为 10~20 元，根据经济发展情况，碳税率有提高的可能，到 2020 年每吨可能达到 70~80 元，按此价格计算，到 2025 年，泸州市新增竹林可带来的固定 CO_2 的效益值约为 1 222.2 万~1 396.8 万元。

四、社会效益

扩大竹林面积能够改良土壤结构，增强土壤肥力，改善生态环境，能有效降低自然灾害发生概率，促进农民增产增收。

改造低效竹林地和新增竹林基地面积需要投入大量劳动力，这就为富余劳动力提供了工作岗位。按照我国竹产业规划的比例算，竹林资源培育工程可安置 158.23 万人临时就业，竹产品加工业安置 40.31 万人以上，竹生态旅游业可创造 2.08 万个就业岗位，大大缓解了农村社会就业问题。

竹产业具有很大的发展空间，已成为许多主产区的支柱产业。发展竹产业有利于增加竹农收益，改善人们生活水平；有利于农村经济发展，推动整个泸州市的发展。

扩大竹林面积，发展竹产业不仅改善了生态环境，而且有利于增强人们的生态环保意识，发展生态旅游业有利于传播中国竹文化，让更多人了解泸州竹文化，从而达到弘扬竹文化的目的。

第九节　保障措施

根据现有竹产业发展的实际情况，为把竹产业打造成为泸州市现代高效林业的重要组成部分，实现竹产业的高度化、整合化、信息化、生态化以及外向化。

因此，建立相应的保障措施体系十分必要。通过组织管理、投入机制、扶持政策、科技支撑、搭建信息平台、培育和扶持龙头企业等措施，以实现竹产业健康快速发展。

一、组织管理

竹产业发展涉及多个部门和行业。因此，强化有效的组织管理，汇聚各方力量支持关心竹产业发展，及时协调和解决好木竹产业发展中的突出矛盾和问题，为竹农和企业增收奠定坚实基础。

首先，各级政府要把竹产业建设和发展纳入当地现代农业经济发展的全局统筹考虑。市、区县、乡镇等各级政府要建立组织领导机构，且在各级林业部门应加大引进和培训乡土竹类技术人才，设立竹产业办公室，制定落实具体目标责任，实行制度规范监控，绩效考核监控和相关的舆论监控，为竹产业的良性发展提供组织保障。

其次，在竹资源培育和利用方面，竹产区各级林业行政主管部门对竹林基地建设实行统一管理，组建专家库，为良种推广种植、基地建设、产业化经营以及市场体系建设等方面提供技术服务和政策咨询。

再次，政府牵头建立多层次竹产业协会及企业联盟，实现竹产业的资源汇聚。建立阳光电子政务，提高行政效率，为推进竹产业的良性循环发展提供优质的技术服务。

最后，组织技术人员和企业负责人到竹产业发达的地区考察学习，吸收消化先进技术、管理和经营理念。提升企业树立地方特色产品及品牌的意识，强化产品质量管理，申请 ISO 质量体系认证及地标产品，打造一批具有较强市场竞争实力的名优品牌。

二、投入机制

加大对竹产业的投入力度，以诱致性制度为主，强制性制度为辅，完善多元化投入机制以及多渠道筹措资金渠道，改变资金投入方式，形成"以政府投入为辅，社会多渠道投入为主"的投入机制。

首先，各级政府出台鼓励竹区竹林的营造、低产低效竹林的改造及竹区便道建设等政策，将便道建设纳入市县区的现代高效农业发展规划之中。

其次，政府每年安排竹产业发展专项扶持资金，用于竹苗基地、退耕还竹、新技术推广、竹林培育技术培训、市场开拓以及竹文化建设等方面。

再次，力争将竹产业发展纳入市财政现代农业发展资金的扶持范围，加大农发资金对竹业的投入。

此外，要制定科学的鼓励民间社会资本、民间投资以及外商投资的政策和措施，更好地吸纳国内外、业主、大户等各方资金参与竹产品研发、品牌创建、技术改造等。同时，实行以奖代投，形成全民植树栽竹、全社会办竹业的良好氛围，把竹产业做大做强。

三、扶持政策

为充分调动竹产业开发的积极性，应建立竹产业补贴政策的普惠制，加大竹林培育和竹苗圃基地扶持力度，逐步扩大竹林造林、森林抚育中央财政补贴试点范围，根据各级政府和各部门的财力状况提高补助标准。

建立合理的竹子良种补贴制度，重点扶持竹苗新品种、新技术的研发和示范推广，加大竹林病虫害的生物防治、竹产品新加工工艺等的支持力度，提高机具购置补贴。进一步争取金融机构加大对竹产业建设的贷款投入力度和各级财政的贷款贴息力度，完善贴息政策。建立和完善财政支持下的竹林保险机制，逐步提高财政对竹林保险保费的补贴标准。建立面向竹农的农村小额信用贷款和中小企业贷款扶持机制，积极开展多种信贷融资业务，设立中小企业担保基金。对重点建设项目，在土地征用、立项、审批等方面予以支持。金融部门要加大资金投放力度。制定竹产业税费扶持政策，减轻竹农和企业负担。对竹产业综合利用产品实行税收优惠政策，推动低碳经济和劳动密集型企业的发展。

四、科技支撑

为使竹产业健康持续发展，建立竹产业发展科技支撑体系。一是加强对外交流与合作，搭建共性技术平台；二是政府设立竹产品加工技术研发的专项资金，延长竹产品加工业产业链，增加产品的附加值；三是积极推广竹产业方面的新技术、新品种、新方法和新工艺等的应用，提高竹产品和竹资源的科技含量；四是技术人员到采苗市场把关，杜绝不合格竹苗流到竹林基地栽种现场；五是建立竹材丰产科技示范基地、笋用林示范基地以及各类竹产业科技示范样板，推动科学育竹工作的全面开展；六是实行行业科技人员挂帮制，积极寻求竹产品开发和研究的科技新信息、咨询和指导，从而促进竹产业的可持续利用和发展；七是采取企业立项，专家研发，政策支持的方式开展关键技术研发等措施，强化科技兴竹。此外，政府要积极出台相应的人才培养和吸纳政策，助推竹产业快速健康发展。

五、搭建竹产业网络信息和电子商务平台

首先应当建立公开、公平、公正、开放的竹产业网络信息交互平台，建立全国竹产业基础数据库，规范竹产业基础信息。其次，构建竹产业的网络电子商务平台，建立实现竹产品统一挂牌的交易网，形成竹产品交易信息统一发布和汇聚

平台，实现竹产品网上交易的电子商务便捷服务，使竹产业实现网络化经营模式。

六、大力培育龙头企业

龙头企业直接影响竹产业的发展，决定竹产业发展的水平。要根据区域经济优势，统筹规划，合理布局。首先，进行生产力的整合。政府引导或支持竹产企业通过兼并、重组、收购、控股等方式，组建形成一批具有自主知识产权、自主品牌、核心竞争力强的竹产业龙头企业（集团）。其次，对竹产业的资源进行整合。在税收、信贷、出口等方面除争取国家产业扶持政策外，促使竹产业龙头企业在政策、资金等方面与农业龙头企业享受同等待遇；培育壮大龙头企业，提高其市场竞争能力，形成市场集聚效应。切实加大对竹产业龙头企业的支持力度，形成具有当地特色的竹产品系列和自主品牌。同时，支持符合条件的龙头企业上市融资、发行债券、在境外发行股票并上市，增强企业发展实力，形成具有国际影响的品牌。

七、加大宣传指导

政府、企业协会与竹业企业联合，充分利用多种宣传渠道，形成产业影响力。由政府组织开展多种形式的竹产品公益广告以及竹产业文化宣传，打造"网上竹产业"信息平台，编著一些"竹农""竹企业""竹产品"的特色刊物。同时开展以竹会友活动，组织开展国际国内的竹产业主题展览以及竹产品交流会，建立以"竹"为主题的社交网站，增进信息的交流，促进竹加工培育技术在各企业以及大众中的传播。同时对企业人员以及竹农进行技术培训，技术指导。实施地方特色产品及品牌发展战略，组建战略联盟，统一对外宣传，以提升泸州市竹产业的品牌影响力。

第三章　泸州市绿色蔬菜产业发展专项规划

第一节　产业发展基础与现状分析

一、国内蔬菜产业发展现状

随着工业化、城镇化的快速推进，以及交通运输状况的改善和全国鲜活农产品"绿色通道"的开通，我国已形成华南与西南热区冬春蔬菜、长江流域冬春蔬菜、黄土高原夏秋蔬菜、云贵高原夏秋蔬菜、北部高纬度夏秋蔬菜、黄淮海与环渤海设施蔬菜六大优势区域，呈现栽培品种互补、上市档期不同、区域协调发展的格局，有效缓解了淡季蔬菜供求矛盾，为保障全国蔬菜均衡供应发挥了重要作用。2013 年我国蔬菜播种面积 3.08 亿亩，比 2012 年增加约 2.7%；总产量约 7.24 亿吨，比 2012 年增加约 3.4%；总产值约 1.3 万亿元，已经超过粮食作物总产值。

我国蔬菜加工产业发展迅速，特色优势明显，促进了出口贸易。据农业部不完全统计，全国蔬菜加工规模企业 1 万多家，年产量 4 500 万吨，消耗鲜菜原料 9 200 万吨，加工率达到 14.9%，特别是番茄、脱水食用菌，均居世界第一位。我国流通市场体系不断完善，大市场大流通格局逐步形成，经营蔬菜的农产品批发市场 2 000 余家，农贸市场 2 万余家，70%蔬菜经批发市场销售，在零售环节经农贸市场销售的占 80%，在大中城市经超市销售的占 15%。蔬菜产业已成为我国农业和农村经济发展的重要支柱产业，在农民增收、农村发展、城乡就业以及对外贸易平衡方面具有不可替代的作用。

二、四川省蔬菜产业发展态势

四川省蔬菜播种面积稳步增长，2013 年达到 1 914.0 万亩，蔬菜总产量达到 3 910.7 万吨，总产值（包括食用菌）突破了 1 千亿大关，成为四川农业名副其实的第一大产业。全省已形成川南加工外销蔬菜基地（泸州）、攀西早市蔬菜基地、川南早春蔬菜基地（泸州）、川东北特色蔬菜基地和川藏高原秋淡蔬菜基地五大主产区，产业集中度达 80%。全省已创建了 69 个国家级园艺作物（蔬菜、食用菌）标准园和143个蔬菜万亩核心示范区（其中泸州有19个），使蔬菜综合生产能力、质量安全水平和效益明显提高。"四川泡菜"已经成为全国首个省级泡菜区域品牌，四川泡菜产业总产值已突破了180亿元，实现了产品附加值提升，带动了100万亩泡菜原料基地规模化、标准化的发展，实现了农民增收。

三、泸州市蔬菜产业发展态势

泸州为四川省川南早春蔬菜和加工外销重要基地，蔬菜产业已经成为泸州市农村经济发展的重要产业和农民增收致富的支柱产业，产值仅次于粮食，居各类经济作物之首。

（一）蔬菜产业增速较快

2013年，泸州市蔬菜种植面积达91.7万亩，占全省的4.8%；总产量达203.4万吨，占全省5.2%；总产值达到46.6亿元，占全省总产值（969亿元）的4.8%。与全省蔬菜产业比较，泸州市蔬菜种植面积发展速度较快，2012年和2013年分别比上一年增加了6.1%和5.8%，高于全省3.0%和2.4%；蔬菜产量2012年和2013年分别比上一年增加了11.9%和10.0%，显著高于全省4.9%和3.9%（图3-1）。

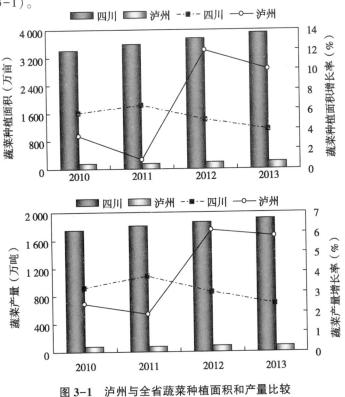

图3-1　泸州与全省蔬菜种植面积和产量比较

(二) 示范区和基地逐步建成

泸州市已打造了 19 个现代蔬菜产业示范区，其中江阳区被农业部命名为 "国家现代农业示范区"，江阳区和合江县是全国 580 个蔬菜产业发展重点县之一。建成了 8 个全国园艺作物标准园，通过了无公害整体认证；形成了一批规模化、标准化的特色蔬菜基地，如江阳、泸县、合江等沿江早菜基地、龙马潭区特兴镇等特色蔬菜基地；纳溪区新乐镇、白节镇、棉花坡镇等蔬菜产业带，叙永县、古蔺县高山蔬菜和食用菌基地。其中，泸州市银桩农业有限公司已成功申报了 2 100 余亩有机蔬菜基地。

泸州与全省蔬菜种植面积和产量比较如图 3-1 所示。

(三) 产业布局已成雏形

泸州市按照因地制宜、突出特色、统一规划、区域布局的原则，初步建成了沿长江和沱江春提早秋延后蔬菜种植区，涉及江阳区、龙马潭区、纳溪区、泸县、合江县，产品多外销；丘陵特色和加工蔬菜种植区，涉及江阳区、龙马潭区、纳溪区、泸县、合江县，产品主要满足泸州主城供应和区县城市供给；高山错季蔬菜种植区，涉及合江县、叙永县、古蔺县，主要调剂城区冬春季市场平衡供给。蔬菜播种面积排列前三分别是叙永县 (18.86 万亩)、泸县 (17.00 万亩) 和合江县 (15.43 万亩)，而蔬菜产量排列在前三的分别是泸县 (57.56 万吨)、江阳区 (36.14 万吨) 和合江县 (32.75 万吨)，表 3-1 是 2013 年泸州市各区县蔬菜作物播种面积、产量和产值。近两年蔬菜播种面积和产量增速最快的是泸县 (播种面积比 2011 年增加了 61.2%，产量增加了 68.0%)，其他区县增速相对平稳。

表 3-1　2013 年泸州市各区县蔬菜作物播种面积、产量和产值

区 (县)	播种面积 (万亩)	产量 (万吨)	产值 (亿元)	分布主要乡镇
江阳区	14.92	36.14	9.92	华阳、况场、分水岭、弥陀、通滩、方山、江北、石寨、黄舣、泰安、丹林
纳溪区	11.00	20.92	4.46	棉花坡、新乐、大渡口、护国、上马、丰乐、白节、龙车、天仙、合面
龙马潭区	4.83	9.16	2.37	特兴、胡市、金龙、石洞、双加、长安、安宁、鱼塘、罗汉
泸县	17.00	57.56	12.06	福集、得胜、牛滩、海潮、太伏、嘉明、兆雅、方洞、玄滩、奇峰、喻寺
合江县	15.43	32.75	7.55	大桥、密溪、合江、榕山、虎头、白鹿、先市、佛荫、自怀、福宝
叙永县	18.86	18.16	5.03	营山、麻城、分水、龙凤、叙永、两河
古蔺县	9.54	28.75	5.23	古蔺、永乐、太平、二郎、护家、观文、双沙、德跃、石屏、大寨
合计	91.65	203.43	46.62	

（四）经营主体带动能力逐渐增强

龙头企业、专业合作社、家庭农场以及种植大户成为现代蔬菜产业发展重要组织，也是未来蔬菜产业发展的主要角色和重要力量。江阳区通过以奖代补政策，重点发展龙头企业和专合社，积极培育产业经纪人，引领示范带动能力强的龙头企业达到15个，建成菜篮子便民店13个，蔬菜直销车3台，形成了"专合社+基地+农户""超市+专合社+农户""龙头企业+专合社+基地+农户""便民店+专合社+农户"等模式，订单覆盖面达到70%，订单销售量达到60%，专合社示范带动农户面达到35%，龙头企业带动农户面达到65%。

（五）加工和物流初具规模

加工是蔬菜产业的延伸，实现原材料附加值提升，同时对调剂蔬菜市场供需起着重要的平衡作用。泸州市现有蔬菜加工企业18家，年加工蔬菜能力20万余吨，加工产品包括辣椒、竹笋、酸菜、大头菜、芽菜等。泸州市有大型蔬菜批发市场2家，全市蔬菜外销量接近30%，辐射川、滇、黔、渝、江、浙、陕等40个县市，成为西南地区四省市结合部的蔬菜集散中心。依托龙头企业、专合社或蔬菜产业经纪人等主体，与农贸市场、超市、宾馆、酒店和社区对接，大力推行"农改超"，建立大型社区蔬菜零售网络和便利店，开展蔬菜产品配送服务。

四、泸州市蔬菜产业存在的主要问题

泸州蔬菜产业虽然取得了显著成效，但仍存在一些突出问题。

（一）组织化程度低

泸州南部多为山地，北部多为丘陵，连片规模化土地较少，一定程度上限制了土地流转，制约了蔬菜规模和发展，导致泸州市蔬菜产业组织化程度不高，产品没能形成规模、批量，缺乏有市场竞争力的产品和品牌。

（二）基础设施滞后

农业基础设施落后的现状还没有得到根本性的改变，特别是交通、水利条件，抗灾减灾能力较弱。叙永和古蔺山区部分高山蔬菜基地由于交通不便，信息不畅，运输成本远高于其他地区，造成"卖菜难"。

（三）从业人员紧缺

农村青壮年大量外出打工，未外出的也不愿从事农业，产生了未来"谁来种地"的社会化问题。目前从事蔬菜工作的大多为老龄化、女性化，文化程度低、科技素质差，主要靠经验从事农业生产，缺乏市场意识。另外，农业生产一线缺乏技术人员，专业技术服务队伍不健全，这一定程度上影响了大型企业的进入和规模的扩大。

（四）基地稳定性不强

市场价格波动加剧导致新基地规模变化较大，市场行情好时农户就"跟风"发展，而市场行情差时面积则快速削减。另外，病虫害的发生导致一些基地难以持续发展，如龙马潭区特兴镇的生姜基地由于姜瘟病发生，原有基地必须转移。叙永县魔芋种植面积 1.12 万亩，由于传染性病害和市场等原因的影响已陷入萎缩、停顿。

（五）加工龙头企业带动性不强

蔬菜贮藏、保鲜和加工技术落后，加工能力不强，产业链短，规模小，初加工多，精加工少，大路产品多，名优特产品少。特别是缺少规模大、带动能力强的大型龙头企业。

（六）产品竞争力不强

泸州蔬菜的生产、流通仍处于粗放型发展阶段，蔬菜生产的质量和效益不高。大宗菜、低档菜品种面积仍然较大，而名特优新品种、高档精细菜面积小，质量优势和规模优势覆盖面较小，缺乏有优势品牌，市场竞争力不强。

第二节 产业发展优势分析

一、产业市场供需分析

（一）需求分析

当前国内正处于经济水平提升、人口增长、耕地减少、产能有限、需求增长的中转型升级期，互联网时代发展的"下半场"主角就是消费者，国内外市场无论是对农产品产量还是质量均提出了新的要求，特别是消费者对"三品"（无公害农产品、绿色食品、有机食品）、"名奇特新"产品的需求不断增加，为泸州市发展优质、绿色、高效、安全蔬菜产品提供了难得的市场机遇。

泸州城区面积由 2000 年 80 平方千米，规划到 2015 年扩展为 100 平方千米，2020 年扩展为 150 平方千米，城区人口从 2000 年的 27 万人，规划到 2015 年增加到 120 万人，2020 年增加到 150 万人。城区面积的扩大，使原来农村人口转变为城市人口，原来的城市近郊蔬菜基地面积不断减少，而消费蔬菜的人口却在增加，对蔬菜产品的需求明显增加。随着长江经济带和成渝经济区发展加速，成都、重庆都是西南最重要的大都市，人口上千万，蔬菜的消费量巨大。

（二）供给需求

近两年泸州市蔬菜播种面积和产量较全省增长较快，2013 年泸州市蔬菜播种面积和产量分别是 91.6 万亩和 203.4 万吨，不仅满足了本市人口的需求，而且有30%外调其他城市。通过本规划的实施，到2016年，全市蔬菜种植面积达到100万亩，其中，产业基地面积达到41万亩，总产量达到240万吨。到2020年，全市蔬菜种植面积达到115万亩，其中产业基地面积达到50万亩，总产量275万吨。

二、竞争力分析

（一）区位优势突出

泸州地处四川盆地南缘，东邻重庆、贵州，南界贵州、云南，西连四川宜宾、自贡，北接重庆、四川内江。市内交通发达，宜泸渝高速公路、川黔高速公路、成自泸赤高速公路、纳叙铁路等全面贯通，逐步构建起贯通南北、连接东西、通江达海的交通大动脉，从而确立泸州在川滇黔渝四省市结合部的交通枢纽地位。扼长江、沱江咽喉，控云、贵、川、渝要冲，为四川出海通道和长江上游重要港口，距四川省会成都256千米，距重庆市135千米，是川、滇、黔、渝四省市结合部的商贸中心和重要物资集散地。

（二）自然条件多样化

泸州地处四川盆地与云贵高原过渡带，属四川盆地准南亚热带湿润季风气候，四季分明，冬无严寒、夏季湿热。土壤以紫色母岩风化发育为主，土质肥沃，适宜多种蔬菜作物生长。由北向南呈浅丘、深丘、低山地貌，形成了不同区域小气候，雨量分布不均，可以发展不同类型和不同种植模式的蔬菜、食用菌，满足市场多样化需求。

（三）基地初具规模

在蔬菜产业发展中，泸州市以标准示范园创建为中心，突出春提早秋延后蔬菜、山区蔬菜、特色蔬菜、加工蔬菜及食用菌优势，不断扩大专业化、标准化蔬菜基地建设。在各大菜区建设了一批重点标准化示范基地，为进一步打造泸州市精品菜园和高档食用菌奠定了基础。

（四）市场需求旺盛

泸州城区不断扩大，市区人口增加，随着长江经济带和成渝经济区的发展必然会吸纳更多人口，市场蔬菜需求量会显著增加。泸州作为长江经济带和成渝经济区发展的重要港口城市，所面临的市场需求更大。互联网时代的发展使得产品供应与消费者之间时空距离大为缩短，"顺丰优选"能做到生鲜农产品24小时到达客户，但优质农产品选择和采购成为其快速发展的一个重要问题。

（五）技术支撑强劲

泸州市蔬菜科技推广工作以试验示范为手段，推广为目的，重点实施了"三新"工程，在蔬菜新品种新技术新材料引进、示范推广、地方优良品种提纯复壮及技术培训等方面取得显著成效。开展以设施蔬菜优质高效栽培等为主的无公害蔬菜生产关键技术的培训、推广工作。一批"两高一优"蔬菜栽培技术和栽培模式得以推广应用。同时，泸州蔬菜产业发展有四川农业大学、四川省农科院、成都市农科院、西南大学、重庆市农科院以及国家现代农业产业体系建设四川创新团队蔬菜岗位专家等作坚强的技术后盾。

三、主导产品市场定位

长江经济带和成渝经济区以及互联网时代的发展对泸州蔬菜产业发展提出了新的要求，同时也带来新的契机。根据现有产业基础，重点打造沿江精品早春蔬菜生产区、稳步发展丘陵精细特色蔬菜和加工蔬菜生产区、扩大山区绿色蔬菜和食用菌生产区。

（一）沿江精品早春蔬菜生产区

重点发展长江和沱江两岸的消落地和河坝冲积地，适度发展设施蔬菜，主抓"春提早秋延后"，打造精品"菜篮子"。重点安排熟期早、生育期短、商品性好、品质优、产量高、耐贮运的茄果类、瓜类、豆类以及速生叶菜类，满足长江经济带和成渝经济圈城市发展早春及夏季蔬菜市场供应需求。

（二）丘陵精细特色蔬菜生产区

重点发展浅丘平坝乡镇，推广无公害蔬菜规模化种植技术，发展茄果类、瓜类、根菜类、薯芋类、葱蒜类、叶菜类以及水生蔬菜等多样化蔬菜品种。重点满足泸州主城供应和区、县城市供给需求，同时满足周边城区周年均衡供应需求。

（三）山区优质蔬菜生产区

以合江、叙永和古蔺海拔800米以上的适宜种植蔬菜的山区乡镇为主。重点发展夏季绿色叶菜类、瓜类（冬瓜）、茄果类（辣椒、茄子、番茄）、萝卜、莴笋、甘蓝等蔬菜，重点解决城区及周边地区伏缺需求，以及城市发展的后备"菜篮子"，同时可发展高端优质产品，满足国内大中城市高档市场以及互联网时代发展需求，也将作为美丽乡村建设和现代休闲农业发展的重要支撑。

（四）加工蔬菜生产区

发展适度规模的加工蔬菜原料基地，为蔬菜加工企业提供充足的原材料，培育壮大蔬菜加工产业、延长蔬菜产业链、提高产品附加值。主要采用稻菜轮作模式生产，发展规模化、集约化、机械化露地种植。选择根用芥菜（大头菜）、辣椒（泡椒）、豇豆、青菜、甘蓝、萝卜、胡萝卜等加工蔬菜。

（五）食用菌生产区

选择叙永、泸县、纳溪和龙马潭适宜区域，利用其气候冷凉、雨水充足、环境优良，有食用菌种植基础，可以发展高档优质食用菌产品，如黑木耳、香菇以及地方珍稀野生菌等，满足上海、北京、广州、深圳、重庆等大中城市对高档食用菌产品的需求。

第三节　发展思路与目标

一、发展思路

以项目为抓手，以科技服务为支撑，以基地建设为对象，以产品质量为保证，以市场开拓为动力，重点打造"泸州长江大地菜"品牌，加快现代蔬菜产业建设，培育新型产业综合体，促进农民增收，确保长江经济带和成渝经济区"菜篮子"的需求，成为美丽乡村建设和现代休闲农业发展的重要支撑，努力推进泸州农业农村经济跨越式发展。

（一）做强精品

长江经济带和成渝经济区的发展必然对蔬菜品质提出更高要求，泸州必须抓住这一契机，在适宜地区发展绿色生态蔬菜、食用菌产品，以及"新、奇、特、名、优"产品。利用沿江地区的消落地光照强，土壤病原菌少，丘陵山区天然的优势生态条件，结合美丽乡村和现代休闲农业的发展，打造一批具有区域竞争力、绿色生态蔬菜和食用菌产品，实现泸州"菜篮子"工程精品化、品牌化高效化目标。

（二）创新思路

规模小、组织分散、品牌影响力小，成为泸州蔬菜产业做强做大的重要制约因素。必须加大对农业产业化龙头企业、农民专合社的引进、扶持、培育力度，积极稳妥推进农村土地流转和适度规模经营，用新思路、新机制拓宽蔬菜产业发展道路，实现产品多样化、精品化、加工化，满足不同层次市场需求，确保龙头企业、专合社以及种植大户的收益，实现农民稳步增收。

二、发展目标

（一）总体目标

围绕泸州市"建设现代特色精品农业强市"的目标，以标准园和示范区建设为中心，加强技术引进和技术攻关，突出春提早秋延后、山区绿色蔬菜优势，探索沿江丘陵山区发展规模化、集约化、循环友好型的新型生产模式。建立蔬菜产业标准化生产体系和产品质量安全监管体系，推进蔬菜产品质量安全基地准出和市场准入。积极开展无公害农产品、绿色食品、有机食品和地理标志产品认证工作，到 2025 年实现绿色基地认证占 20%，绿色和有机产品认证 20 个，地理标志产品认证 6 个。积极培育具有国内市场影响力的龙头企业 5~10 家，做大做强泸州"长江大地菜"品牌，打造泸州"菜篮子"精品化，实现泸州蔬菜产业"全省领先""川南典范""中国知名"的目标。

（二）阶段目标

2016 年全市蔬菜种植面积达到 100 万亩，其中，产业基地面积达到 41 万亩，产量达到 240 万吨，实现产值 60 亿元。发展食用菌生产 3 850 万袋，实现产值 2.7 亿元。重点打造 2 个万亩现代蔬菜示范区和标准园，建立适合丘陵、山区蔬菜产业发展的特有模式，推进蔬菜产品质量安全监管体系、主要蔬菜作物生产标准体系、产品检验检测体系建设。获得绿色和有机产品认证各 3 个，地理标志认证 2 个。扶持 5~6 家现代蔬菜种植企业，引进和培育 20 家蔬菜加工企业，蔬菜加工率达到 15% 以上。加强全市蔬菜市场流通设施和流通体系建设，做响泸州"长江大地菜"品牌，实现泸州蔬菜产业"全省领先"。

2020 年全市蔬菜种植面积达到 115 万亩，其中，产业基地面积达到 50 万亩，产量达到 275 万吨，实现产值 75 亿元。发展食用菌生产 6 400 万袋，实现产值 4.5 亿元。再打造 2 个现代蔬菜标准园，全面推进蔬菜产品质量安全监管体系、主要蔬菜作物生产标准体系、产品检验检测体系，覆盖率达到 100% 以上，实现全市蔬菜基地绿色认证 15%，有机基地认证占 5%，申请绿色和有机产品认证各 3 个，地理标志产品认证 2 个。组建泸州市蔬菜种植企业联盟，做大泸州"长江大地菜"品牌。培育有市场影响力的 7~8 家现代蔬菜种植企业，培育年加工蔬菜 20 万吨的加工龙头企业 3~5 家，蔬菜加工率达到 20%。完善全市蔬菜市场流通设施和体系建设，实现产地到市场、市场到餐桌无缝对接，成为现代蔬菜产业"川南典范"。

2025 年全市蔬菜种植面积达到 130 万亩，其中，产业基地达到 55 万亩，产量达到 300 万吨。重点提升全市蔬菜产品品质和效益，大力发展蔬菜加工业，延长产业链，实现总产值 100 亿元。发展食用菌生产 1 亿袋，实现产值 7 亿元。重点打造现代精品菜园，全面推广蔬菜标准化生产体系，全面实现蔬菜产品质量安全监管体系、产品检验检测和追溯体系，实现全市蔬菜基地绿色认证 20%，有机认证达到 10%。申请绿色和有机产品认证各 4 个，地理标识产品认证 2 个。培育有市场影响力的现代蔬菜种植企业 10 家，培育年加工蔬菜 50 万吨的加工龙头企业 1~2 家，蔬菜加工率达到 25%。实现泸州蔬菜产业产、供、加、销全产业链发展，建成泸州"长江大地菜"品牌全国知名。蔬菜产业发展目标详见表 3-2。

表 3-2　蔬菜产业发展目标

区（县）	发展指标	2014—2016 年			2017—2020 年				2021—2025 年
		2014	2015	2016	2017	2018	2019	2020	
江阳区	种植面积（万亩）	15.80	16.90	18.45	18.45	18.45	18.45	18.45	18.45
	产量（万吨）	38.30	40.45	42.65	43.00	43.30	43.60	44.00	44.00
	产值（亿元）	10.30	11.25	12.00	12.72	13.30	14.96	14.50	16.50
龙马潭区	种植面积（万亩）	4.60	4.50	4.20	4.20	4.20	4.10	4.10	4.00
	产量（万吨）	9.00	8.90	8.80	8.90	8.90	9.00	9.00	9.00
	食用菌（万袋）	100	200	250	300	330	370	400	500
	产值（亿元）	2.60	2.80	3.00	3.20	3.30	3.40	3.50	4.00
纳溪区	种植面积（万亩）	11.00	10.80	10.50	10.20	10.50	10.70	11.00	11.00
	产量（万吨）	22.50	23.40	24.27	24.70	25.20	25.70	26.00	26.00
	食用菌（万袋）	100	200	300	350	400	450	500	1 000
	产值（亿元）	4.80	5.20	5.50	5.50	5.80	6.00	6.50	8.00
泸县	种植面积（万亩）	18.00	19.00	20.00	21.00	22.50	23.50	25.00	29.00
	产量（万吨）	61.80	65.60	69.07	72.52	75.14	78.89	81.50	92.00
	食用菌（万袋）	300	500	800	900	1 100	1 300	1 500	3 000
	产值（亿元）	12.58	13.25	14.00	14.75	15.50	16.30	17.00	23.00
合江县	种植面积（万亩）	15.95	16.47	17.00	18.12	19.22	20.35	21.50	29.00
	产量（万吨）	34.70	36.80	39.30	41.27	43.22	45.19	47.16	54.20
	产值（亿元）	8.65	9.80	11.00	12.00	13.00	14.00	15.00	23.00
叙永县	种植面积（万亩）	19.24	19.62	20.00	20.50	21.00	21.50	22.00	24.00
	产量（万吨）	19.25	20.40	22.15	23.49	24.81	26.14	27.50	32.45
	食用菌（万袋）	1 500	2 000	2 500	2 800	3 200	3 600	4 000	5 500
	产值（亿元）	5.85	6.67	7.50	8.28	9.06	9.83	10.60	14.50
古蔺县	种植面积（万亩）	9.70	9.80	10.00	10.75	11.50	12.25	13.00	15.00
	产量（万吨）	30.48	32.30	33.93	35.44	36.94	38.45	40.03	42.80
	产值（亿元）	5.80	6.40	7.00	7.30	7.60	7.90	8.30	11.00
合计	种植面积（万亩）	94.29	97.09	100.15	103.22	107.37	110.85	115.05	130.45
	产量（万吨）	216.03	227.85	240.17	249.32	257.51	266.97	275.19	300.45
	食用菌（万袋）	2 000	2 900	3 850	4 350	5 030	5 720	6 400	10 000
	产值（亿元）	50.58	55.37	60.00	63.75	67.56	72.39	75.40	100.00

第四节　产业区域布局

根据泸州交通、水源、地势、土壤类型、产业基础、生产力水平、劳动力资源状况等综合因素，结合城市总体发展规划，按照环境友好型、资源节约型、生态安全型发展理念，着力打造沿江精品早春蔬菜基地、丘陵精细蔬菜基地、山区绿色蔬菜生产基地、加工蔬菜基地以及食用菌生产基地。

一、沿江精品早春蔬菜基地

以长江、沱江、赤水河及其支流沿岸乡镇的消落地和河坝冲积地为核心发展沿江精品春提早秋延后蔬菜基地，图3-2是合江县九支镇消落地（左）和河坝冲积地（右）。布局在江阳区的华阳、方山、况场、江北、通滩、泰安、黄舣、弥陀等街道和乡镇；龙马潭区的特兴、金龙、胡市、长安等镇；纳溪区新乐、大渡口镇；泸县的太伏、兆雅、海潮、牛滩等乡镇；合江县的合江、大桥、先市、实录、九支、白米、白沙、榕山、白鹿等乡镇。沿江精品春提早蔬菜基地规划布局和规模见表3-3。

图3-2 合江县九支镇消落地（左）和河坝冲积地（右）

表3-3 沿江精品春提早蔬菜基地规划布局和规模 （单位：万亩）

区（县）	主要乡镇	2016年	2020年	2025年
江阳区	华阳、方山、况场、江北、通滩、黄舣、弥陀	4.68	4.68	4.68
龙马潭区	特兴、金龙、胡市、长安	0.5	1.0	1.0
纳溪区	新乐、大渡口	1.5	1.5	1.5
泸县	太伏、兆雅、海潮、潮河	2	2	2
合江县	合江、大桥、先市、实录、九支、白米、白沙、榕山、白鹿	4	5	7

二、丘陵精细特色蔬菜生产基地

以浅丘平坝骨干公路沿线的粮菜混种区乡镇建立丘陵精细特色蔬菜种植基地。主要布局在江阳区的分水岭、黄舣、弥陀、通滩、方山、江北、泰安、石寨、况场等镇以及江阳区大佛岩蔬果专业合作社。江阳区大佛岩蔬果专业合作社如图3-3所示。布局主要在龙马潭区的特兴、长安、石洞、金龙、双加等镇；纳溪区的天仙、白节、丰乐、龙车、护国等镇；泸县的得胜、太伏、兆雅、云锦、福集、嘉明、方洞、云龙、立石、奇峰、毗卢、牛滩、潮河、天兴等镇；合江县的密溪、大桥、先市、虎头、白米、白鹿等镇，见表3-4。

图3-3　江阳区大佛岩蔬果专业合作社

表3-4　丘陵精细特色蔬菜生产基地规划布局和规模　（单位：万亩）

区（县）	主要乡镇	2016年	2020年	2025年
江阳区	分水岭、黄舣、弥陀、通滩、方山、江北、泰安、石寨、况场	12.02	12.02	12.02
龙马潭区	特兴、长安、石洞、金龙、双加	3.0	3.0	3.0
纳溪区	天仙、白节、丰乐、龙车、护国	1.5	2.0	3.0
泸县	得胜、云锦、福集、嘉明、方洞、云龙、立石、奇峰、牛滩、玄滩、喻寺、玉蟾	16	20	23
合江县	密溪、大桥、先市、虎头、白米、白鹿	8	10	15

三、山区优质蔬菜生产基地

以合江、叙永和古蔺海拔800米以上的山区适宜种植蔬菜的乡镇为重点，主要布局在合江县的福宝和自怀镇；叙永县的麻城、营山、合乐、叙永、正东、摩尼、分水岭、黄坭、观兴、枧槽、兴隆等乡镇，叙永县麻城乡麻城村番茄种植基地和营山乡金沙村大白菜种植基地，图3-4是叙永县麻城乡麻城村番茄种植基地和营山乡金沙村大白菜种植基地。主要布局在古蔺县的古蔺、东新、护家、鱼化、双沙、箭竹、丹桂、大寨、大村等乡镇，见表3-5。

表3-5　山区优质蔬菜生产基地规划布局和规模　（单位：万亩）

区（县）	主要乡镇	2016年	2020年	2025年
合江县	福宝、自怀	2	4	4
叙永县	麻城、营山、合乐、叙永、正东、摩尼、分水、黄坭、观兴、枧槽、兴隆	8	9	10
古蔺县	古蔺、东新、护家、鱼化、双沙、箭竹、丹桂、大寨、大村	8	10	12

图 3-4　叙永县麻城乡麻城村番茄种植基地和营山乡金沙村大白菜种植基地

四、加工蔬菜生产基地

加工蔬菜种植基地主要安排在浅丘平坝骨干公路沿线的粮菜混种区乡镇，适合一定规模化、集约化、机械化发展，可以作为长期核心加工蔬菜供应基地，培育蔬菜加工企业稳步增长。另外还可以选择山区交通便捷的乡镇发展山区错季加工蔬菜生产基地。布局在江阳区的分水岭、况场、泰安、江北、方山、通滩、丹林、石寨等；纳溪区的白节和丰乐镇；泸县的嘉明、太伏、兆雅、云锦、牛滩、得胜、云龙、喻寺等乡镇；合江县的大桥、先市、九支、白鹿等乡镇；叙永县的麻城、摩尼、营山、观兴、江门、马岭等乡镇，加工蔬菜生产基地规划布局和规模见表 3-6。

表 3-6　加工蔬菜生产基地规划布局和规模　　　　（单位：万亩）

区（县）	主要乡镇	2016 年	2020 年	2025 年
江阳区	分水岭、况场、泰安、江北、方山、通滩、丹林、石寨等	1.75	1.75	1.75
纳溪区	白节、丰乐	0.2	0.5	1
泸县	嘉明、太伏、兆雅、云锦、牛滩、得胜、云龙、喻寺	2	3	4
合江县	大桥、先市、九支、白鹿	1	2	3
叙永县	麻城、摩尼、营山、观兴、江门、马岭	2	3	4

五、食用菌生产基地

以叙永、泸县、纳溪和龙马潭区具有温和气候条件以及丰富原料资源的区域，建设食用菌生产基地。具体分布在叙永县的叙永镇和麻城乡，图 3-5 是叙永县麻城乡蜀山生态食用菌种植专业合作社。泸县的嘉明、喻寺、福集、云龙、玄滩等乡镇；纳溪区的大渡口、合面、上马、打古、白节等镇；龙马潭区的安宁、胡市、石洞、双加、特兴、长安等镇，食用菌生产基地规划布局和规模见表 3-7。

图 3-5　叙永县麻城乡蜀山生态食用菌种植专业合作社

表 3-7　食用菌生产基地规划布局和规模　　　　　　（单位：万袋）

区（县）	主要乡镇	2016 年	2020 年	2025 年
叙永县	叙永、麻城	2 500	4 000	5 000
泸县	嘉明、喻寺、福集、天兴、潮河、云龙、玄滩	800	1 500	3 000
纳溪区	大渡口、合面、护国、上马、打古、白节、丰乐	300	500	1 000
龙马潭区	安宁、胡市、石洞、双加、特兴、长安	250	400	400

第五节　主要发展任务

泸州蔬菜产业发展的主要任务是构建好五大体系，即现代蔬菜产业科技示范及标准化生产体系、蔬菜产品质量安全检验和追溯体系、现代农业市场信息和经营管理体系、蔬菜产品物流和加工体系、蔬菜产业友好循环型生产体系，成为四川现代蔬菜产业的"川南典范"。

一、现代蔬菜产业科技示范及标准化生产体系

立足泸州市蔬菜产业基础和自然生态特点，以农民持续增收为目标，以科技创新和转变发展方式为支撑，重点打造万亩现代蔬菜产业示范区，建设规模化、长期稳定的商品化蔬菜产业核心基地。大力开展新品种、新技术、新模式、新机制"四新"示范，强力推行标准化生产体系，推进绿色蔬菜产业工程和新型产业综合体发展，努力打造"川南典范"。

二、蔬菜产品质量安全检验和追溯体系

贯彻落实《农产品质量安全法》和《四川省〈中华人民共和国农业产品质量安全法〉实施办法》，坚持"政府推动、抓大促小、控制源头、综合监管"的原则，加强监管体系和检测体系建设，强化农产品质量安全监管工作。建立农产品生产档案和投入品使用记录，实行农产品从生产到销售终端全程质量安全监控和可追溯制度，实行农产品包装和标识制度，加快推进农产品市场准入制度建设，建立农产品质量安全监管长效机制。实现"政府管好产品"保证质量的目标。

三、现代农业市场信息平台及经营管理体系

引入联想佳沃、顺丰优选、广东海大等农业大型企业，共同建设泸州市农业市场信息平台，为主要蔬菜基地、流通市场提供生产、销售等基本信息。加快培育和发展一批带动性强的农民专合社示范社。加快专合社辅导员队伍建设，提高农业经营的组织化程度。鼓励农民专合社开展信用合作，推动专合社之间联合与合作，建立产业联盟，提高生产经营水平和市场开拓能力。积极组织参加农交会、西博会、全国有机食品（绿色食品）博览会、四川优质特色农产品北京展示展销会等重大农产品推荐、交易和展示展销活动，把产品推向阿里巴巴、京东、1号店等互联网平台，提升泸州"长江大地菜"品牌知名度，增强市场竞争能力，实现"企业做好市场"开发增效的目标。

四、建立蔬菜产品物流和加工体系

引入顺丰优选等大型涉农企业，推进全市农产品市场体系建设，培育市场营销主体，建立健全以批发市场为骨干、农贸市场为基础、农产品直销店、食品超市、连锁超市为补充、农民专合社和农民经纪人参与的农产品市场流通体系，形成产、供、销紧密联结的农业产业链。深入开展农超对接、农校对接、农企对接，鼓励农民专合社与学校、酒店、大企业等最终用户产销衔接。加快建设农业产品加工园区，扶持龙头企业、农民专合社农产品仓储、冷藏、初加工、深加工等设施建设，重点培育一批辐射带动能力强、成长性好、与农户利益联结紧密的加工龙头企业实现全市蔬菜加工率达到20%的目标。

五、建立蔬菜产业循环友好型生产体系

泸州是长江、沱江、赤水河等水系重要区段，而蔬菜产业又是化肥、农药高消费产业，必须建立循环友好型生产体系，特别是沿江精品早春蔬菜产地。大力推广轻简节约型技术，推广以生物防治和物理防治为重点的绿色防控技术措施，

确保农产品质量安全和农业生态安全。抓好蔬菜废弃物无害化、资源化、循环化利用，减少病虫害的传播，建设一批绿色产品标准化板块基地和原料加工基地，认证一批有市场竞争力的"三品一标"产品。同时，快速的城镇化发展导致众多消费者失去了对农产品生产艰难的概念，可以借助互联网时代开发蔬菜生产视频终端，提升消费者、种植者的环保理念，特别是投入品、废弃物等处理，同时实现消费者的食物权利化（人本化）。

第六节 重点建设项目

一、沿江精品早春蔬菜基地建设

（一）实施地点

江阳区华阳、方山、况场、江北、通滩、黄舣、弥陀等的适宜村社。龙马潭区特兴、金龙、胡市、长安等乡镇的适宜村社。纳溪区新乐、大渡口的适宜村社。泸县太伏、兆雅、海潮、牛滩等乡镇的适宜村社。合江县的合江、大桥、先市、实录、九支、白米、白沙、榕山、白鹿等乡镇的适宜村社。

（二）建设内容与规模

沿江精品春提早蔬菜基地主要在长江、沱江、赤水河及其支流沿岸的消落地和河坝冲积地，不同地域因地制宜，可以发展露地精品蔬菜和设施精品蔬菜。其中设施包括地膜、小拱棚（临时）、简易竹木大棚（临时）和钢架大棚等。2016年全市发展沿江精品蔬菜 12.68 万亩，其中，设施栽培面积 7.4 万亩；2020 年全市发展 14.18 万亩，其中设施栽培面积 9.3 万亩；2025 年发展 16.18 万亩，其中设施栽培面积 11.5 万亩。重点打造合江县大桥沿江精品蔬菜标准园 1 个（1 万亩）。沿江精品春提早蔬菜基地建设规模见表 3-8。

表 3-8 沿江精品春提早蔬菜基地建设规模 （单位：万亩）

区（县）	2016 年		2020 年		2025 年	
	种植面积	设施面积	种植面积	设施面积	种植面积	设施面积
江阳区	4.68	3.5	4.68	3.7	4.68	4
龙马潭区	0.5	0.3	1	0.5	1	0.5
纳溪区	1.5	0.3	1.5	0.5	1.5	1
泸县	2	0.3	2	0.6	2	1
合江县	4	3	5	4	7	5
小计	16.68	7.4	20.18	9.3	22.18	11.5

1. 合江县大桥沿江精品早春蔬菜标准园建设

大桥镇地处合江县与江阳区的结合部，距合江县城 19 千米，距泸州城区 37 千米，距宜泸渝高速公路佛荫互通出口 400 米，泸合路过境 2.5 千米，境内有长江岸线 22.5 千米，拥有全国露地蔬菜标准园以及"大桥无公害蔬菜"知名品牌。将其重点打造成为沿江精品早春蔬菜标准园。围绕适合沿江消落地和河坝冲积地新品种的引进与示范、优质种苗培育技术、精量施肥技术、绿色防控技术、水体保护环境友好型技术、绿色有机精品蔬菜种植技术、蔬菜废弃物无害化处理技术、新型蔬菜经营综合体培育等开展。图 3-6 是沿江精品早春蔬菜标准园卫星图。

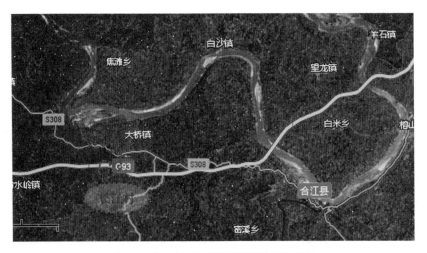

图 3-6　沿江精品早春蔬菜标准园卫星图

2. 沿岸消落地建设

该区域早春温度回升快，光照强，土壤病原少，非常适合打造优质、绿色、安全精品蔬菜。一年可种早春蔬菜 1~2 茬，6 月中旬至 10 月易被江水淹没，不宜建固定设施，可采用地膜临时竹木大棚。主要耕作制度如下。

（1）茄子、辣椒、番茄、黄瓜、菜用玉米+矮生菜豆、速生叶类菜→水淹。

（2）西葫芦、春马铃薯、矮生菜豆及一些速生叶类菜等→水淹。

（3）茄子、辣椒、番茄、黄瓜、菜用玉米+矮生菜豆、速生叶类菜→水淹→秋冬萝卜。

3. 沿岸河坝冲积地建设

该区域比消落地海拔高，地势比较平坦，土壤肥沃，春后地温回升比浅丘平坝区快，一年四季均不被水淹，可以安排种植 2~3 茬。主要耕作制度如下。

（1）番茄、辣椒、四季豆、瓠瓜→秋茄子、四季豆→大葱、萝卜、水果胡萝卜、菠菜、香菜。

（2）瓜类（丝瓜、黄瓜）→秋茄子、四季豆→秋冬菜（甘蓝、芹菜、莴笋）、萝卜、水果胡萝卜、菠菜、香菜。

（3）豆类→番茄、辣椒、茄子→瓜类（丝瓜、黄瓜）→秋冬菜（甘蓝、芹菜、莴笋）、萝卜、水果胡萝卜、菠菜、香菜。

4. 设施蔬菜生产区

适度发展钢架、水泥架、竹木大棚设施栽培，调节蔬菜生产周年供应，以肥水一体化、无公害生产技术为核心，重点生产中高档名特优蔬菜。

（1）标准大棚：热浸镀锌轻钢结构，独栋，宽度 8 米，高 2.7 米，长度根据地形条件 20~50 米。

（2）简易大棚：水泥或竹架结构，独栋，宽度 6（或 8）米，高度 2 米。

设施蔬菜大棚示意图如图 3-7 所示。

图 3-7 设施蔬菜大棚示意图

5. 绿色有机蔬菜生产示范区

主要依托龙头企业和专业合作社开展，以茄果类、瓜类、豆类蔬菜为主，采用有机肥、现代物理农业防治技术、生物防治技术，严格按照绿色有机栽培技术要求进行生产，提升蔬菜产业水平，形成有市场竞争力的品牌产品。2016 年建设规模达到 2 万亩；2020 年建设规模达到 3 万亩。

6. 配套基础设施建设

（1）土地综合整治。推进田网、路网、渠网、林网配套的高标准农田建设，实施土壤有机质提升，大力推广测土配方施肥、秸秆还田、增施有机肥、绿肥翻压等技术培肥土壤，提高土地综合生产能力。图 3-8 是土地综合整治图。

（2）道路设施建设。为便于农用承载车辆及农业机械通行，满足农机作业，要加强机耕道路及生产便道建设。机耕道：设计年限 20 年，改性沥青路面，路宽 4.5 米，底层采用 30 厘米厚天然配级砂石垫层，中间为 20 厘米混凝土稳定砂砾层，面层由 8 厘米粗粒沥青砼和 4 厘米中粒沥青混凝土构成，桥涵通行荷载

图 3-8 土地综合整治

20 吨以上，道路两侧设标准 U 形排水渠。田间道路：净宽 2 米，泥结石路面，厚 15 厘米。生产便道：净宽 1 米，混泥土路面，厚 15 厘米，高出地面 20~30 厘米，填土边坡 1∶1。

（3）水利设施建设。全面整治现有排灌系统，修复完善现有排灌渠系。大力新建蓄水池和提灌站，保证蔬菜产业基地水源。图 3-9 是水利设施建设图。

图 3-9 水利设施建设图

（4）农机装备：发展拖拉机、耕整机、精播机、排灌动力机械、机动喷雾等。发展节水灌溉、农产品初加工动力机械、太阳能杀虫灯等病虫害防治、果蔬保鲜等农业机械。

（三）投资与效益估算

投资主要用于老菜地改造和新基地的建设。2014—2016 年改造老菜地 5 万亩，需要投资 5 000 万元，新建设施基地 2 万亩（单栋大棚和简易大棚为主），需要投资 1.3 亿元，2016 年预计效益达到 11.1 亿元；2017—2020 年新建设施基地 1.9 万亩，需要投资 2.35 亿元，2020 年预计效益达到 14.7 亿元；2021—2025 年新建设施基地 2.2 万亩，需要投资 2.3 亿元，2025 年预计效益达到 17.9 亿元。

（四）建设进度安排

建设项目进度安排见表 3-9。

表 3-9　项目进度安排

序号	项目	2014—2016 年			2017—2020 年			2021—2025 年		
1	沿江精品早春蔬菜标准园		●	●	●	●				
2	设施蔬菜生产区	●	●	●			●		●	●
3	绿色有机蔬菜生产示范区	●	●	●	●			●	●	●
4	配套基础设施建设	●	●	●	●		●	●	●	

二、丘陵精细特色蔬菜生产基地

（一）实施地点

江阳区的分水岭（董允坝万亩示范区）、黄舣（永兴）、弥陀（龙山）、通滩、方山、江北、泰安、石寨、况场等镇的适宜村社。龙马潭区的特兴（走马、展望、石柱湾）、长安（张咀、幸福、慈竹、石榴、长春）、石洞、金龙、胡市、双加等的适宜村社。纳溪区的天仙、白节（高隆、玉水、渔湾、柳林、金田、青风）、丰乐、龙车、护国等的适宜村社。泸县的得胜（官坝、仁和、白象、得胜）、云锦、福集、嘉明、方洞、云龙、立石、奇峰、牛滩、玄滩、喻寺、玉蟾镇等的适宜村社。合江县的密溪、大桥、先市、虎头、白米、白鹿镇等的适宜村社。

（二）建设内容与规模

丘陵精细特色蔬菜种植基地建设重点放在浅丘平坝骨干公路沿线的粮菜混种区。该区域地势相对平坦、土壤肥沃，耕作条件好，蔬菜栽培历史悠久，蔬菜病虫害较少，产量较高，一年可以种植 2～3 茬蔬菜，可以适度发展现代设施栽培以及规模化种植基地。2016 年全市发展丘陵精细蔬菜基地种植面积 40.52 万亩，其中设施栽培面积 4.5 万亩；2020 年全市发展种植面积 47.02 万亩，其中设施栽培面积 9万亩；2025 年发展种植面积 56.02 万亩，其中，设施栽培面积 11 万亩。重点打造江阳区董允坝国家现代农业示范园（1 万亩）、龙马潭区丘陵特色蔬菜标准园（1万亩）和纳溪区丘陵绿色蔬菜标准园（0.5 万亩）。具体见表 3-10。

表 3-10　丘陵精细特色蔬菜生产基地建设规模　　　　　　（单位：万亩）

区（县）	2016 年		2020 年		2025 年	
	种植面积	设施面积	种植面积	设施面积	种植面积	设施面积
江阳区	12.02	2	12.02	4	12.02	4
龙马潭区	3	0.5	3	1	3	1
纳溪区	1.5	0.5	2	1	3	1

（续表）

区（县）	2016 年		2020 年		2025 年	
	种植面积	设施面积	种植面积	设施面积	种植面积	设施面积
泸县	16	0.5	20	1	23	2
合江县	8	1	10	2	15	3
小计	36.52	4.5	41.02	9	50.02	11

1. 江阳区董允坝国家现代农业示范园建设

泸州市江阳区被农业部确定为第二批国家现代农业示范区，以董允坝片区丘陵山脊线为界，山脊线以内为本轮控制性规划范围，面积为 1.31 万亩。该园重点发展绿色有机蔬菜、现代设施蔬菜、蔬菜工厂化育苗、蔬菜废弃物循环利用、蔬菜商品化处理等，打造独特丘陵立体景观蔬菜园、五彩蔬菜景观带，成为观光旅游相结合的"一三产融合"的综合示范区。

2. 龙马潭区丘陵特色蔬菜标准园建设

龙马潭区作为泸州市的主城区，围绕"统筹城乡富民"战略，以农民持续稳定增收为目标，坚持走特色、精品、高效的城郊型现代农业发展之路，着力打造金龙乡金坝丘陵特色蔬菜标准园。依托"小农水"工程基础水利建设，重点发展丘陵立体节水型蔬菜种植技术、绿色有机蔬菜种植技术、蔬菜废弃物循环利用、蔬菜商品化处理技术等。图 3-10 是马潭区丘陵特色蔬菜标准园建设影像图。

3. 纳溪区丘陵绿色蔬菜标准园建设

白节镇位于纳溪区东南 25 千米，常年蔬菜种植面积达 1.1 万余亩，其中，大棚蔬菜 0.3 万亩，年产商品蔬菜 1 500 吨，并获得无公害认证，其中，2010 年玉金蔬菜专合社被评为泸州市示范农民专合社。重点打造丘陵绿色蔬菜标准园，推广水旱轮作种植模式（实现一年三熟），以及蔬菜工厂化育苗、绿色有机蔬菜种植技术、蔬菜废弃物循环利用等。图 3-11 是纳溪区丘陵绿色蔬菜标准园建设影像图。

4. 主要茬口安排

（1）越冬甘蓝（花菜）→茄果类（辣椒、茄子、番茄）→萝卜、胡萝卜。

（2）莴笋→瓜类→芹菜→越冬甘蓝。

（3）豆类→白菜→越冬甘蓝。

（4）瓜类（黄瓜、西葫芦）→水稻→秋莴笋。

（5）茄果类（辣椒、茄子、番茄）→水稻→秋冬甘蓝。

（6）豆类（菜豆）→水稻→秋黄瓜。

图 3-10　马潭区丘陵特色蔬菜标准园建设影像

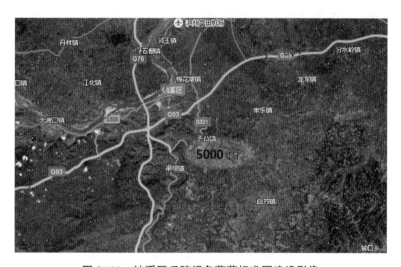

图 3-11　纳溪区丘陵绿色蔬菜标准园建设影像

5. 现代连栋大棚蔬菜生产区

热浸镀锌轻钢结构，单层，每座 6 联栋，设双遮阳系统、防虫网、风机、湿帘和管道热水加热系统。以肥水一体化、无公害生产技术为核心，重点生产中高档名特优蔬菜。建设规模 2016 年达到 5 000 亩；2020 年达到 1 万亩。图 3-12 是现代连栋大棚蔬菜图。

6. 配套基础设施建设

同上。

图 3-12   现代连栋大棚蔬菜

（三）投资与效益估算

投资主要用于老菜地改造和新基地建设，2014—2016 年改造老菜地 10 万亩，需要投资 1 亿元，新建设施基地 2 万亩（连栋大棚和单栋大棚为主），需要投资 4.9 亿元，2016 年预计效益达到 17.3 亿元；2017—2020 年新建蔬菜基地 4.5 万亩，需要投资 6.8 亿元，2020 年预计效益达到 25.0 亿元；2021—2025 年新建蔬菜基地 9 万亩，需要投资 2.9 亿元，2025 年预计效益达到 31.6 亿元。

（四）建设进度安排

建设项目进度安排见表 3-11。

表 3-11   项目进度安排

序号	项目	2014—2016 年			2017—2020 年				2021—2025 年		
1	国家现代农业（蔬菜）示范园	●	●	●							
2	丘陵特色蔬菜标准园				●	●	●	●			
3	丘陵绿色蔬菜标准园					●	●	●			
4	现代连栋大棚蔬菜生产区	●	●	●	●	●	●	●	●	●	
5	配套基础设施建设	●	●	●	●	●	●	●	●	●	●

三、山区优质蔬菜生产基地

（一）实施地点

山区绿色蔬菜生产基地具体分布在合江县的福宝、自怀镇；叙永县的麻城（麻城）、营山（金沙）、合乐、叙永、正东、摩尼、分水、黄坭、观兴、枧槽、兴隆等乡镇；古蔺县的古蔺（香山、青阳、飞龙）、东新（兴文）、护家、鱼化、双沙、箭竹（团结、富强、前丰）、丹桂（洗马、普安、现龙）、大寨（大寨村）、大村镇等的适宜村社。

（二）建设内容与规模

该区域环境优美，无污染，小气候多样化，可以根据自然和土地资源，发展蔬菜设施栽培，种植错季蔬菜，如生产 7—9 月成熟的瓜类（冬瓜）、茄果类（辣椒、茄子、番茄）、萝卜、莴笋、甘蓝以及魔芋等，也可以发展绿色、有机等高端蔬菜产品，满足城市高端人口需求。2016 年全市发展山区绿色蔬菜基地种植面积 18.2 万亩，其中设施栽培面积 3.5 万亩；2020 年全市发展种植面积 23.5 万亩，其中设施栽培面积 6 万亩；2025 年发展种植面积 27 万亩，其中设施栽培面积 8 万亩。重点打造叙永县已有一个获农业部认定的标准园（0.5 万亩）。具体见表 3-12。

表 3-12　山区绿色蔬菜生产基地建设规模　　　　　（单位：万亩）

区（县）	2016 年		2020 年		2025 年	
	种植面积	设施面积	种植面积	设施面积	种植面积	设施面积
纳溪区	0.2	0	0.5	0	1	0
合江县	2	0.5	4	1	4	1
叙永县	8	2	9	3	10	4
古蔺县	8	1	10	2	12	3
小计	18.2	3.5	23.5	6	27	8

1. 叙永县山区蔬菜和食用菌标准园建设

叙永县立体气候明显，属于典型的由丘陵向山区过度的地形区。山区常年平均气温 17℃，年降雨量 1 100 毫米，无霜期 220 天，适合各类蔬菜的正常生长发育。该地区没有工矿企业，无污染，可以作为长江经济带发展需要的后备高端蔬菜发展基地。重点在南面山区的麻城、摩尼、营山等乡镇打造 1 万亩的山区蔬菜和食用菌标准园，引进适宜山区小气候的新品种新技术，依靠天然屏障打造绿色有机蔬菜种植技术，结合美丽乡村建设和休闲农业打造山区立体五彩蔬菜景观带和景观园，满足长江经济带未来市场发展高端蔬菜市场需求。图 3-13 是叙永县山区蔬菜和食用菌标准园区域影像图。

2. 主要茬口安排

（1）玉米→萝卜→土豆。

（2）水稻→甘蓝（白菜）。

（3）茄果类（辣椒、茄子、番茄）→叶菜。

图 3-13　叙永县山区蔬菜和食用菌标准园区域影像

3. 山区大棚设施蔬菜生产区

可以因地制宜发展钢架、混凝土架、简易竹木大棚栽培，推广肥水一体化、无公害生产技术。建设规模 2016 年达到 3.5 万亩，2020 年达到 6 万亩。

4. 山区绿色有机蔬菜生产区

主要依托龙头企业和专合社开展。充分利用山区优良环境条件和隔离条件，可以安排多种类型蔬菜，特别是抗性强、耐贮运、品质优的蔬菜，如水果胡萝卜、迷你南瓜等，严格按照绿色有机栽培技术要求进行生产，发展友好型山区绿色有机蔬菜生产，形成具有市场竞争力的品牌产品。2016 年建设规模达到 1 万亩，2020 年建设规模达到 3 万亩。

5. 配套基础设施建设

同上。

（三）投资与效益估算

投资主要用于老菜地改造和新基地建设。2014—2016 年改造老菜地 4 万亩，需要投资 8 000 万元，新建设施基地 2 万亩，需要投资 2.72 亿元，2016 年预计效益达到 9.4 亿元；2017—2020 年新建蔬菜基地 5.3 万亩，需要投资 4.03 亿元，2020 年预计效益达到 14.8 亿元；2021—2025 年新建蔬菜基地 3.5 万亩，需要投资 3.45 亿元，2025 年预计效益达到 18.3 亿元。

（四）建设进度安排

建设项目进度安排见表 3-13。

表 3-13　项目进度安排

序号	项目	2014—2016	2017—2020	2021—2025
1	山区蔬菜和食用菌标准园		● ● ● ●	
2	山区大棚设施蔬菜生产区	● ● ● ●	● ● ●	● ●
3	山区绿色有机蔬菜生产区	● ● ● ●	● ● ● ●	● ● ●
4	配套基础设施建设	● ● ● ●	● ● ● ●	● ● ●

四、加工蔬菜生产基地

（一）实施地点

江阳区的分水岭、况场（大头菜）、泰安（泡椒）、江北（豇豆）、方山、通滩、丹林、石寨等乡镇的适宜村社；泸县的嘉明、太伏、兆雅、云锦、牛滩、得胜、云龙、喻寺等乡镇的适宜村社；合江县的大桥、先市、九支、白鹿等的适宜村社；叙永县的麻城、摩尼、营山、观兴等乡镇的适宜村社。

（二）建设内容和规模

该区域主要选用适于加工、耐贮运、高密植、高质量的专用品种进行栽培，发展机械化、规模化和集约化的栽培模式，提高生产效率，降低生产成本。2016年全市发展加工蔬菜基地种植面积 6.95 万亩，2020 年全市发展种植面积 10.5万亩，2025 年发展种植面积 13.75 万亩。重点打造泸县新型粮经复合产业园（1 万亩）。具体见表 3-14。

表 3-14　加工蔬菜生产基地建设规模　　　　　（单位：万亩）

区（县）	2016 年		2020 年		2025 年	
	种植面积	设施面积	种植面积	设施面积	种植面积	设施面积
江阳区	1.75	0	1.75	0	1.75	0
纳溪区	0.2	0	0.5	0	1	0
泸县	2	0	3	0	4	0
合江县	1	0	2	0	3	0
叙永县	2	0	3	0	4	0
小计	6.95	0	10.25	0	13.75	0

1. 泸县新型粮经复合产业园建设

粮经复合产业发展模式是 2013 年四川省提出的重要发展方向，实现农业发展方式的转变，提高农业生产水平、资源利用率和土地产出率。这种栽培方式既可保证粮食生产，又可解决蔬菜作物连作发生的病虫害。目前发展的"菜（早春大棚蔬菜）—稻（中稻）—菜（甘蓝、萝卜等）"实现了"千斤粮万元钱"的目标，实现了可持续发展。本规划结合蔬菜加工企业培育计划，在嘉明镇建设田网、水网、路网配套的高标准新型粮经复合现代农业产业园 5 000 亩，重点研推广粮—菜—加工模式，推广适合密植、机械化种植、采收的蔬菜品种。图 3-14 是泸县新型粮经复合产业园影像图。

图 3-14　泸县新型粮经复合产业园影像

2. 主要茬口安排

（1）饲料玉米+红薯→大头菜。

（2）菜用玉米+辣椒→大头菜。

（3）老南瓜（蜜本）→大头菜。

（4）加工辣椒→越冬甘蓝、秋冬萝卜。

（5）加工用小米椒和珠子椒→越冬甘蓝、秋冬萝卜。

3. 配套基础设施建设

同上。

（三）投资与效益估算

投资主要是老菜地改造和新基地建设。2014—2016 年改造老菜地 2 万亩新建基地 1 万亩，需要投资 0.37 亿元，2016 年预计效益达到 2.8 亿元；2017—2020 年新建基地 3.35 万亩，需要投资 3 500 万元，2020 年预计效益达到 2.1 亿元；2021—2025 年新建基地 3.5 万亩，需要投资 3.1 万元，2025 年预计效益达到 4.8 亿元。

（四）建设进度安排

建设项目进度安排见表3-15。

表3-15　项目进度安排

序号	项目	2014—2016年	2017—2020年	2021—2025年
1	新型粮经复合产业园		● ● ●	
2	加工蔬菜基地建设	● ● ● ● ● ●	● ● ● ● ●	● ● ● ● ●
3	配套基础设施建设	● ● ● ● ● ●	● ● ● ● ●	● ● ● ● ●

五、食用菌生产基地

（一）实施地点

叙永县的叙永（鱼凫、银顶）、麻城（麻城村）；泸县的嘉明、喻寺、福集、天兴、潮河等乡镇的适宜村社；纳溪区的大渡口、合面、护国、上马、打古、白节、丰乐镇等乡镇的适宜村社；龙马潭区的安宁、胡市、石洞、双加、特兴、长安镇等乡镇的适宜村社。

（二）建设内容和规模

该区域小气候多样化，空气质量高，根据不同地形和土地资源条件，发展食用菌露地栽培和大棚栽培模式，按照绿色、有机种植标准，种植黑木耳、香菇以及地方珍稀野生菌等，满足大中城市高端人口需求。2016年全市发展食用菌生产3 850万袋，2020年全市发展6 400万袋，2025年达到1亿袋。具体见表3-16。

表3-16　食用菌生产基地建设规模　　　　（单位：万袋）

区（县）	2016年		2020年		2025年	
	种植袋数	设施袋数	种植袋数	设施袋数	种植袋数	设施袋数
叙永县	2 500	2 000	4 000	3 000	5 500	4 000
泸县	800	600	1 500	1 000	3 000	2 000
纳溪区	300	200	500	400	1 000	800
龙马潭区	250	150	400	300	500	300
小计	3 850	2 950	6 400	4 700	10 000	7 100

（三）投资与效益估算

主要食用菌生产设施的投入，2014—2016年需要投资3 300万元（主要是硬件设施投入，不包括生产资料投入），2016 年预计效益达到 2.7 亿元；2017—
2020 年需要投资 2 400 万元，2020 年预计效益达到 4.5 亿元；2021—2025 年需
要投资 3 400 万元，2025 年预计效益达到 7 亿元。

（四）建设进度安排

建设项目进度安排见表 3-17。

表 3-17　项目进度安排

序号	项目	2014—2016 年			2017—2020 年			2021—2025 年		
1	食用菌生产基地建设	●	●	●	●	●	●	●	●	●
2	配套基础设施建设	●	●	●	●	●	●	●	●	●

六、蔬菜新型经营主体和加工龙头企业培育项目

（一）实施地点

蔬菜科技示范园、标准化生产基泸州市农产品加工物流园。

（二）建设内容与规模

重点在土地流转、基地建设、农技服务、市场流通、产品检测、产品推介、
品牌建设等各方面给予扶持，加强产品质量监管，减少行政干预，培育种植规模
达到 1 万亩以上的龙头企业 3~5 家，培育种植规模达到 2 000 亩的专合社 20 个。

1. 土地流转

开展土地承包经营权流转市场建设，建立土地承包经营权流转服务平台，探
索土地流转价格评估机制，推进以转包、出租、互换、转让和股份合作为模式的
土地流转。鼓励农民专业合作社参与农村土地流转，促进规模发展。

2. 基地建设

重点田间交通、水利、电网建设。

3. 农技服务

健全完善基层农技推广体系，提升其科技人员参与蔬菜产业体系的深度和广
度。根据本地农业资源禀赋条件，优先选择市场潜力大、技术成熟、科技含量高
的新技术和新品种。选择新品种和新技术，必须经过严格的试验示范，加强品种
和技术本地熟化程度。

4. 产品加工

建立以蔬菜为原料的特色行业和品牌优势明显的绿色农产品初加工和精深加
工产业体系。

5. 市场流通

引入"顺丰优选",建设现代农业物流园专业批发市场—乡镇主要农产品批发市场—产地集散市场的一条龙市场流通体系,形成三级服务销售网络,即区级设直属门店、镇级设直营店,村级设加盟店。建立覆盖生产基地、营销主体、流通市场的信息收集发布服务网络。

6. 产品检测

配备农产品质量安全监管员,重点负责产品生产过程管理,特别是农药、化肥的使用;建立质量信息终端,包括田间档案、电子档案和生产过程电子监控等;开展产品包装和标识,实行产品编码和产品标签管理。

7. 产品推介和品牌宣传

遴选优势特色蔬菜产品参加农交会、深交会、西博会、全国有机食品(绿色食品)博览会、四川优质特色农产品北京展示展销会等重大农产品推荐、交易和展示展销活动。抓好泸州"长江大地菜"宣传,提高泸州市优质生态蔬菜知名度,增强市场竞争能力。因地制宜筛选有优势、有特色、有规模的产品进行知名品牌重点培育,着力打造 2~3 个以上的省级和国家级农产品知名品牌。

(三)投资与效益估算

规划预计投资 18 000 万元,其中,2014—2016 年需要投资 6 100 万元,期末预计经济效益达到 5 亿元;2017—2020 年需要投资 6 400 万元,期末预计经济效益达到 9 亿元;2021—2025 年需要投资 6 000 万元,期末预计经济效益达到 12 亿元。具体项目投资额度见表 3-18,经济效益见表 3-19。

表 3-18　投资概算　　　　　　　　　　　　　　　　(单位:万元)

序号	项目	2014—2016 年	2017—2020 年	2021—2025 年	合计
1	蔬菜新型经营主体	2 100	2 400	3 000	7 500
2	现代蔬菜加工企业生产区	4 000	4 000	3 000	11 000
	合计	6 100	6 400	6 000	18 500

表 3-19　经济效益估算　　　　　　　　　　　　　　(单位:万元/年)

序号	项目	2016 年	2020 年	2025 年
1	蔬菜新型经营主体	20 000	40 000	50 000
2	现代蔬菜加工企业生产区	40 000	60 000	80 000
	合计	60 000	100 000	130 000

（四）建设进度安排

建设项目进度安排见表3-20。

表 3-20　项目进度安排

序号	项目	2014—2016 年	2017—2020 年	2021—2025 年
1	蔬菜新型经营主体	● ● ●	● ● ● ●	● ● ● ●
2	现代蔬菜加工企业生产区	● ● ●	● ● ● ●	● ● ● ●

七、蔬菜产品质量安全检测和追溯体系建设项目

面对日趋激烈的农产品市场竞争，注重从产前、产中、产后各个环节，加强蔬菜生产监控，保障质量安全，做大产业品牌。实行市场准入、准出制，建立行政规章制度，加大投入品监管力度，对可能影响质量安全的投入品实行严格限制。做好无公害农产品、绿色食品、有机食品的基地认证，打造一批知名的产地品牌、产品品牌、企业品牌，共同做响享誉国内外的泸州"长江大地菜"产业大品牌。

（一）实施地点

在标准化生产基地、主要蔬菜种植区域以及农产品加工物流园。

（二）建设内容与规模

1. 建立泸州市蔬菜产品质量安全检验检测体系

泸州市农业综合质量检测中心为核心建立检测中心、检测站（快速检测室）二级检测体系。实现全市相关乡镇、街道建立检测站；村级、重点生产基地、批发市场、企业和农民专合组织配备农产品质量安全监管员、建立农药残留快速检测室，保障蔬菜产品质量安全。

2. 建立蔬菜产品质量安全追溯体系

建立质量信息终端，田间档案、电子档案和生产过程电子监控系统；开展产品包装和标识，实行产品编码和产品标签管理，建立有效的产地准出和市场准入制度。重点乡镇建立蔬菜产品质量安全全程监控与现代化网络信息系统，形成蔬菜产品质量安全追溯系统。

（三）投资与效益估算

规划预计投资 10 500 万元，其中，2014—2016 年需要投资 4 000 万元，2017—2020 年需要投资 3 000 万元。具体项目投资额度见表3-21。

表 3-21 投资概算 （单位：万元）

序号	项目	2014—2016 年	2017—2020 年	2021—2025 年	合计
1	泸州市蔬菜产品质量安全检测体系	3 000	2 000	0	5 000
2	泸州市蔬菜产品质量安全追溯体系	1 000	1 000	0	2 000
	合计	4 000	3 000	0	7 000

（四）建设进度安排

建设项目进度安排见表 3-22。

表 3-22 项目进度安排

序号	项目	2014—2016 年	2017—2020 年	2021—2025 年
1	泸州市蔬菜产品质量安全检测体系	● ● ●	● ● ●	●
2	泸州市蔬菜产品质量安全追溯体系	● ● ●	● ● ●	●

八、项目投资概算

项目总投资 39.20 亿元，其中 2014—2016 年 12.98 亿元，2017—2020 年 15.96 亿元，2021—2025 年 10.26 亿元，见表 3-23。

表 3-23 蔬菜产业投资概算 （单位：万元）

区（县）	项目名称	2014—2016 年			2017—2020 年				2021—2025 年
		2014	2015	2016	2017	2018	2019	2020	
江阳区	国家现代农业（蔬菜）示范园	2 000	1 000	1 000					
	沿江精品春提早蔬菜基地	2 000	2 000	2 000	500	500	500	500	4 000
	丘陵精细特色蔬菜生产基地	6 000	6 000	8 000	8 000	8 000	8 000	8 000	
	加工蔬菜生产基地	200	200	100	50	50	50	50	200
龙马潭区	丘陵特色蔬菜标准园		1 000		1 000	1 000	1 000	1 000	
	沿江精品春提早蔬菜基地	600	600	800	700	600	600	600	
	丘陵精细特色蔬菜生产基地	300	400	300	2 000	2 000	2 000	2 000	
	食用菌生产基地		100	100	50	50	50	50	150

（续表）

区（县）	项目名称	2014—2016年			2017—2020年				2021—2025年
		2014	2015	2016	2017	2018	2019	2020	
纳溪区	丘陵绿色蔬菜标准园					1 000	1 000	1 000	
	沿江精品春提早蔬菜基地		500	500	500	500	500	500	3 000
	丘陵精细特色蔬菜生产基地	2 000	3 000	3 000	2 000	2 000	2 000	2 000	1 000
	山区绿色蔬菜生产基地			200	100	100	50	50	500
	加工蔬菜生产基地		100	100	100	100	50	50	500
	食用菌生产基地		150	150	50	50	50	50	450
泸县	新型粮经复合产业园			500	500	500	500		
	沿江精品春提早蔬菜基地	1 000	1 000	1 000	500	500	500	500	1 000
	丘陵精细特色蔬菜生产基地	1 000	2 000	2 000	800	800	700	700	5 000
	加工蔬菜生产基地		1 000	1 000	300	300	200	200	1 000
	食用菌生产基地	200	300	300	200	200	100	100	1 400
合江县	沿江精品早春蔬菜标准园		1 000	2 000	2 000	1 000			
	沿江精品春提早蔬菜基地	2 000	2 000	2 000	4 000	4 000	4 000	3 000	15 000
	丘陵精细特色蔬菜生产基地	4 000	6 000	5 000	5 000	4 000	4 000	4 000	23 000
	山区绿色蔬菜生产基地	2 000	4 000	3 000	2 000	2 000	2 000	2 000	2 000
	加工蔬菜生产基地	200	400	400	300	300	200	200	1 000
叙永县	山区蔬菜和食用菌标准园						1 000	1 000	3 000
	山区绿色蔬菜生产基地	4 000	6 000	6 000	4 000	4 000	4 000	4 000	16 000
	加工蔬菜生产基地	500	700	800	300	300	200	200	1 000
	食用菌生产基地	600	700	700	400	400	300	300	1 400
古蔺县	山区绿色蔬菜生产基地	2 000	4 000	4 000	4 000	4 000	4 000	4 000	16 000
其他	蔬菜新型经营主体培育	700	700	700	600	600	600	600	3 000
	现代蔬菜加工企业培育	1 000	1 500	1 500	1 000	1 000	1 000	1 000	3 000
	蔬菜产品质量安全检测体系	1 000	1 000	1 000	1 000	500	500		
	蔬菜产品质量安全追溯体系		500	500	400	300	300		
	合计	33 300	46 850	49 650	42 350	40 650	39 950	36 650	102 600

第七节　保障措施

一、加强组织领导和协作

各级党委政府要坚持把"三农"工作放在全部工作的重中之重，在推进新型工业化、城镇化的过程中，同步推进农业现代化，适应新形势下农业新常态发展要求。坚持"菜篮子"市长负责制，在现代农业发展中形成以党委统一领导，党政齐抓共管，农业主管部门组织协调，有关部门各负其责的工作格局和制度化、常态化的工作体制，更多地关注农村、关心农民、支持农业。强化目标管理，建立完善考核奖励机制，加大各地示范带建设目标考核力度，把农产品生产、品牌建设、农民增收、"三农"投入等纳入各级有关部门考核的重要内容，落实激励措施，加大督查考核，确保责任到位，措施到位，投入到位，共同推进泸州市现代蔬菜产业建设。

二、建立多元化投入机制

认真贯彻落实党中央、国务院和省委、省政府对农业和农民出台的一系列强农惠农政策，如涉农贷款税收优惠、农村金融机构定向费用补贴和县域金融机构涉农贷款增量奖励等，确保政策不走样，不缩水。创新农业投入机制，建立以各级财政为主导，以农民为主体，社会各界参与的多元化、多层次的投入机制。加大财政投入，不断提高财政支农比例。组织协调相关部门积极做好项目申报立项工作，争取国家和省上加大对我市农业基础设施、农业科技、农业装备、农村能源、农产品加工、农产品质量安全、农业社会化服务体系、新一轮"菜篮子"工程等重大工程的投入力度，整合涉农项目资金，发挥资金的最佳效益。进一步优化农业投资环境，吸引社会资金投向农业农村。建立激励机制，鼓励农业企业和农民增加对农业的投入。进一步构建完善农村金融体系，扩大农村融资渠道，引导金融机构发放农业中长期贷款，加强考核评价。完善农民专合社管理办法，支持其开展信用合作，落实农民专合社和农村金融有关税收优惠政策。扶持农业信贷担保组织发展，扩大农村担保品范围。加快发展农业保险，完善农业保险保费补贴政策。健全农业再保险体系，探索完善财政支持下的农业大灾风险分散机制。

三、建立奖励扶持补贴政策

强化农业补贴对调动农民积极性、稳定农业生产的导向作用，建立农业补贴政策后评估机制，完善补贴办法，增强补贴实效。大力鼓励蔬菜无公害、绿色（有机）栽培，对集中成片安装高标准蔬菜大棚、频振式杀虫灯、黄色粘板等设施和推荐使用生物肥料、生物农药、优质种苗等物资的乡镇、业主及种植户实行适当补贴；对种植规模达100亩以上的种植大户、业主及生产企业按其社会贡献给予一定奖励；对营销专业户、农民经纪人根据其当年销售量及其信誉度适当进行奖励；对统一销售达到一定数量的专合社给予补贴；市发改委、财政局及国土局对蔬菜产后处理项目建设（包含蔬菜加工厂、冷链体系和贮藏库）的企业、专业合作社要大力扶持，帮助其进行相关项目申报，给予一定的资金扶持，实行贴息贷款等。

四、加强产业人力资源和科技支撑

要发挥科技与人才支撑保障作用，实施人才工程战略。创造良好政策环境，培育、引进一批有远见、有能力、有责任的"三有"企业家到泸州创业，共同推动泸州市蔬菜产业发展。加强对绿色有机产业企业家的培训，推动产业发展的组织方式、创新能力、管理水平快速提高，促进绿色产业的健康良性发展。依托西南大学、四川省农科院等科研院所和大专院校，在泸州建立蔬菜专家大院，加强农业技术培训，尽快培养一批蔬菜生产、加工、经营、服务等业务骨干。引进国内外优良品种、先进技术和设施设备，通过试验示范进行推广应用。实施新型菜农培养工程，重点要探索和建立农科教相结合、农民素质能够大幅快速提高的新机制。必须充分调动社会各方面教育和培训的资源力量，特别是要发挥农业科研机构公益职能作用，利用其人才、技术、平台等优势，更多地担负起培训菜农的职责。

第四章 泸州市特色经济作物（茶叶）产业发展专项规划

第一节 产业发展基础与现状

一、产业发展现状

近年来，在泸州市政府的大力支持下，泸州茶产业基础设施逐渐完善，以纳溪区为重点的特早茶发展迅猛，但同时也受到产品单一、产业化水平不高以及市场竞争等因素的影响，一定程度上制约了茶产业的综合发展。

（一）茶产业生产已形成一定规模

自 20 世纪 90 年代以来，泸州市就以规模化发展、规范化建园、标准化生产和加工为理念，通过引进良种和改进栽培加工技术，在主要茶产区积极推进名优茶产业发展。近年来，泸州市茶产业发展紧抓"早、优"特色，重点推进川南特早茶产业的发展。2013 年底，泸州市茶园总面积 27.78 万亩，产值 16.56 亿元，建成了以纳溪区护国伏金示范区、白节示范区、叙永县红岩坝示范区、叙永县后山镇高山生态茶示范区为重点的茶叶万亩核心示范区等 7 个，初步形成川南名优特早茶产业带。

（二）茶叶生产分布相对集中

泸州传统产茶县区 5 个，主要分布在南部山区的叙永县、古蔺县、纳溪区和丘陵地区的泸县、合江县。近年来，由于各区县产业基础、重点扶持力度上的差异，茶产业逐步形成以纳溪区为主，叙永、古蔺南部山区为辅的发展格局，茶产业区域集聚化明显。纳溪、叙永、古蔺三区县总茶叶产量所占比例由 2010 年的 64.23% 提升为 2012 年的 77.85%，其中纳溪区整体茶产量占到泸州市的 53.04%，见表 4-1。

表4-1　泸州市各区县茶产业发展概况

区（县）	2010 年		2012 年	
	产量（吨）	占比（%）	产量（吨）	占比（%）
纳溪区	1 789	34.95	3 972	53.04
叙永县	630	12.31	932	12.44
古蔺县	869	16.98	926	12.36
其他区县	1 831	35.77	1 659	22.15
合计	5 119	100.00	7 489	100.00

（三）茶叶加工销售稳步发展

目前泸州市茶叶加工销售以早春绿茶为主，拥有名优茶加工厂36家，全市从事茶业产加销的人员达到14万人以上。到2013年底，泸州市拥有四川瀚源有机茶业有限公司、泸州佛心茶业有限公司2个省级龙头企业，四川省凤羽茶业有限公司、泸州市天绿茶厂、泸州市沁宏茶叶有限责任公司、泸州市纳溪区荣龙特早茶厂等市级茶叶龙头6个企业。拥有规模性茶叶企业7个，其中，QS认证企业9家，见表4-2。

表4-2　泸州市主要茶加工企业

序号	企业名称	品牌	产品种类	年产值（万元）	龙头企业种类
1	泸州佛心茶业有限公司	服心牌佛心茶	绿茶、花茶、茶枕	10 050	省级
2	四川瀚源有机茶业有限公司	瀚源	绿茶	5 160	省级
3	四川纳溪特早茶有限公司	早春二月	绿茶	5 684	
4	四川省凤羽茶业有限公司	凤羽	绿茶	6 387	市级
5	泸州市沁宏茶叶有限责任公司	沁宏	绿茶	1 708	市级
6	泸州市天绿茶厂	天绿	绿茶	2 470	市级
7	叙永县高山生态茶场	后山牌	绿茶	1 710	市级
8	泸县川香绿茶叶有限公司	川香绿	绿茶	480	市级
9	泸州市纳溪区荣龙特早茶厂	荣龙	绿茶	1 523	市级
10	叙永县黄草坪茶场	草坪翠芽	绿茶	240	
11	叙永县定峰茶业有限公司	定峰牌	绿茶	390	
12	叙永县红岩茶叶有限公司	定峰牌	绿茶	180	
13	古蔺县建新茶种植专业合作社	正在注册	绿茶	120	
14	古蔺醇香园茶厂	森山素茶	绿茶	300	
15	泸州市酒城贡芽茶业有限公司	酒城贡芽	红茶		

（四）产品安全化、优质化水平不断提高

随着泸州市名优茶产业的逐步推进，茶类产业结构得到调整优化、茶叶质量安全状况明显改善，名优茶比例得到较大的提高，茶叶品牌知名度不断提升。创建包括泸州特早名茶"翰源"、合江"佛心茶"、纳溪"早春二月""凤羽"、古蔺"牛皮茶"、叙永"草坪翠芽""后山翠芽"等品牌。目前，泸州市拥有省级以上名优茶 10 余个，其中凤羽茶荣获 2001 年成都国际茶博会金奖和"四川名牌农产品"称号，产品以"早、优、香"为主要特点，享有川南第一茶的美称；"草坪翠芽" 2007 年在中国西部农博会上获得金奖；瀚源有机绿茶获第五届"中茶杯"特等奖，2011 年获四川省"峨眉杯"金奖，2013 年获第二届中国（成都）国际茶业博览会金奖；后山翠芽"获 2006 年四川十大名茶提名茶，2008 年后山牌"后山翠芽"被评为"四川省特优名茶"；2009 年获"中国名茶"评比金奖；2012 年，泸州市名优茶产量占全年茶叶产量比例达 80.3%。

2012 年，"纳溪特早茶"被农业部批准为农产品地理标志产品，也成为全国绿茶行业的唯一地方性品牌；"翰源""佛心茶"及"牛皮茶"获得有机产品或有机转化产品认证，"凤羽""草坪翠芽"已获得无公害农产品认证等，茶产业已成为泸州市茶区农民增收的支柱产业。

二、产业发展存在问题

虽然近年来泸州市茶产业得到了较好的发展，取得了良好的效益，但也存在一些问题。

（一）基础设施建设不足，严重制约产业规模化发展

泸州茶叶产区主要布局于丘陵及山地区域，受地形限制，土地开发、道路、给排设施、电力等各类基础设施建设难度大。同时，由于各种原因，在古蔺、叙永等南部产茶区，茶产业既缺乏基础性、公益性财政投入，又缺乏引领产业发展的投融资平台，多数茶产业加工企业设备老旧、自动化程度低，加工技术落后。

（二）产业化水平较低，品牌竞争力不足

泸州茶叶精深加工及综合利用比较落后，还没有一家茶叶深加工企业，茶叶利用率不足 40%。茶叶经营分散落后、各自为政、品种混杂、质量不稳，销售主要局限于滇黔渝范围内，多是以散茶形式低价卖出，使得早茶效益未能充分发挥，在一定程度上挫伤了茶农和企业的生产积极性。目前仅有"凤羽"和"瀚源"两块知名商标，且均主打绿茶加工，无法展现龙头企业优势带头作用。茶叶品牌多、乱、杂、散现象较为严重。在早些评选的"四川省十大名茶"中，泸州市未占一席。目前泸州市虽有凤羽茶、早春二月、草坪翠芽、瀚源有机茶等名茶，在全国范围内，泸州市没有像"安溪铁观音""云南普洱茶"那样叫得响的区域品牌。在西南地区以及全国范围来讲，品牌影响力不大，市场占有率小，品牌竞争力较弱。

（三）茶园管理粗放，单产及产值较低

泸州茶园管理水平普遍偏低，平均每亩产干茶 44 千克，产值在 2 500 元左右。特别是在南部高山茶区，管理更为粗放，仅在秋季进行一次修剪和施肥，茶园衰落，每亩产量仅有 15 千克左右。产品结构也比较单一，夏秋茶未得到充分开发，而根据茶树生长规律，夏秋茶要占到全年总产量的 60% 左右。

（四）茶工短缺，劳动力资源匮乏

茶叶产区主要位于区域发展不足的南部山区，当地青壮年劳动力大量外出打工，从业农民老龄化、女性化，思想观念落后，文化素质低，对科技成果的接受能力较差。

第二节　产业发展定位分析

一、产业市场供需分析

茶叶和咖啡、可可饮料并称世界三大无酒精饮料，茶叶中含有很多微量元素，对人体防病治病有着较大的促进作用，已经成为社会生活中重要的健康饮品和精神饮料。茶叶消费是一种成熟的传统健康的消费，随着经济的发展和人们对绿色消费的关注，茶叶越来越受到人们的喜爱和追求。

（一）茶叶产品整体呈现供大于求的趋势，但消费潜力巨大

近年来，随着茶种植面积不断扩大、茶叶产量不断提升，我国茶产业整体呈现供大于求的格局。2013 年我国茶叶种植面积达 3 869 万亩，其中，采摘面积 2 917.6 万亩；茶叶产量为 189 万吨，占全球茶叶总产量 38.39%，是全球茶叶产量最高的国家。茶叶总产值 1 106.2 亿元，首次突破 1 000 亿元大关。同期，我国茶叶内销量为 125 万吨，出口量为 32.2 万吨，茶叶产量大于需求总量。而且，近年来我国茶叶的内销量与出口量增速均有放缓趋势，从 2010—2013 年，我国茶叶内销量从 110 万吨增长至 125 万吨，出口量仅从 30.6 万吨增长至 32.2 万吨，增长幅度均较低。但就内销市场看，从 2000—2012 年，我国人均茶消费量从 2000 年的 0.37 千克增加到 2010—2012 年的 0.95 千克，增幅 1.57 倍，但仍低于世界十大人均消费茶叶国家（均高于 1.33 千克/人，最高为科威特 3.25 千克/人），说明茶叶消费仍有很大的市场潜力。

（二）高端礼品茶需求明显抑制，消费趋于理性化

2013 年我国名优茶产量 84.9 万吨，大宗茶产量 104 万吨，名优茶与大宗茶产量占比分别为 45% 和 55%，与上年基本持平。中央八项规定出台后，"三公"消费受到限制，高端茶叶市场受到冲击。尤其是高端绿茶，由于没有长期保存条

件，这一季卖不出就只能应声跌价，一些品种出现滞销现象。因此，在全国茶叶产值表现上，名优茶产值增幅减缓、大宗茶增幅加快。2013 年，名优茶产值 791 亿元，增 9.6%；大宗茶产值 315 亿元，增 20.7%。

（三）红茶、白茶消费成热点

从结构来看，绿茶、乌龙茶仍为我国主产产品，产量占 66.22% 和 12.14%。但从发展趋势来看，红茶近年来发展较快，福建金骏眉、浙江的九曲红梅等过去主要出口的红茶近年来被国内所接受，红茶因其适合女性保健而倍受欢迎。同时，白茶加工工序化繁为简，反璞归真，回到了茶的本质，借力黑妹、安利牙膏，一内一外两股力量，把白茶的魅力体现得非常充分，白茶也成为未来消费热点。

（四）文化营销，体验式茶产品消费成为趋势

社会的进步，科学的发展，使茶文化的宣传推广方式也不再局限于方块字的表述。各种信息技术的介入和人文的造势使其越来越生动化、多元化。2013 年底，雾霾全国流行，央视纪录片《茶》让大家忧郁的情绪多了清新和乐观，茶文化热使更多的人了解茶、喜欢茶，把茶当做生活的一部分。基于中国式茶感体验，展示现代茶生活空间茶香书香 CHASTORY 在上海秀出时尚风采；在北京，字里行间书店的 10 多家核心店联手芬吉年份茶，书香和茶香交相辉映，让现代年轻人在读书的时候能品上一杯美好的热茶，也是茶文化热的一个现象。

（五）电子商务成为茶产品销售重要模式

长期以来，农产品销售是农业致富的关键一环。随着农产品生产的丰富以及市民需求的多样化，农产品生鲜电商随之而起。2014 年中央一号文件首次提出"加强农产品电子商务平台建设"的论述，进一步推进了涉农电子商务的高速发展，这将是农产品电商从草莽向规范化、品牌化、平台化转型的重要时期。2010—2013 年阿里平台农产品销售类目中，茶叶、咖啡、冲饮占据农产品类目的 23%，2013 年这一类目的销售额同比增长达 130.15%。

二、竞争力分析

（一）优势分析

1. 自然条件优势

泸州市优越的自然条件为茶叶生长营造了得天独厚的优势。每年二月上旬即可开园采摘新茶，是四川优质早茶最适宜生长区。同时也使泸州茶叶具备了良好的产品品质，其富含氨基酸、EGCG 等，茶叶水浸出物高出国家标准（34%）10% 以上，丰富的内含物质使泸州茶叶具有香高馥郁、滋味鲜爽醇厚、汤色明亮的独特品质。

2. 区域物流优势

泸州地处长江上游和沱江交汇处的川滇黔渝结合部，是四川通往滇东、黔北的咽喉要地，也是连接成都、重庆的必经之地，具有得天独厚的区位优势。近年来，泸州着力于打造川滇黔渝结合部现代商贸物流中心和金融服务中心，利用突出的区位优势，不断加大交通网络的建设力度，公路、铁路、航空、港口等取得飞速发展，形成公、铁、水、空综合交通网络。区位及交通优势明显，有利于茶产业的对外商贸流通。

3. 茶文化优势

泸州地处水陆交通要道，从唐到宋元，再到明清，早已成为云茶、川茶、泸茶等南路茶叶的交易集散中心。早在西汉，泸茶便成为了出使夜郎各民族的和平使者。从明洪武到清光绪年间泸州进入水运中心的经济时代，各路茶叶在泸州茶叶专卖市场集散。泸茶大批销往西康、青海、西藏地区，大量云南普洱、下关沱茶经泸州码头转销重庆，形成"泸州西郭皆有市，八方驮铃进城声。水门向晚茶商闹，小市通宵酒客行"的繁荣景象。同时，泸州民间自古有饮茶之风，据考，泸州是民间饮茶最早的地方。泸州人好好茶，精于饮茶之道。到了明清，上至州衙、府衙、县衙官员，下至村野百姓，都对喝茶情有独钟，不仅在家中喝茶，逢集市之期，带上好茶，茶馆一坐，以与友朋共品好茶为乐为趣。喝茶、品茶成为码头人家一道风景。

（二）劣势分析

泸州茶产业发展存在的主要问题是尚未形成享誉全国的名牌、产品品种单一、产业化程度不高等。

（三）外部机遇

茶产业是四川优势特色产业，四川省委、省政府极其重视其产业发展。2014年初，四川省人民政府发布《关于加快川茶产业转型升级建设茶叶强省的意见》（川府发〔2014〕1号），文中提出建设国内外知名的茶叶生产、加工、贸易和文化基地以及"千亿川茶产业"的发展目标。建立省政府分管领导召集的川茶产业发展升级联席会议制度，负责茶产业发展政策和措施的制定，同时要求财政厅、发改委、经信委、农业厅、商务厅、科技厅等部门对茶产业加强财税支持，引导鼓励社会金融机构信贷支持。泸州作为川南早茶的核心发展区，泸州市委市政府及各茶产业大县对于茶产业的发展也是高度重视，在政策优惠、科技投入、市场拓展等方面给予了极大地支持。这都对泸州市茶产业的发展起到了巨大的促进作用。

（四）外部威胁

中国茶叶市场已经形成一系列名牌，如西湖龙井、云南普洱、信阳毛尖、武夷山大红袍等，他们在人们心目中已经占据了很高的地位，如何打造泸州区域性茶叶品牌，争取消费者的广泛认可成为泸州茶产业发展的重要课题。

三、主导产品市场定位

（一）主要竞争对手分析

中国传统名茶都有着自己明显的标签，它们有的被赋予了历史文化底蕴，如西湖龙井、大红袍；有的是茶特点鲜明，如越陈越香的普洱；有的是外观独特，如毛尖、银针等；有的是生长地点独特，如洞庭碧螺春、四川峨眉山竹叶青茶。

在传统名茶品牌化经营过程中，西湖龙井、安溪铁观音、信阳毛尖、云南普洱等均采用区域品牌进行整体打造，可称之为"龙井茶模式"。这种模式将主要由散户生产经营的茶产业，通过一个整体平台来统筹其生产行为，以体现其规模优势和质量信誉保证。在《2014 中国茶叶区域公用品牌价值排行榜》中，四种名茶品牌价值均超过 50 亿元，充分体现其市场竞争力。而四川竹叶青则采取商品品牌模式进行打造，即产品品牌为企业独家拥有，企业通过联合、扩张形成优势产品。同类品牌还有安溪"八马"茶叶品牌，福建"天福"茶叶品牌等。

（二）泸州茶产业定位

基于竞争对手分析、自身特点分析及消费者情况分析，泸州茶产业主导产品的发展定位：

特早茶：以"特早名优绿茶"品牌为核心，打造泸州茶产业整体形象，巩固泸州茶产业在省内市场地位，辐射延伸全国市场，力争创建全国知名品牌；

大宗茶：顺应市场趋势，瞄准红茶、茶保健品等热点市场，坚持"请进来，走出去"，与知名科企合作，开发新型产品，适销对路，多元化发展，不断做大做强大宗茶。

第三节 发展思路与目标

一、发展思路

以省政府《关于加快川茶产业转型升级建设茶业强省的意见》为指导，围绕茶产业"千亿工程"的目标，立足泸州市独特区位、生态优势，以市场需求为导向，以品牌建设为抓手，坚持"做精特早、挖掘大宗、提升品质、发展品牌"的建设思路，以纳溪区、南部山区为双核心，狠抓绿色有机生态茶园建设；加快科企合作，改进加工工艺，延伸产业链条；借鉴国内茶产业知名企业管理模式和营销经验，整合壮大"泸州特早茶"品牌形象；大力扶持和引进龙头企业，鼓励多种形式的茶产业组织形式；促进茶文化与休闲观光产业融合发展，使茶产业成为泸州市农民增收、农业转型的特色支柱产业。

二、发展目标

(一) 总体目标

紧抓四川打造"千亿茶产业"的发展机遇,加快推进泸州市茶产业体系建设,通过名优茶品牌提升战略和大宗茶精深加工引进工程,做精、做大、做强茶产业,将泸州市建设成为西南特早茶核心生产区、成渝有机茶产业引领核心。到2025年,实现整体种植基地50万亩、有机认证茶园2万亩,综合总产值160亿元的目标,见表4-3。

表4-3 泸州茶产业发展目标

区(县)	发展指标	2014—2016年			2017—2020年				2021—2025年
		2014	2015	2016	2017	2018	2019	2020	
纳溪区	种植面积(万亩)	24	27	30	30	30	30	30	30
	产量(万吨)	1.16	1.37	1.67	1.84	2.02	2.22	2.44	2.69
	产值(亿元)	18.6	25.1	30.7	63.2	72.7	83.5	100.1	110.1
叙永县	种植面积(万亩)	5.00	5.80	6.60	7.60	8.60	9.60	10.60	14.00
	产量(万吨)	0.23	0.29	0.37	0.47	0.58	0.71	0.86	1.25
	产值(亿元)	3.7	4.9	6.2	12.7	16.7	21.6	27.6	37.1
古蔺县	种植面积(万亩)	2.60	2.80	3.00	3.40	3.80	4.20	4.70	6.45
	产量(万吨)	0.12	0.14	0.16	0.20	0.25	0.30	0.37	0.56
	产值(亿元)	1.9	2.3	2.7	5.2	6.5	8.2	10.4	13.1
合计	种植面积(万亩)	31.6	35.6	39.6	41	42.4	43.8	45.3	50.45
	产量(万吨)	1.51	1.80	2.20	2.50	2.85	3.23	3.68	4.50
	产值(亿元)	24.1	32.4	39.6	81.0	95.9	113.3	138.1	160.4

(二) 分阶段目标

2016年,完成纳溪特早茶产业区新茶园扩展工程,南部山区名优绿茶新茶园建设向辐射乡镇扩展,现有茶园的良种化改造、部分标准化茶园的新建工程,推进纳溪特早茶茶庄建设工程及茶产品展销中心建设工程等,到2016年底,泸州市茶园总面积达到40万亩,茶叶产量2.2万吨,茶产业综合产值达到40亿元。

2020年,主要为古蔺、叙永等南部茶区新建茶园扩展工程;现有茶园基础设施改造及品种更新工程,同时引进国内茶叶加工龙头企业,实现大宗茶产品精加工和深加工,延伸茶产业链条;强化品牌宣传,建立立体化销售网络和信息化监控平台，实现茶产业品牌化销售，努力提高茶产业附加值，到 2020 年底，泸州市茶园总面积达到 45 万亩，茶叶产量 3.68 万吨，实现综合产值 138 亿元。

第四节　主要任务

一、突出特早茶特色，形成区域茶品牌集群效应

由政府主导，茶企参与，借鉴"龙井模式"，以"树一个品牌、带一批龙头、兴一个产业"为思路，全面整合泸州现有茶叶品牌，形成"纳溪特早茶"的区域公共品牌。成立泸州市茶业协会作为品牌的监管机构，向国家商标局申请"纳溪特早茶"等系列商标注册，制定《纳溪特早茶品牌管理办法》《纳溪特早茶生产管理规范》等系列标准，实施品牌的统一管理和统一宣传；建立以四川纳溪特早茶有限公司、四川省凤羽茶业有限公司、四川瀚源有机茶业有限公司等龙头企业为核心的品牌市场实施主体，在大力推行标准化生产的基础上，通过品牌授权和有效监督，采取"双品牌"（母子品牌）发展战略，将主要的生产企业统一管理，形成合力，最终形成企业集群效应，进而扩大特早茶在全国范围内的影响力。

二、推进低产茶园改造，扩大标准茶园基地建设

标准化是现代农业产业发展的必然趋势，以市场为导向、因地制宜选取适宜种植茶树的基地建设标准化种植示范基地；同时以现有茶园为基础，逐步扩大茶园种植面积，注重连片种植，并鼓励机械化种植，优化老化茶园，改造低产茶园，提高耕作水平，切实提高全市茶园的现代化管理水平。加强对茶园投入品的管理，建立健全病虫害测报预警体系，加快有机、绿色、无公害生态茶园建设。注重茶园生态环境的营造，做好茶园内路、渠、林、水、电等配套设施建设。集中建设一批万亩、千亩连片的绿色、有机生态茶叶示范基地，走良种化、规模化、标准化发展之路。

三、把握市场热点，加快产品开发和产业升级

市场决定着产业的发展导向，决定着企业的生死存亡。因此，必须紧紧把握市场的热点，由政府来牵头，以科技作支撑，企业来投入，不断加快新产品的开发和促进产业的升级，最终使企业和社会收益，形成多赢的格局。当下，市场的消费群体是以 80 后为主导的中产阶层，这类群体在茶产品消费中除关注其口感及保健养生功效外，更重要的是茶产品时尚个性与否。因此，我们应在当下流行

的"传统茶文化"的营销理念基础上，不断探求消费者的个性需求，逐步建立与中国农业科学院茶叶研究所等高级科研机构的合作机制，开发满足不同消费者需求的茶产品，促进茶叶产业的健康稳步发展。

四、依托生态环境优势，发展绿色有机茶产品

在食品安全受到社会广泛关注的今天，有机茶叶更好地适应了当下市场对于食品卫生保健的高要求，获得了更高的市场竞争力。泸州市拥有得天独厚的自然、气候和资源优势，发展有机茶，茶产品主打"绿色"和"生态"牌，走中高端精品茶叶路线。"翰源""佛心茶"及"牛皮茶"均属有机茶叶品牌。在以上有机茶叶品牌的推动下，扩大有机茶园种植及认证面积，积极寻求无公害、绿色农产品认证，同时建立起产品可追溯体系，保证茶产品的安全可控，健全市场监控体系，提升消费者认知度。

五、扶持龙头企业，助推茶全产业链发展

龙头企业对于一个地区、一个产业的发展带动作用是显而易见的，对于泸州市茶叶产业的壮大发展来讲，急需这样的龙头企业来引领。龙头企业有足够的实力去开发茶叶新产品，如面向普通消费者的中低端茶叶产品，以及茶食品、茶饮料、茶日用品、茶医药保健品等茶叶深加工产品。同时，龙头企业可以围绕茶叶生产的各个环节，从茶叶新品种培育、茶叶种植、茶叶加工、茶产品销售、茶具生产等多方面延伸产业链条，全面提升茶叶资源的利用率，不断提高茶叶产量、质量和综合效益，将资源优势转化为经济优势，走多元化发展之路。当然龙头企业的培育离不开政府的大力引导和扶持如图4-1所示。

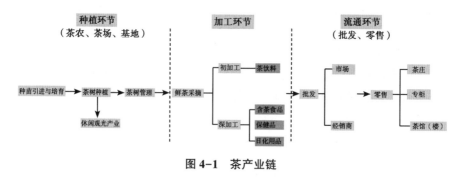

图 4-1 茶产业链

六、培育茶文化创意产业，促进产业多元化经营

泸州是茶马古道的必经之路，拥有深厚的茶文化底蕴，茶文化旅游的发展有效拓展茶产业链条，同时有利于区域茶叶品牌的整体形象推广。茶文化旅游体系

以纳溪、叙永为中心，其中，纳溪主要开发以茶园观光、采茶制茶、品茶购茶、文化鉴赏为主的茶乡风情旅游，重点建设护国镇农业体验区、凤凰山佛心茶休闲观光产业基地等项目，策划以纳溪特早茶为主题的茶文化节，整合泸州所有茶叶品牌打造一个集欣赏、品味、销售于一体的高端茶叶盛宴，以吸引省、市内外游客，实现茶文化与茶经济的共同繁荣；叙永主要通过泸州茶马古道文化开展徒步旅行、文化寻根等活动，通过休闲茶庄、观光采摘茶园、文化体验街等项目和活动的策划，提升特色茶产业知名度。

第五节　产业区域布局

按照泸州市气候特点、地形地貌、土壤条件、种植基础、资源优势、茶产业现状及各区县主导产业发展导向，全市茶产业布局总体规划为"一核三区多节点"。

一、"一核"——茶产业加工园区

位于纳溪区天仙镇、护国镇、渠坝镇，是特早茶龙头企业培育和引进集聚区，同时也是特早茶营销展示中心所在地。

二、"三区"——优势区标准化生产区

（一）纳溪特早茶种植区

发挥纳溪独特的地理、自然资源优势，打"特早"和"有机"两大优势牌，发展 30 万亩特早茶生产基地；涉及纳溪区 9 个乡镇，整体形成"两区三带一中心"纳溪特早茶产业布局（"两区三带一中心"即白节团结、上马文昌两大有机茶片区，大渡—绍坝带，天仙—大理带、护国—打古带三大绿色特早茶产业带，一个护国纳溪特早茶加工营销交易中心）。

（二）叙永名优绿茶种植区

涉及叙永县 19 个乡镇，总体规模 14 万亩。该区域以当地优异的自然资源条件为基础，以"后山""红岩"等传统品牌产品，主打"特色"和"名优"两大品牌，发展以江门、马岭、天池、向林等乡镇为代表的特早茶、以叙永镇、合乐、龙凤为代表的名优茶、以后山镇为代表的生态茶（有机）产业区域。

（三）古蔺名优绿茶种植区

涉及古蔺 25 个乡镇，总体规模达到 6 万亩。在牛皮茶原产地建设以"特色"和"有机"茶种植基地，通过改造低产老化茶园和新建茶园，实施良种 100%覆盖，着力打造"蔺春"牌牛皮茶，"建新春露"绿茶等优势品牌，以马

嘶、德耀两乡镇为主，见表4-4。

表4-4　泸州市茶产业布局

区域	重点乡镇	辐射乡镇	2025年规模（万亩）
纳溪特早茶产业区	护国镇、大渡口镇、天仙镇、上马镇、打古镇、白节镇、渠坝镇、合面镇、棉花坡镇	—	30
叙永名优绿茶种植区	后山镇、叙永镇	江门镇、龙凤乡、向林乡、大石乡、合乐苗族乡、天池镇、两河镇、兴隆乡、水尾镇、白腊苗族乡、枧槽苗族乡、马岭镇、摩尼镇、震东乡、分水岭镇、黄坭乡、麻城乡	14
古蔺名优绿茶种植区	马嘶、德耀	古蔺镇、水口镇、石宝镇、双沙镇、大村镇、丹桂镇、桂花乡、金星乡、观文镇、椒园乡、马蹄乡、箭竹苗族乡、护家乡、鱼化乡、黄荆乡、白泥乡、龙山镇、大寨苗族乡	6

三、多节点——茶主题休闲旅游

依托龙头企业，在泸州传统茶产区结合当地自然风光、历史文化资源打造茶主题休闲观光节点。规划重点培育的休闲观光节点包括泸县石桥镇，合江法王寺镇，纳溪护国镇、大渡口镇、天仙镇、白节镇，叙永大石乡，见表4-5。

表4-5　茶主题休闲旅游节点主题

序号	节点	产品特色	依托茶园面积（亩）	依托重点项目
1	石桥镇	发展茶园生态采摘、观光	2 000	泸县十大旅游开发区之一道岭沟灌区
2	法王寺	将佛教文化和茶文化融于一体，开发集茶叶观光、休闲度假、文化展示于一体的旅游环线	1 000	凤凰山法王寺风景区
3	护国镇	茶文化观光体验	78 000	护国梅岭茶庄
4	白节镇	有机茶观光、采摘体验	26 000	白节有机茶庄
5	天仙镇	以浪漫神话传说打造茶主题体验观光	50 000	天仙茶溪谷
6	大石乡	茶马古道徒步游	7 000	茶马古道重点文物项目

第六节 重点建设项目

根据泸州市茶产业发展目标及主要任务，泸州市重点建设项目将围绕建设茶产业基地，实施良种繁育基地建设、标准化生产基地建设、产后处理和加工体系、展示交易平台、茶主题文化休闲重点项目，重点抓好优化产业布局、创建种植示范基地、开展绿色防控、提高科技支撑能力、培育专业合作社、打造知名品牌、拓展产业功能等方面的工作。

一、茶叶无性系良种繁育基地

依据项目产业规划和地形特点，拟规划在全市范围内建设3座良种繁育基地。

（一）建设地点

纳溪特早茶良繁基地：纳溪护国梅岭村。

叙永县名优绿茶良繁基地：叙永镇红岩、宝元村。

古蔺牛皮茶特色繁育基地：古蔺德耀双凤村。

（二）建设内容与规模

3座繁育基地总占地面积1 850亩，建成后年繁育良种茶苗3.7亿株，主要建设内容主要包括遮阳网棚、土地平整、道路、灌溉设施、土壤改良等基础设施建设，农机具、仪器设备购置及优质茶品种引进等，见表4-6。

表4-6 茶叶无性系良种繁育基地基本概况

序号	项目名称	建设规模	建设地点
1	纳溪特早茶良繁基地	项目占地1 000亩，建成后达到年育苗2亿株	纳溪护国梅岭村
2	叙永名优绿茶良繁基地	项目占地750亩，建成后达到年育苗1.5亿株	叙永红岩、宝元村
3	古蔺牛皮茶特色繁育基地	项目占地100亩，建成后达到年育苗2 000万株	古蔺德耀双凤村

（三）投资与效益估算

投资估算：繁育基地主要投资包括土地平整、道路、灌溉设施、土壤改良等基础设施费用，遮阳网棚、农机具、仪器设备等设施购置，优质茶品种引进费用；基地开垦按照1 200元/亩，喷灌设施1 500元/亩，设施购置费用3 000元/亩，道路、蓄水池、沟渠等基础设施1 000元/亩，新品种引进850元/亩，办公设施建设费用 90 万元，预计投资 1 490 万元。

效益估算：建成后，可实现年繁育良种茶苗 3.7 亿株，按照 0.15 元/株计，实现产值 5 550 万元。

（四）项目进度安排

3 座良种繁育基地集中在 2014—2016 年内集中建设完成。

二、标准化生产基地建设工程

以规模化、特色化、标准化为目标，按照不同产业对生产基地建设的不同要求，新建、改造一批标准化特色经济作物生产基地。

（一）纳溪现代特早茶种植基地

1. 建设地点

纳溪区 9 个乡镇：护国镇、大渡口镇、天仙镇、上马镇、打古镇、白节镇、渠坝镇、合面镇、棉花坡镇

2. 建设内容与规模

新建高标准、规范化特早茶园 9 万亩，其中有机茶区包括白节镇 0.6 万亩和上马镇 1.25 万亩；绿色特早茶区包括护国镇 1.8 万亩，大渡口镇 1.95 万亩，天仙镇 1.0 万亩，打古镇 1.2 万亩，渠坝镇 0.6 万亩，合面镇 0.3 万亩，棉花坡镇 0.3 万亩；改造老旧茶园 18 万亩。建成后，纳溪将实现全区特早茶产业基地 30 万亩的规模。

3. 投资与效益估算

（1）投资估算。新茶园开垦 12 万亩，茶园开垦按照 700 元/亩，茶苗引进费用 750 元/亩，土壤改良费用 400 元/亩，人工费用 900 元/亩，幼龄抚育（3 年）费用 1 100 元/亩·年，茶园生产机械 106.5 元/亩，园区道路和水池、沟渠等基础设施建设 1 970 元/亩，总投资 9.75 亿元；

旧茶园改造 18 万亩，主要为基础设施完善，按照 1 200 元/亩计，共计投资 21 600 万元。

纳溪现代特早茶种植基地规划期内共计投资 11.91 亿元。

（2）效益估算。茶园全部投产后，按照每亩产茶鲜叶产量 333.3 千克计，亩鲜叶收入 7 333 元，区域茶叶鲜叶收入将达 22 亿元。

4. 进度安排

2014 年，新发展特早无性系良种茶园 3 万亩，建立大渡口镇民生片区、天仙镇黄家片区为省级亿元现代农业茶产业高标准示范园区；创建"瀚源公司"为省级农业龙头企业、培育白节兴众兴有机茶专业合作社为省级示范合作社；打造"瀚源"商标为著名商标。

2015 年，新发展特早无性系良种茶园 3 万亩，建立大仙镇紫阳片区、打古

镇普照山片为省级亿元现代农业茶产业高标准示范园区；创建"凤羽公司"为省级农业龙头企业、培育泸州市纳溪区乐登茶叶专业合作社为省级示范合作社；打造"凤羽"商标为著名商标。

2016 年，新发展特早无性系良种茶园 3 万亩，建立大渡口天堂片区、渠坝天星片区为省级亿元现代农业茶产业高标准示范园区；创建"纳溪特早茶公司"为省级农业龙头企业；打造"早春二月"商标为著名商标；争创"纳溪特早茶"为国家级名牌农产品。

2017—2020 年，进一步完善茶园基础设施建设，主攻茶叶加工技术改造，实现精品加工和茶产品深加工，提高产品品质，延伸茶产业链条；强化品牌宣传，通过产品推荐会、在全国大中城市建立直销门市等方式，拓展纳溪特早茶市场，实现品牌化销售，努力提高茶产业附加值。

2020—2025 年，维持已有种植产业规模，引进国内外茶产品深加工企业，提高产业科技含量，丰富茶类终端产品；建立茶产品物流和展示中心，实现产业整体定位。

（二）叙永名优绿茶种植基地

1. 建设地点

叙永县 19 个乡镇，主要区域位于叙永镇、后山镇、向林乡。

2. 建设内容与规模

新建优质绿茶基地 9.8 万亩，改造原有相对集中茶园 2.5 万亩，项目完成后，叙永县整体绿茶面积达到 14 万亩。

3. 投资预算与效益分析

（1）投资估算。新茶园开垦 9.8 万亩，山地茶园开垦按照 1 600 元/亩，茶苗引进费用 750 元/亩，土壤改良费用 450 元/亩，人工费用 900 元/亩，幼龄抚育（3 年）费用 1 100 元/亩·年，园区道路和水池、沟渠等基础设施建设 1 250 元/亩，总投资 80 850 万元；

集中中低产茶园改造 2.5 万亩，改土施肥 1 000 元/亩，茶树修剪 400 元/亩，小型茶园机械 1 000 元/亩，共计投资 6 000 万元。

叙永名优绿茶种植基地规划期内共计投资 86 850 万元。

（2）效益估算。茶园全部投产后，按照亩均茶园鲜叶产值 4 000 元计，区域茶叶鲜叶收入将达 56 000 万元。

4. 进度安排

2014—2016 年，新发展优质绿茶基地 2.4 万亩，改造规模化旧有茶园 1 万亩。

2017—2020 年，新发展优质绿茶基地 4.0 万亩，改造旧有茶园 1.5 万亩。

2020—2025 年，新发展优质绿茶基地 3.4 万亩。

（三）古蔺名优绿茶种植基地

1. 建设地点

涉及古蔺 25 个乡镇，以马嘶、德耀两乡镇为重点发展区。

2. 建设内容与规模

在德耀镇、马嘶乡等乡镇发展以牛皮茶为代表的名优绿茶基地 3.9 万亩，改造老茶园 2.55 万亩，总面积达到 6.45 万亩的名优绿茶核心生产基地。建成后古蔺将基本完成茶产品结构的置换，有机认证基地整体达到 1.4 万亩。

3. 投资与效益估算

新茶园开垦 3.9 万亩，山地茶园开垦按照 1 600 元/亩，茶苗引进费用 750 元/亩，土壤改良费用 450 元/亩，人工费用 900 元/亩，幼龄抚育（3 年）费用 1 100 元/亩·年，园区道路和水池、沟渠等基础设施建设 1 350 元/亩，总投资 3.26 亿元。

中低产茶园改造 2.55 万亩，改土施肥 1 000 元/亩，茶树修剪 400 元/亩，小型茶园机械 1 000 元/亩，基础设施完善按照 1 200 元/亩，共计投资 9 180 万元。

古蔺名优绿茶种植基地规划期内共计投资 4.17 亿元。

建成后，全县茶叶农业产值收入将达 3.80 亿元。

4. 进度安排

2014—2016 年，新发展优质绿茶基地 0.45 万亩，改造旧有茶园 1 万亩，优质茶产出率达到 65%；建设亩产值 1 万元以上的标准化示范茶园 2 万亩；有机牛皮茶园认证规模达到 1 000 亩；建设茶叶专合社 10 个。

2017—2020 年，新发展优质绿茶基地 1.7 万亩，改造旧有茶园 1.55 万亩，优质茶产出率达到 85%；有机牛皮茶园认证规模达到 2 000 亩；培育市级龙头企业 2 个。

2020—2025 年，新发展优质绿茶基地 1.75 万亩，优质茶产出率达到 90% 以上；着力延伸茶产业链条，发展茶精加工产品；打造立体营销和展示网络，提升古蔺牛皮茶市场认可度。

三、采后处理和深加工体系建设工程

（一）茶产品初加工厂

泸州市茶产业基地规模在规划期内提升 22 万亩，现有初加工能力远不能满足产业要求；同时，泸州茶产业在规划期内多主打"特色、生态、有机"牌，对初加工厂的生产设施、监控水平提出了更高的要求。因此，在规划期内一方面应着眼于新标准化茶叶初加工厂的引进，同时，针对现有加工厂生产设施进行技术改造，实现产品的可追溯。

1. 建设地点

茶产品初加工以种植基地为依托，呈不规则散点布局，主要分布于纳溪、叙永、古蔺三区县。

2. 建设内容与规模

规划期内泸州市拟新引进茶叶初加工厂 30 个，其中，纳溪区拟引进 20 个标准化茶叶初加工厂，包括引进名优茶清洁化加工生产线 10 条，出口茶生产线 1 条，提高原有加工企业的加工水平，促进茶叶产品提档升级；叙永新建产业初加工厂 7 座、古蔺新建茶叶初加工厂 3 座。

新建初制加工厂要求厂房占地不少于 5 000 平方米，主要车间建筑面积不少于 2 000 平方米，配套设施建筑面积不少于 2 000 平方米，厂区绿化不少于 2 000 平方米，电力及茶叶加工设备能满足 5 000 亩茶园基地鲜叶加工要求。

3. 投资与效益估算

初加工厂主要建设内容包括生产车间、辅助配套设施土建工程，初加工生产线购置，道路、绿化等基础设施等；每座茶初加工厂投资 500 万~580 万元，预计总投资 16 870 万元。建成后年新增茶叶加工能力约 2.3 万吨，茶叶加工增值总额达 92 000 万元。

（二）纳溪茶产业加工园区

1. 建设地点

纳溪护国镇。

2. 建设内容与规模

依托中国农业科学院、西南农大等优势单位，共同成立川南茶加工技术研究中心，引进和改进特早茶炒制加工工艺，发展茶叶精深加工技术，开发茶叶新产品；建设泸州市茶叶加工技术推广和培训中心，开展技术培训。

该园区占地 150 亩，园区拟引进 2~3 家年产值 20 亿以上大型茶产品精加工企业入园，政府为园区提供土地平整、道路、水、电、燃气等基础设施建设，并在土地、税收等方面给予扶持优惠政策；入园企业建筑容积率需在 0.8 以上，要求入园企业主要原材料当地供给率达到 75% 以上。

3. 投资与效益估算

预计园区投资 14 600 万元，其中，道路、水、电、燃气等基础设施及土地转移费用 1 800 万元；引进企业厂房、生产线投入按照 80 万元/亩计，投资 12 000 万元；茶加工技术研发及推广平台预计投资 800 万元。建成后，入园企业达产后可形成综合产值 30 亿元的规模。

4. 进度安排

2014—2016 年，完成项目立项、五通一平基础设施建设；达成初步招商引资计划。

2017—2020 年，入园企业具体项目建设，购置和安装茶产品生产线，提升茶叶加工企业技术水平和产品质量；开始试营运。

2020—2025 年，完善和提升茶加工技术研究中心产品研发能力，加强技术推广和培训功能，实现茶产业可持续发展，形成产业优势。

四、品牌培育及市场营销体系建设工程

在特色经济作物产品集中区和集散地，有计划、分期分批建设一批产地批发市场和集散型专业市场，加快社区市场和农村农贸市场改造建设，逐步形成跨区域与区域性市场结合、批发与零售市场协调发展的交易市场网络，进一步完善适应拍卖、定单、现货、零售等不同交易手段、不同目标市场和消费对象的电子交易系统，形成有形市场与无形市场相结合、现实交易与虚拟交易共繁荣的经济作物市场体系。加快市场信息预警预报机制建设，建立健全产销信息公共服务平台，加强信息的采集、发布，防范市场风险。培育大型农产品流通企业和农产品经纪人队伍，帮助农民拓展销路。

（一）茶产品产地交易市场

1. 建设地点

纳溪护国镇，叙永赤水镇。

2. 建设内容与规模

以展出泸州特色农产品、加快产品流通为目标，具体建设内容包括茶产品展示交易大厅、交易店铺、物流运转库房、信息化处理中心等组成，建成后将成为泸州特色农产品对外展示和信息化联通的重要节点。

3. 投资估算

纳溪护国特色农产品交易市场占地 200 亩，按照投资强度 60 万元/亩计，总投资 12 000 万元；叙永拟建茶叶鲜叶交易市场和产地交易市场 2 个，预计投资 5 000 万元；茶产品产地交易市场总投资 17 000 万元。

4. 进度安排

2014—2016 年，完成纳溪护国特色农产品交易市场建设。

2017—2020 年，完成叙永农产品交易市场建设；并通过会展、节庆等活动推广交易市场影响力，提升园区影响力。

（二）展销体系建设工程

以茶叶产业生产龙头企业为主体，建设网络电子平台、实体门店、体验茶庄等立体化展销网点，迅速扩大泸州茶产品的市场知名度和影响力，有效拓展市场，提高产品的市场占有率。

1. 茶产业展销门店

整体以"泸州特早茶"形象对外营销；2014—2016 年，在全国范围内建设

纳溪特早茶展销门店 50 个；2017—2020 年，在全国范围内建设纳溪特早茶展销门店 20 个；2020—2025 年，以经销商和连锁经营模式构建全国茶叶展销网络。预计投资 1 400 万元。

2. 体验茶庄

在纳溪护国、天仙、白节等镇建成纳溪特早茶庄 12 个，预计投资 40 000 万元。

3. 网络电子平台

在品牌整合、规模建设、市场拓展基础上，由政府相关部门牵头，建立中国特早茶交易网，作为以纳溪特早茶为主打品牌的中国特早茶交易网站，同时，可以考虑向 B2C 的电商平台进行转移。预计投资 100 万元。

五、投资估算及进度安排

（一）投资估算

茶产业需要总投资 33.92 亿元，其中，2014—2016 年 17.87 亿元，2017—2020 年 11.52 亿元，2021—2025 年 4.52 亿元，见表 4-7。

表 4-7　泸州市茶产业重点项目投资概算　　（单位：万元）

项目名称	区（县）	2014—2016 年			2017—2020 年				2021—2025 年
		2014	2015	2016	2017	2018	2019	2020	
茶叶无性系良种繁育基地	纳溪区	805							
	叙永县		595						
	古蔺县		90						
标准化生产基地	纳溪区	39 706	39 706	39 706					
	叙永县	7 320	7 320	7 560	9 210	9 210	9 210	8 970	28 050
	古蔺县	1 498	2 750	3 110	4 780	4 780	4 780	5 435	14 612
采后处理和深加工体系建设工程	纳溪区		650	4 850	11 220	9 480			
	叙永县				1 650				2 040
	古蔺县						1 020		560
品牌培育及市场营销	纳溪区	350	8 100	13 750	10 200	10 000	10 000		
	叙永县		150	200	2 500	2 500			
	古蔺县		200	300	250				
合计		49 679	59 561	69 476	39 810	35 970	25 010	14 405	45 262

（二）进度安排

进度安排详见表 4-8。

表 4-8　泸州市茶产业重点项目总体进度安排

序号	项目	2014—2016年			2017—2020年				2021—2025年
		2014	2015	2016	2017	2018	2019	2020	
1	茶叶无性系良种繁育基地	●	●	●					
2	纳溪现代特早茶种植基地	●	●	●					
3	叙永名优绿茶种植基地	●	●	●	●	●	●	●	●
4	古蔺名优绿茶种植基地	●	●	●	●	●	●	●	●
5	茶产品初加工厂	●	●	●	●	●	●	●	
6	纳溪茶产业加工园区				●	●	●	●	●
7	品牌培育及市场营销体系建设工程	●	●	●	●	●	●	●	●

第七节　保障措施

为加快泸州市茶产业的发展和茶叶基地建设，必须依靠科技来提高茶园的管理水平和茶叶加工工艺水平，通过加大投入力度来扩大茶叶生产能力和加工能力，同时积极开发茶叶市场和实施绿色生产战略，打造泸州市特色有机茶叶品牌。

一、组织管理

成立泸州市茶产业发展领导小组，组长由市政府主要领导担任，参加成员包括农业、发改、财政、林业、科技、质检、工商、旅游等部门的负责同志，负责制定全市茶产业的发展规划、扶持政策、重点推进措施和部门分工。领导小组下设办公室，挂靠在市农业局，具体负责拟订年度实施计划，指导全市茶叶基地建设、区域品牌打造、企业创牌、茶树优良品种繁育推广、茶园机械化、茶叶精深加工、茶叶质量安全体系、市场体系和服务平台建设等。各重点发展区域要建立相应工作部门，协调推进产业发展。

建立考核激励机制，建立有利于调动部门积极性的利益分配机制和考核体系，通过行业协会、高层论坛等多种形式，加强政府、企业、行业间多层次的交流协作，形成优势互补、有效对接、共建共享的利益协调机制。加强对部门和政府的考核，确保规划目标落到实处。建立共同推介机制，各部门充分发挥各自职能，共同推介，既为规划落实找项目，也为项目运行找市场，更为扩大项目影响寻对策。

二、投入机制

茶产业是泸州市特别是纳溪、叙永等区县的特色前景产业之一，建立多元投入机制、加大投入力度，才能将区域资源优势变成经济优势。

（一）强化财政资金投入

茶产业的发展要积极争取各级发改委、财政等综合部门的政策倾斜、扶持建设一批重点项目、重点基地和重点龙头企业；要尽可能地把农业、林业、水利、扶贫等方面可用于经作产业发展的资金打捆使用，发挥整体效益。茶产业财政资金主要扶持方向为标准化生产基地建设及其配套的深加工流水线、市场推广体系建设等。各实施单位依托本规划，提交资金申请及实施方案，领导小组讨论后方可实施。要求各主管部门之间要相互协作，避免重复建设、低水平建设。

（二）扩大产业补贴范围

总结四川及泸州市前几年对茶产业的政策补贴的成效与经验，将中央财政造林补贴、林业有害生物防治补贴、新一轮退耕还林补贴等资金的重点投向新增茶园面积，适当增加地方财政的匹配补贴力度。加大对茶产业的补贴，鼓励有潜力的企业、合作社及专业户申报无公害农产品、绿色食品、有机食品、地理标志、名特优产品等。

（三）建立招商引资联动机制

坚持运用市场化手段，积极创新投融资模式，加快项目市场化运作步伐，建立多层次、多渠道、多形式的投融资机制，"以无偿带有偿、以政府带社会"，发挥财政资金的引擎作用，鼓励和引导社会资金投向特色、生态农业建设。加强与发达地区农业的合作与交流，引进国内一流企业建设重点项目。对入园的农业及相关加工企业，在达到投资额及建设密度的情况下，享受工业园一切优惠奖励政策。

（四）建立农村金融扶持机制

加大金融系统支持现代农业发展的力度，积极开辟融资渠道，创新农业金融服务机制，确保规划所需资金的落实。建立农业保险机制，拓宽农业险种覆盖面，最大限度化解经营风险。

三、扶持政策

深入研究茶产业对泸州市现代农业特别是山区农业经济发展过程中的体制机制，在土地、资金、劳动力等核心要素上大胆探索突破，用政策调动企业及农户发展生产、增加投入的积极性，让农民成为茶产业发展和基地建设的受益者。

（一）多方争取国家扶持项目

积极申请国家农业综合开发（包括地方项目，以及农业、林业、水利等部门项目）的产业化经营项目，支持茶园土地整治、节水灌溉、标准化茶园基础设施建设、优良品种繁育推广等；申请科技部的农业科技成果转化基金，支持茶叶采后处理、茶叶深加工、茶树资源综合利用等成果转化示范；积极申请林木良种培育补贴，促进茶树新品种的推广和更新换代；申请国务院扶贫办的特色产业类扶贫项目，扶持龙头企业打造特色品牌，形成特色主导产业。

（二）增加地方财政投入

市、重点发展县（区）两级财政要设立茶产业发展专项基金，专门用于茶产业种植项目和加工项目贷款贴息。要落实奖励政策，对茶产业发展好的乡（镇）和村，采取以奖代投的办法进行奖励，逐步形成以政府资金为引导、以农户和企业投入为主体的多元化投入机制。

（三）加大金融支持力度

金融部门要适度扩大放贷规模和降低信贷门槛，对带动能力强、品质效益好、增殖潜力大的茶产业标准化种植项目给予信贷支持，对资金有困难的专业乡、专业村、专业户予以重点扶持。对茶叶龙头企业以公司带基地、基地连农户的经营形式，要重点支持申请农业综合开发项目贷款贴息和财政补助，以及中央财政林业贷款贴息补贴。

（四）建立茶产业风险防范机制

探索将茶树种植纳入森林保险和农业政策性自然灾害保险范围，建立茶叶保险财政补偿保费机制，利用茶产业发展基金加大对保险保费的补贴力度，并与保险公司合作开发茶叶商业化保险品种，使农业保险成为龙头企业、合作社和茶农提供规避风险屏障。

（五）落实优惠政策

对生产经营特色经济作物产品的各类专业合作社、经纪人、加工企业、产地批发市场，在工商注册、税收等方面予以优惠，促其尽快发展。重点支持有规模的企业申请四川省和国家农业产业化龙头企业。

四、科技支撑

泸州市茶产业的发展，在种苗培育、茶场改良、栽培管理、加工工艺、产品保鲜运输、质量安全检测等方面必须加大科技投入，提高茶叶生产加工的科技含量。要充分重视提高茶农、茶工的素质，加强职业教育，开展技术培训，重视培育企业文化。茶叶科技发展的一个重要任务是研究和制定茶叶的标准化生产规程。当前的茶叶生产技术仍沿用传统的耕作加工技术，不能适应茶产业发展的客观需求，限制茶叶产量和技术的提高，影响茶叶生产的经济效益。要尽快建立茶叶质量检测中心，把现代科学技术和传统经验结合起来，确立合理的技术指标和技术措施，形成泸州"特早""生态"茶叶的生产技术标准，这对于创建名牌茶品，扩大茶叶市场，形成现代化、高效益的茶产业具有重大意义。

第五章　泸州市特色经济作物（中药材）产业发展专项规划

泸州地貌复杂，气候多样，形成了结构复杂的生态系统，生物多样性程度高，中药材资源丰富。近年来，泸州市积极培育医药等战略性新兴产业，积极打造中国"养生保健城"，为中药材产业的发展提供了良好机遇。利用泸州丘陵山区资源丰富的优势，因地制宜地结合区域经济发展需要，发展泸州中药材种植、加工和销售，形成全产业链发展态势，不仅能够发挥当地地貌资源优势，增加农民收入，而且能够有效拓宽当地现代农业发展领域，促进农业经济产业结构调整，提升区域经济发展质量。

第一节　产业发展基础与现状

一、产业发展现状

（一）中药材资源丰富

泸州地处我国主要中药材产区——川药产区，中药材资源丰富。经初步调查，泸州适合种植的药材近 3 000 个品种，主要包括赶黄草、黄栀子、石斛、青果、半夏、黄柏、杜仲、天麻、白芷、芍药、车前子、佛手、木瓜、丹参、丹皮、银杏、黄连、重楼、桂圆（元肉）等品种。

（二）中药材种植形成一定规模

近年来，泸州市通过专合社农户、龙头企业农户等模式在合江、叙永、纳溪、古蔺、泸县等区县积极推进赶黄草、黄栀子、石斛、青果、半夏、黄柏、杜仲、天麻、白芷、芍药、车前子、佛手、木瓜、丹参、丹皮、银杏、黄连、重楼等中药材基地建设。截至 2013 年，泸州市中药材种植面积达到 18 万亩，实现产值 5 亿元。其中，泸县发展赶黄草、黄栀子、车前草、白芷等中药材基地 1.16 万亩；合江县发展石斛、青果、香桂、白芍、桔梗、川佛手、杜仲、百合、黄柏等中药材种植基地 2.48 万亩；古蔺县发展赶黄草、白芍、金银花、银杏、木瓜、芍药等中药材基地 8 万亩，叙永县建设银杏、杜仲、黄柏、黄精、金银花、黄连、天麻、百合等中药材基地 2.95 万亩；纳溪区种植黄栀子 0.5 万亩，见表 5-1。

表 5-1　泸州 2013 年泸州市中药材种植情况一览

区（县）	乡镇	规模（亩）	种植品种
合江	五通镇	500	石斛
	车辋镇	5 000	香桂
	虎头镇	2 000	青果、白芍
	榕山镇	1 000	桔梗
	白鹿镇	1 000	川佛手、桔梗
	福宝镇	6 200	杜仲、石斛
	南滩乡	1 300	百合
	先滩镇	4 800	杜仲、石斛
	自怀镇	3 000	杜仲、黄柏
古蔺县	古蔺镇	4 400	赶黄草、木瓜、杜仲、黄柏、厚朴、白果
	永乐镇	100	赶黄草、苦蒿
	太平镇	170	金银花
	二郎镇	500	太子参、金银花、杜仲
	石屏乡	160	桔梗
	东新乡	1 300	木瓜、金银花、赶黄草、太子参
	土城乡	1 500	木瓜、枣皮、黄芩、钩藤、射干、葛藤
	黄荆乡	13 000	白术、川芎、党参、黄柏、厚朴、杜仲、金银花、防风、独活、重楼、赶黄草
	丹桂镇	350	太子参、赶黄草
	水口镇	7 000	金银花、黄柏、芍药、赶黄草、杜仲、栀子
	观文镇	6 100	赶黄草、杜仲、黄柏、木瓜、金银花、芍药
	金星乡	1 100	赶黄草、砂仁、黄栀子、金银花、杜仲、木瓜
	椒园乡	2 900	赶黄草、杜仲、黄柏、金银花、木瓜
	马嘶苗族乡	1 700	赶黄草、木瓜、杜仲、金银花、太子参
	白泥乡	2 500	杜仲、金银花、赶黄草
	桂花乡	11 000	赶黄草、金银花、黄柏、油朴、杜仲、木瓜
	双沙镇	12 600	白芍、百合、牡丹、药菊、赶黄草、木瓜
	护家乡	950	党参、桔梗、黄栀子、金银花
	鱼化乡	4 600	鱼腥草、赶黄草、黄柏、木瓜
	箭竹苗族乡	3 120	白芍、赶黄草、金银花
	德耀镇	4 350	金银花、赶黄草、银杏、木瓜、芍药、牡丹
	大寨苗族乡	600	赶黄草、木瓜
泸县	福集镇	5 000	车前草、黄栀子、赶黄草、金银花
	云锦镇	3 000	赶黄草、白芷
	立石镇	1 000	白芷
	海潮镇	300	赶黄草
	潮河镇	200	赶黄草、白芷、砂仁
	百和镇	1 100	白芷
	石桥镇	1 000	黄栀子

（续表）

区（县）	乡镇	规模（亩）	种植品种
叙永	水尾镇	10	石斛
	叙永镇	15 500	银杏、紫苏、黄精、霍香、薄荷、吴茱萸
	合乐苗族乡	2 030	银花、天麻、黄精
	白腊苗族乡	100	车前草
	麻城乡	3 565	黄连、杜仲、重楼、黄精、银杏、南星、百合、天麻、升麻
	摩尼镇	270	赶黄草、白及、白芍
	两河镇	8 000	黄枝子、吴茱萸、黄柏
纳溪	大渡口镇	5 000	黄栀子

（三）中药材加工业处于起步阶段

泸州市中药工业主要由中成药生产、中药辅料生产、中药饮片加工相关保健食品加工等组成。目前，中药加工产业主要以赶黄草、黄栀子等产品的中药饮片、中成药、保健食品开发为主，拥有省级龙头企业四川古蔺肝苏药业有限公司1个，培育出泸州百草堂中药饮片有限公司、四川锦云堂中药饮片有限公司、泸州天植中药饮片有限公司等一批市级重点企业。

二、产业发展存在的问题

（一）产业规模较小，发展水平有待提升

泸州中药材种植规模还偏小，农户自行经营基地布局比较分散，仍采取粗放式的管理方法，规模化、集约化程度相对较低；中药材产业基地主要布局于区域丘陵及山地区域，而此类地块受地形限制存在土地开发、道路、给排设施、电力等各类基础设施建设难度大等问题，尤其是古蔺县及叙永南部此类问题表现突出。

（二）道地中药材认证、开发力度不足

泸州中药材产业起步较晚，区域特有原材品种开发、产地保护工作有待于进一步完善，同时，赶黄草等新品种认证工作不足，导致相关保健产品产业化难度提升。

（三）产品创新能力差，产品未能实现精深加工

首先，泸州市中药材加工基本处于初加工阶段，缺乏深加工产品；其次，当地加工企业中成规模较少，缺乏现代化生产线和加工技术，大部分生产设备落后，加工成本高，资源浪费严重，对产品的创新能力较差，从而也影响了产业的进一步发展。

第二节　产业发展定位分析

一、产业市场供需分析

（一）中药材资源丰富，市场供给整体稳定

我国大约有 12 000 种药用植物，这是其他国家所不具备的。近几年来，我国中药材行业发展处于上升阶段。2011 年我国药材播种面积 2 077.84 万亩，2012 年达到 2 340.68 万亩，增长率达 12.65%。

四川地势复杂，气候多样，得天独厚的地理气候条件孕育了丰富的野生中药资源，拥有宝贵的优良动植物种质资源库和基因资源库，故有"中医之乡，中药之库"的美誉。第三次全国中药资源普查结果显示，全国中药资源共计12 807 种，四川有 4 354 种，仅次于云南省，占全国中药资源种数的 33.99%。目前，全省中药材资源蕴藏量达 100 亿，中药资源有 5 000 多种，其中，常用的中药材有 400 多种，著名道地药材和主产药材有 49 种，是我国最大的中药材产地之一，也是全国乃至全世界生物物种最丰富的地区之一。2012 年四川省药材产量 41.3 万吨，2013 年四川省中药材播种面积 152.7 万亩，中草药产量为 41.32万吨。

（二）大健康时代促进"药食同源"产业发展

当下人们对于健康的关注不断提升，一个大健康的时代已然到来。中医药膳食疗的发展和应用便顺势火热起来，以药物与食物结合运用的研究不断深入，大大促进了以养身防病为目的的"药食同源"产品的开发利用。随着政府有关部门对养生文化、中医"治未病"等知识的普及，"药食同源"文化越来越多地得到人们的认同，在韩国、日本等国也有着广泛的影响。特色食用油、药膳、保健品等"药食同源"产品越来越受到世界人们青睐，市场前景广阔。

（三）中成药、中医药饮片市场需求旺盛

随着对化学药品毒副作用认识的不断深入，对中药的认同和重视已成为国际医药行业的重要发展方向并有渐成潮流之势。2012 年我国中药工业总产值已达5 156 亿元，占医药产业规模的 31.24%，与化学药、生物药呈现出三足鼎立之势。由近年我国中药材市场成交额和居民中成药消费指数变化可以看出，国内中药材类产品市场接受度高，需求旺盛。见表 5-2、表 5-3。

表 5-2　我国中药材市场成交额

年份	2008	2009	2010	2011	2012
成交额（亿元）	244.63	334.28	412.74	790.68	797.9
增长速率（%）	—	36.6	23.5	91.6	0.9

表 5-3　我国中药材及中成药类居民消费价格指数变化情况

年份	2008	2009	2010	2011	2012
中药材及中成药类居民消费价格指数（上年＝100）	107.9	106.8	102.6	111.2	111.9

我国一直是中药材出口大国，2013 年我国中药类产品出口总额达 31.38 亿美元，同比增长 25.54%，创历史新高。其中，植物提取物出口额 14.12 亿美元，同比增长 21.3%；中药材及饮片出口额 12.11 亿美元，同比增长 41.24%，是中药出口中增长幅度最大的子行业；中成药出口额 2.67 亿美元，同比增长 0.84%。

（四）中药材的应用领域不断拓展，市场潜力大

随着中医药养生保健功能被重视程度不断提高，中药随之进入日化产品领域，牙膏、洗发水、沐浴露、香皂等日化产品中频现中药材成分，并作为竞争优势，凸显产品特色。可以预见，随着中药材在保健品、日化产品等领域新产品的研发推广，中药材产品市场消费量将进一步提高。

二、竞争力分析

（一）丰富的资源为中药材提供发展潜力

泸州作为川药产区的重要组成部分，拥有天麻、五倍子、佛手、黄柏、杜仲、安息香等中药材资源 3 000 种，其中，赶黄草、黄栀子、石斛、青果、车前子、白芷、川佛手、黄柏、杜仲、银杏、黄连、重楼等 20 多个品种在泸州实现规模化人工栽培，尤其是赶黄草的原产地和金钗石斛、川佛手的道地产地。

（二）具有一定的产业链基础

通过近年来的努力，泸州已初步形成了化学药、医用原（辅）料、中药材种植、中药制剂、中药饮片加工、医药物流等六大门类的医药产业。全市现有药品生产企业 23 家，其中，取得 GMP 认证的药品生产企业 16 家，取得美国 FDA 认证企业 1 家。生产的药品品种主要涉及六大类、9 种剂型，主要品种"风湿液"是国家保护品种，"胃力康颗粒"是国家专利品种，"阿卡波糖胶囊""缩宫素鼻喷雾剂"是全国独家品种，"肝苏颗粒"是首个获国家"原产地域"保护品种。除此之外，全市现拥有泸天化、川天华、四川新火炬、四川北方等一批全国著名的化工企业。一些重点化工企业在提高传统化工升级改造的基础上，正进

行产业转型。以精细化工为方向，延伸化工产业链，大力开发化学医药制剂产业，发展前景广阔。依托医药产业发展，泸州市逐步形成了规范种植、饮片加工、提取物生产、新药创制及相关产品开发并进的中医药产业链，2010 年泸州获首批四川省中药现代化科技产业示范基地命名。

（三）科教研发优势为中药材跨越发展提供支撑

近年来，泸州着力于医药科研机构建设和人才的引进和培养，目前拥有国家级博士后工作站 5 个，国家工程技术研究中心 1 个，省级工程技术中心 18 个。泸州有泸州医学院、四川化工职业技术学院、泸州职业技术学院等一批医药和化工高等院校，拥有 1 000 余名博士、硕士等高级技术人才及科研设备。泸州也是全国生物发酵工程技术运用较早的地区之一，是四川中药现代化科技产业（泸州）示范基地，拥有一批多年从事医药化工专业技术人才和具备新药研究及试验能力的科研机构，为研发和创新药品提供了潜在的人才优势。

（四）城市整体定位助推医药产业发展

泸州正在加快西南医疗康健城、西南天年颐养中心、方全民生国际理疗休闲度假区等重点工程建设，致力于打造中国养生保健城。为此，依托泸州丰富的中药材资源，以中医药现代化为目标，打造生态有机中药材种植基地，着力发展中药饮片、中药制剂、保健饮品等生态产品正当其时。

（五）区位物流优势

泸州市是四川省仅有的三个国家二级物流园区布局城市之一，是交通运输部确定的四川唯一的全国内河 28 个主要港口和国家二类水运口岸，是四川第一大港口和集装箱码头，是全国内河第一个铁路直通的集装箱码头。此外，综合交通运输体系对泸州港也是强力支撑，泸州高速公路总里程 316 千米，位居川南第一，实现了川南城市群间及与滇、黔、渝三省市的互联互通；铁路已直达泸州港集装箱枢纽港区，可实现铁、公、水多式联运。

三、主导产品市场定位

根据泸州市中医药产业发展现状和产业背景，泸州市中药材种植产业应紧抓泸州市现代医药产业和旅游养生产业的发展机遇，以调整种植结构、提高产业化运营程度为主要方向，大力开发养生保健、日化产品等多元化市场。

（一）特色中药材种植

深度挖掘区域品种资源优势，把泸州建设成全国范围内规模较大、特色鲜明的川产道地中药材重要生产基地。

（二）精深加工

依托泸州医药园区研发平台，产学研合作，把泸州发展成四川著名的中成药生产研发基地。

（三）保健养生产品

依托城市定位，大力发展"药食同源"养生产业，把泸州培育成西南地区以石斛、油用牡丹为主的原材料供给基地和产品生产基地。

第三节 发展思路与目标

一、发展思路

以加快农业产业结构调整和升级，提高中药产业科技创新能力为目标，坚持市场引导、政府扶持、企业带动、创新驱动、农民受益的基本原则，明确"做大中药农业，做精中药加工，拓展中药养生"的发展思路，深度挖掘区域道地中药材资源潜力，推进中药材种植、加工、研发和营销的规范化、标准化。以园区、基地为载体，扩大产业规模，培育和引进龙头企业。加强产学研合作，构建结构优化、质量效益高、带动能力高的现代中药产业体系，使中药材成为泸州经济持续发展的战略新兴产业和新的增长极，如图5-1所示。

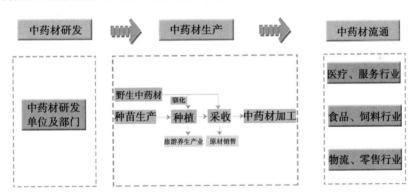

图5-1 中药材产业链

（1）优化区域布局。依据泸州市现有地形地貌、中药材资源基础及各区县扶持力度，科学规划产业空间布局，坚持"GAP基地—种子种苗中心—交易市场—加工—提取"的产业链配套发展思路，建设赶黄草、黄栀子等GAP基地，形成四个优势突出、特色鲜明的中药材种植区。

（2）调整产品结构。在深度分析中药材市场特征的前提下，选择具备区域特色、发展前景突出及国家产业政策重点扶持的中药材品种，便于泸州中药材研发生产；中药材加工在开发传统中成药市场的同时，顺应市场趋势，发展特种油、饮品、休闲食品等保健产品，形成更为广阔的深加工产品体系；以龙头企业为主体，打造具备区域特色经济的中药产品品牌，引领产业升级。泸州中药材推荐种植品种见表5-4。

表5-4 泸州中药材推荐种植品种

品种	推荐原因
赶黄草	古蔺县原产中药材，已取得地理标志证明商标；传统苗药治疗肝病的经验方，可与泸州"酒城"形成互补。
金钗石斛	泸州道地中药材品种；合江发展基础良好，且极具保健品开发潜力。
黄精	2014年中药材专项资金中四川省重点发展品种；在叙永境内拥有良好的种植基础。
杜仲	2013年中药材专项资金中四川省重点发展品种，同时也是林业局特色经济林中木本药材重点扶持方向；在合江、古蔺均有种植基础。
白芷	2012年中药材专项资金中四川省重点发展品种，在泸县具有良好种植基础。
油用牡丹	林业局重点发展经济林品种；古蔺已发展种苗育繁基地；具备突出的"高产出、高含油率、高品质、低成本"特点，优异的经济效益可作为山区扶贫产业的重要方向。

（3）加快规范化建设。建立中药材GAP种植基地，中药产业的现代化发展对中药材原料的质量提出越来越高的要求，中药材规范化栽培基地的建设是保障中药材质量的关键环节，是实现泸州医药产业整体定位的基础环节。在泸州中药材产业发展中，引导企业或专合社开展中药材规范化种植，打造集约化、规模化、标准化的中药材种植基地；通过土地、税收、人才等各方面政策引导同仁堂、康美药业、江中药业、华润三九、上海家化等国内外中药饮片、中成药、保健品研发、生产类龙头企业来泸州发展，推进企业GAP、ISO 9001等相关体系认证。

（4）强化科技支撑。不断推进道地中药材栽培技术创新，完善技术推广服务体系，加强新品种、新技术培育、引进、示范和推广，用现代科技支撑中药材种植产业的发展，同时，泸州市中药材产业发展很大程度上依托中医药加工行业的产品创新。

二、发展目标

（一）总体目标

紧抓泸州积极培育医药战略新兴产业、打造养生保健城的建设机遇，以泸州医药产业园区、医药产业技术服务平台为带动，通过泸县、合江、古蔺、叙永等中药种植区的建设，将泸州建设成川产道地中药材研发生产重点区域。到2025年，实现整体种植基地54万亩，农业种植效益24亿元，综合总产值50亿元的目标，见表5-5。

表 5-5　泸州中药材产业发展目标

区（县）	发展指标	2014—2016 年			2017—2020 年				2021—2025 年
		2014	2015	2016	2017	2018	2019	2020	
泸县	种植面积（万亩）	2.1	2.5	3	3.5	4.5	5.2	6.5	10
	产值（亿元）	0.9	1.1	1.4	1.6	2.1	2.4	3	5.1
古蔺县	种植面积（万亩）	8.4	9.7	10.7	11.9	13.1	14.3	15.6	21.2
	产值（亿元）	1.6	1.9	2.6	5	5.4	5.8	6.1	9.1
叙永县	种植面积（万亩）	3.4	3.9	4.4	5.2	6.1	7	7.9	13.4
	产值（亿元）	1.0	1.1	1.2	1.5	1.8	2.2	2.6	4.7
合江县	种植面积（万亩）	3.3	4.2	5	6	7	8.5	10	10
	产值（亿元）	0.9	1.6	2.1	2.8	3.3	4.1	4.9	5.1
合计	种植面积（万亩）	17.2	20.3	23.1	26.6	30.7	35	40	54.6
	产值（亿元）	4.4	5.7	7.3	10.9	12.6	14.5	16.6	24.0

（二）具体目标

2016 年，赶黄草、黄栀子、金钗石斛等道地中药材种植面积达到 23 万亩，实现农业种植效益 7.3 亿元，综合产值 7.3 亿元。

2020 年，对泸州中药材种植进行进一步的结构和品种优化，推进 GAP 种植基地的建设，认证 1~2 个基地；发挥泸州医药产业园区建设优势，加强中药材饮片、中成药、保健产品、日化用品等中药加工体系的建设，依托医药园区公共服务平台，开展道地中药材研发工作。到 2020 年，全市中药材种植面积发展为 40 万亩，实现农业种植效益 16.6 亿元，实现综合产值 30 亿元。

2025 年，继续扩展中药材 GAP 种植基地面积；加强医药物流园区、信息平台和新产品研发工程的建设，通过产品附加值的提升，实现中药材产业整体效益的提升。到 2025 年，全市特色中药材种植面积达到 54 万亩，实现农业种植效益 24 亿元，综合产值达到 50 亿元。

第四节　主要发展任务

一、建设良繁基地，积极驯化野生中药材品种

根据泸州中药材资源和整体布局，对优势中药材资源进行保护、开发和综合利用，提高中药材资源的利用率，建立主要优良种质资源保护圃。同时，为保证

泸州保肝研发基地新药的研发和生产，必须采取切实可行的措施实施人工栽培弥补药源的不足，积极驯化野生中药材品种。运用生物技术和高新技术用于中药材栽培、繁育，开展优良种质资源的保护和研究，提高药材资源深加工的技术水平。

根据市场和加工企业需求，进一步明确产业发展主打药材品种，制订种子种苗的质量标准。集中建立重点药材种子种苗繁育生产中心，在中药材重点县区，以重点乡镇为核心，科学规划和建设繁种育苗生产基地，实施"种子工程"。加快中药材良种繁育及推广，确保中药材种质资源的纯正性。

二、扩大种植规模，建立中药材 GAP 生产基地

在建立中药材基地时，充分研究周边市场及当地资源，以专合社或龙头企业为带动，制定规范化种植标准。尤其是赶黄草、金钗石斛、黄精、杜仲、白芷、油用牡丹等区域优势主导品种，加快制订区域统一标准，为带动农户进行产业化种植提供科学的技术支撑。

三、加强产学研合作，推进中药材技术研发平台建设

根据建设中药材种苗繁育及技术研发中心的目标，选择市场需求旺盛、品种独特的道地中药材品种，引导企业与科研院校积极合作，开展 GAP 种植技术研究、种苗繁育、绿色中药材生产等优质高产技术的研发工作。推进中药材技术研发平台建设，加快中药材制成品的研究和新药品的开发，加强对中药提取、分离、纯化等产业化关键技术和先进适用技术的应用研究。针对泸州特有中药材赶黄草、金钗石斛等进行专项研究，抓紧品种药食同源认证进度，拓宽产品体系。

四、扶持龙头企业发展，加快培育品牌产品

突破传统以种植为主的发展模式，创新发展思维，应用现代企业发展模式，引导泸州中药材产业健康发展。鼓励和培植一批有实力、有特色的中药材加工龙头企业与市场营销合作组织，坚持"大品种、大企业、大市场"战略，培植泸州市中药材产业的核心竞争力。在发展过程中，一是要加强泸州现有龙头企业的培植力度，使之发挥产业带动作用；二是要积极吸引外地大型的生产、经营企业入驻泸州发展，结合企业资金、人才、技术优势和泸州市资源、政策和科技等优势，建立战略联盟，共同发展；三是要着力培育品牌产品，着重开发与赶黄草、金钗石斛、油用牡丹等品种相关的保健品和食品，突出本地区的特色，占领有力的市场地位。

五、延伸产业链条，开拓养生保健产品市场

泸州现有药品生产企业 23 家，已初步形成了化学药、医用原（辅）料、中药材种植、中药制剂、中药饮片加工、医药物流六大门类的医药产业。在此基础上，进一步加快一些重点化工企业的产业转型，延伸产业链，充分发挥优质中药材价值，提升企业经济效益。大力发展药食同源养生产业，重点挖掘应用金钗石斛、油用牡丹的药用养生价值，开拓养生保健产品市场，将传统医药的养生文化精华与现代人健康需求结合起来，运用现代服务业的经营理念设计合理的经营方式，迎合大健康产业之健康养生产业的发展内容。加大宣传力度，吸引更多的企业投身到产品市场中，带动中医药市场的转变升级。

第五节　产业区域布局

按照泸州市中药材种植基础、资源优势、各区县政策主导产业发展导向及支撑体系落实情况，全市中草药布局为"两园四片区"。

一、两园——加工研发中心

泸州市医药园区。该园区是泸州中药材产业产品体系研发中心，是龙头企业孵化极点，主要研发方向为解酒保肝类产品，增强免疫力、抗衰老、美容养颜等亚健康人群保养品，心脑血管疾病、糖尿病患者功能性食品或药膳等。

合江中药材加工产业园区。该园区以合江县福宝镇为核心，辐射纳溪区、叙永县、古蔺县的中药材种植基地，大力发展金钗石斛等中药材加工，包括为干制加工和饮片加工，重点发展石斛活性成分高效提取和利用，开发新型高附加值中药、保健品和功能食品。

二、四片区——特色中药材种植片区

泸县特色中药材种植片区。包含泸县 6 个主要乡镇，主要发展品种为赶黄草、白芷、车前草等，种植规模 10 万亩。

合江金钗石斛特色种植片区。合江是金钗石斛原产地，具备独特的品质资源优势。该基地充分利用林下空间或丘陵地带发展金钗石斛、百合、川白芍等道地中药材种植，区域范围主要包括合江县 13 个乡镇，种植规模发展为 10 万亩。

古蔺县特色中药材种植片区。主推品种为赶黄草、芍药、黄栀子、金银花、百合、油用牡丹等可与泸州酒文化相结合发展的保肝系列中药材；规划期内基地总发展面积突破 21 万亩。

叙永特色中药材种植基地。以黄精、黄连、紫苏、薄荷、重楼等特色中药材为主，发展 13 万亩中药材种植基地，区域范围包括叙永 13 个乡镇，3 个国有林场。

泸州市中药材产业布局见表 5-6。

表 5-6 泸州市中药材产业布局一览

区域	所在镇（乡）	主要发展品种	规模（万亩）
泸县特色中药材种植片区	云锦、得胜、百合、福集、石桥、立石	赶黄草、白芷、车前草等	10
合江金钗石斛特色种植片区	合江福宝、自怀、先滩、石龙、南滩、榕山、榕右、凤鸣、车辋、实录、五通、九支、尧坝	金钗石斛、百合、川白芍、杜仲等	10
古蔺县特色中药材种植片区	古蔺箭竹、大寨、桂花、黄荆、德耀、古蔺、双沙、观文、鱼化、龙山、金星、石宝、水口、永乐、大村、东新	赶黄草、芍药、黄栀子、金银花、百合、油用牡丹等	21
叙永特色中药材种植基地	水尾镇、叙永镇、合乐苗族乡、白腊苗族乡、麻城乡、两河镇、黄坭乡、震东乡、后山镇、分水岭镇、枧槽苗族乡、摩尼镇、观兴乡、大安林场、半边山林场、乔田林场等	黄精、薄荷、重楼、黄连、紫苏、杜仲等	13

第六节 重点建设项目

一、川产道地药材种质资源圃

（一）建设地点

古蔺县桂花乡。

（二）建设内容与规模

建设规模 200 亩，包括种质资源圃 50 亩、种源繁育基地 150 亩，收集赶黄草、石斛、黄姜、黄栀子、重楼、黄精等泸州野生和历史上实现人工栽培的道地中药材，重点开展中药材种质资源收集、保存工作。

（三）投资估算与效益分析

投资项目包括建设土地平整、道路、灌溉设施、土壤改良等资源圃基础设施费用，按每亩投资 1.5 万元计，共计 300 万元；管护中心建设面积 300 平方，建筑与数据中心投入 175 万元；种质普查及引种工作年投入预计 150 万元（投入期按4年计）。

（四）项目进度安排

项目基础设施、数据中心等建设工程拟于2014—2015年完成。全市范围内中药材种质资源调查、收集、认证、引种等工作于2015—2019年逐步完成。

二、道地中药材良种繁育基地

（一）建设地点

重点建设泸县骑龙寺村中药材种子种苗繁育基地、古蔺桂花乡赶黄草种苗繁育基地、泸州凤鸣金钗石斛种苗基地、叙永县奠山黄连重楼种苗基地四个项目。

泸县骑龙寺村中药材种子种苗繁育基地：泸县云锦镇骑龙寺村。

泸州凤鸣金钗石斛种苗基地：合江县凤鸣镇。

古蔺桂花乡赶黄草种苗繁育基地：古蔺桂花乡。

叙永县奠山黄连、重楼种苗基地：半边山林场奠山林区。

（二）建设内容与规模

繁育基地建设内容主要包括土地平整、道路、灌溉设施、土壤改良等田间工程，优质品种引进工程，离体组织培养中心等。基地预计投资4 200万元，建成后，可实现年繁育良种2亿株，实现产值3 510万元，见表5-7。

表5-7　中药材种质资源圃与良种繁育基地重点建设项目一览

序号	项目名称	主要建设内容	投资（万元）	建设地点
1	川产道地药材种质资源圃	项目占地200亩，建设内容包括土地平整、道路、灌溉设施、土壤改良等资源圃基础设施；300平方管护中心及相关办公设备	1 075	古蔺县桂花乡
2	泸县骑龙寺村中药材种子种苗繁育基地	项目占地200亩，建成后达到年育苗8 000万株	1 700	泸县骑龙寺村
3	泸州凤鸣金钗石斛种苗基地	项目占地面积200亩，建成后达到年育苗5 000万株	1 200	合江县凤鸣镇
4	古蔺桂花乡赶黄草种苗繁育基地	项目占地350亩，建成后达到年育苗6 500万株	1 300	古蔺桂花乡
5	叙永县奠山黄连、重楼种苗基地	项目占地面积300亩，建成后达到年育苗30 000万株	1 200	半边山林场奠山林区

（三）进度安排

进度安排见表5-8。

表5-8　中药材种质资源圃与良种繁育基地项目进度安排

序号	项目	2014—2016 年			2017—2020 年				2021—2025 年
		2014	2015	2016	2017	2018	2019	2020	
1	川产道地药材种质资源圃	●	●	●	●	●	●		
2	泸县骑龙寺村中药材种子种苗繁育基地	●	●	●					
3	泸州凤鸣金钗石斛种苗基地	●		●					
4	古蔺桂花乡赶黄草种苗繁育基地	●		●					
5	叙永县奠山黄连、重楼种苗基地	●	●	●	●		●		

三、GAP 种植基地建设工程

（一）泸县道地中药材种植基地

1. 建设地点与规模

云锦、得胜、百和、石桥、立石等乡镇，建设规模10万亩。

2. 重点推荐品种

赶黄草、白芷、车前草等道地中药材。

3. 组织运行模式

依托泸县医药园区内引进的四川众鼎、锦云堂等中医药龙头企业推动。其中，赶黄草种植基地由四川锦云堂中药饮片有限公司推动，基地位于云锦镇；黄栀子、白芷等种植基地以四川众鼎中药发展有限公司推动，基地选址于云锦、得胜、百和、石桥、立石等乡镇。

4. 建设内容与投资效益估算

（1）赶黄草 GAP 种植基地。建设规模3万亩。主要投资内容包括种苗引进费用750元/亩，土壤肥料投入950元/亩，基础设施改造1 200元/亩，人工成本300元/亩，预计投入9 600万元；按照平均6 000元/亩产值预估，收入18 000万元。

（2）白芷 GAP 种植基地。建设规模4.5万亩。主要投资内容包括种源引进费用250元/亩，肥料投入费用950元/亩，基础设施改造1 200元/亩，预计投入10 800万元；按照平均亩均收益5 000元计，收入22 500万元。

（3）车前草 GAP 种植基地。建设规模2万亩。主要投资内容包括种源引进费用200元/亩，肥料投入费用650元/亩，基础设施改造1 200元/亩，预计投入4 100万元。按亩产籽仁200千克、全草150千克计，亩产值约为4 000元，总实现收入 8 000 万元。

（4）其他品种。建设规模 0.5 万亩。投资内容以白芷种植基地计算，预计投入 1 200 万元。泸县道地中药材种植基地总投入预计 25 700 万元，实现产值 51 000 万元。

5. 进度安排

2014—2016 年，发展赶黄草种植基地 1.5 万亩，白芷、车前草、金银花等品种 1.5 万亩。

2017—2020 年，发展赶黄草种植基地 1.5 万亩，车前草、白芷、金银花等品种 2.0 万亩。

2020—2025 年，发展车前草、白芷、赶黄草等种植基地 3.5 万亩，推进中药产品认证及研发工作进程。

（二）合江金钗石斛标准化种植基地

1. 建设地点与规模

按照"三带一区"的布局，规划在福宝镇为代表的大漕河，先滩、自怀、石龙、南滩等乡镇为代表的小漕河，榕右、凤鸣、车辋、五通、九支等乡镇为代表的南部周边。发展 6 万亩标准化金钗石斛种植基地，发展百合、川白芍等其他品种 4 万亩。

2. 建设内容与投资效益预测

（1）金钗石斛种植基地。建设规模 6 万亩。主要投资内容包括种苗引进费用 3 000 元/亩，土壤肥料投入 650 元/亩，基础设施改造 600 元/亩，预计投入 25 500 万元；盛产期亩产量可达 400 千克以上，按照 15 元/千克计算，年实现效益 36 000 万元。

（2）其他药材种植基地。建设规模 4 万亩。以川白芍为例，种苗引进费用 4 200 元/亩（2 800 株/亩），土壤肥料投入 650 元/亩，基础设施改造 600 元/亩，预计投入 21 800 万元；亩产量 600~700 千克干品，亩效益 15 000 元左右（4 年生长期），年实现效益 15 000 万元。

3. 进度安排

2014—2016 年，发展金钗石斛种植基地 4 万亩，川白芍、百合等品种 1 万亩，引种金花葵、黄秋葵等品种试种。

2017—2020 年，发展金钗石斛种植基地 2 万亩，川白芍、百合、金花葵等品种 3 万亩。

（三）古蔺道地中药材种植基地

1. 建设地点与规模

以箭竹、大寨、桂花、黄荆、德耀、古蔺、双沙、观文、鱼化、龙山、金星、石宝、水口、永乐、大村、东新等乡镇为重点，建设 21 万亩中药材基地。

2. 重点推荐品种

赶黄草、油用牡丹、杜仲、金银花、白芍、百合、木瓜等。

3. 组织运行模式

由于基地规划面积较大，根据古蔺现有中药材龙头企业和基地发展情况，基地以"龙头企业+合作社（协会）+农户"的模式推进。

4. 建设内容与投资效益预测

（1）赶黄草GAP生产基地。建设规模5万亩。主要投资包括种苗引进费用750元/亩，土壤肥料投入950元/亩，基础设施改造1 200元/亩，人工成本300元/亩，预计投入16 000万元；按照平均6 000元/亩产值预估，收入30 000万元。

（2）油用牡丹标准化种植基地。建设规模5万亩。主要投资包括种苗引进费用4 200元/亩（2 800株/亩），土壤肥料投入650元/亩，基础设施改造1 200元/亩，预计投入30 250万元；预计每亩产籽400千克，实现亩产值4 000元，收入20 000万元。

（3）其他中药材标准化种植基地。建设规模11万亩。以白芍为例，种苗引进费用4 200元/亩（2 800株/亩），土壤肥料投入650元/亩，基础设施改造600元/亩，预计投入59 950万元；亩产量600~700千克干品，亩效益15 000元左右（4年生长期），年实现效益41 250万元。

古蔺道地中药材种植基地总投入金额106 200万元，实现收益91 250万元。

5. 进度安排

2014—2016年，发展赶黄草种植基地1.5万亩，油用牡丹1万亩，金银花、芍药等品种3万亩。

2017—2020年，发展赶黄草种植基地1.7万亩，油用牡丹2万亩，百合、芍药等品种4万亩。

2020—2025年，完成赶黄草种植基地1.8万亩，油用牡丹2万亩，百合、芍药等品种4万亩。

（四）叙永道地中药材种植基地

1. 建设地点与规模

以叙永镇、合乐、麻城、麻垭、营山、观兴、后山、正东、分水岭、黄垭、两河、白腊、水潦、石坝、赤水、水尾等乡镇及大安林场、半边山林场、乔田林场为中心，林下种植为主。

2. 建设内容与投资效益预测

新建黄连、重楼、黄精、天麻等种植规模10.5万亩。以黄精GAP种植基地为例，种子引进费用240元/亩，土壤改良费用950元/亩，基础设施改造1 550元/亩，预计投入28 770万元；亩产量约为400千克，亩收益约为3 500元左右，年实现效益36 750万元。中药材标准化生产基地建设工程情况见表5-9。

表 5-9　中药材标准化生产基地建设工程一览

序号	项目名称	主要建设内容	投资（万元）	建设地点
1	泸县道地中药材种植基地	新建赶黄草、车前草、金银花等道地中药材等种植基地 10 万亩；其中赶黄草种植基地 3 万亩，白芷种植基地 4.5 万亩，车前草 2 万亩，其他 0.5 万亩。	25 700	云锦、得胜、百和、石桥、立石
2	合江金钗石斛标准化种植基地	新建 6 万亩标准化金钗石斛种植基地，百合、川白芍等其他品种 4 万亩。	47 300	合江福宝、自怀、先滩、石龙、南滩、榕山、榕右、凤鸣、车辋、实录、五通、九支、尧坝
3	古蔺道地中药材种植基地	发展赶黄草种植基地 5 万亩，油用牡丹 5 万亩，芍药、金银花等种植基地 11 万亩。	106 200	箭竹、大寨、桂花、黄荆、德耀、古蔺、双沙、观文、鱼化、龙山、金星、石宝、水口、永乐、大村、东新
4	叙永道地中药材种植基地	依托森林资源，规划发展赶黄连、重楼、黄精、天麻等种植规模 10 万亩	28 770	南面山区乡镇及林场等

3. 进度安排

进度安排见表 5-10。

表 5-10　中药材标准化生产基地重点建设项目进度安排

序号	项目	2014—2016 年			2017—2020 年				2021—2025 年
		2014	2015	2016	2017	2018	2019	2020	
1	古蔺道地中药材种植基地	●	●	●	●	●	●	●	●
2	合江金钗石斛标准化种植基地	●	●	●	●	●	●	●	●
3	泸县道地中药材种植基地	●	●	●	●	●	●	●	●
4	叙永道地中药材种植基地	●	●	●	●	●	●	●	●

2014—2016 年，发展黄连、重楼、黄精、天麻种植基地 1.5 万亩。2017—2020 年，发展黄连、重楼、黄精、天麻种植基地 3.5 万亩。

2020—2025 年，完成黄连、重楼、黄精、天麻种植基地 5.5 万亩。

四、中药材加工基地建设工程

泸州市中药材加工企业主要有古蔺肝苏药业、古蔺元生、古蔺洪玉、四川锦云堂等赶黄草加工企业，其主要产品包括肝苏胶囊、粉末茶、饮片等，加工程度不高。在泸州酒业的带动下，赶黄草、黄栀子等拥有保肝护肝功效的中药产品应有庞大的市场需求。未来泸州市中药材加工基地的建设，将以区域重点发展的中医药品种为基础，以产业园区为载体，推进中药材龙头企业的建设。

（一）建设地点

泸县福集泸州市医药园区，辐射泸县百和镇、江阳区泰安镇（高新技术产业园区）、合江县福宝镇等地区。

（二）园区定位及服务

按照"国内一流、国际知名"的发展理念，打造"三大平台"，即泸州医药产业园大学科技园、泸州新药评价体系（新药安全评价研究中心、药理评价研究中心、药物代谢研究中心、成药性评价研究中心、临床药理中心、药物分析检测中心、公共检测中心）、孵化园；构建"三大体系"，即泸州医药产业扶持政策体系、泸州医药产业科技创新体系、泸州医药产业服务体系。

加快形成以步长、科瑞德等为龙头的产业聚集区；以新药评价研究中心、孵化园、大学科技园为核心的创新配套区；以恒康三甲医院为核心的康健配套区；以职业院校为核心的人才配套区；以城西商业综合体、城西湿地公园、青龙苑综合体等为核心的城市配套区等五大功能区。

园区按照近、中、长、远的总体目标，有序推进建设，全力打造"国家生物医药产业园"和"川滇黔渝结合部医药产业制造高地"。

（三）相关中医药产业运行模式

泸州高新区医药产业园内中药产品加工基地建设，以四川众鼎、锦云堂为龙头，以泸县周边赶黄草、黄栀子、白芷等 GAP 生产基地为原料，发展保肝护肝类中成药品及相关保健品，促进泸州中药材产业上规模、上水平、出特色。

（四）投资估算与效益分析

主要投资方向为"三大"平台建设，其中，泸州医药产业园大学科技园预计投资 43 000 万元，泸州新药评价体系预计投资 23 000 万元，企业孵化园预计投资 31 000 万元，预计总投资 97 000 万元，建成后年产值突破 50 亿元。

（五）建设进度安排

进度安排见表 5-11。

2014—2016 年，完成园区规划，确定合作研究机构，建立合作关系。

2017—2020 年，园区正式运营；完成泸州医药产业园大学科技园和泸州新药评价体系建设，重点建设企业孵化园，培育中药材加工龙头企业。

2021—2025 年，完成企业孵化园建设，健全企业孵化功能，继续完善新药评价体系建设。园区全面建成，正常运营。

表 5-11　项目进度安排表

序号	项目	2014—2016 年			2017—2020 年				2021—2025 年
		2014	2015	2016	2017	2018	2019	2020	
1	泸州医药产业园大学科技园					●	●		●
2	泸州新药评价体系					●	●	●	●
3	企业孵化园				●	●	●		●

五、投资估算及进度安排

（一）投资估算

中草药需要总投资 31.12 亿元，其中，2014—2016 年 6.76 亿元，2017—2020 年 6.76 亿元，2021—2025 年 15.97 亿元，见表 5-12。

表 5-12　泸州市中药材产业重点项目投资概算　　　（单位：万元）

项目名称	区（县）	2014—2016 年			2017—2020 年				2021—2025 年
		2014	2015	2016	2017	2018	2019	2020	
川产道地药材种质资源圃	古蔺县	175	300	150	150	150	150	0	0
道地中药材良种繁育基地	泸县	300	800	600	0	0	0	0	0
	合江县	350	550	300	0	0	0	0	0
	古蔺县	300	1 000	0	0	0	0	0	0
	叙永县	150	250	250	200	150	0	0	0
GAP 种植基地	泸县	1 600	2 800	4 000	2 510	2 305	2 305	2 305	7 875
	合江县	6 670	7 890	7 890	6 210	6 210	6 210	6 220	
	古蔺县	8 260	9 470	9 470	9 835	9 835	9 835	9 835	39 660
	叙永县	1 370	1 370	1 370	2 740	2 740	2 740	4 110	12 330
中药材加工园	泸县	0	0	0	0	20 000	15 000	0	8 000
	合江县	0	0	0	0	15 000	10 000	0	8 000
	江阳区	0	0	0	0	8 000	5 000	0	8 000
合计		19 175	24 430	24 030	21 645	64 390	51 240	22 470	83 865

（二）进度安排

进度安排见表 5-13。

表 5-13　泸州市中药材产业重点项目总体进度安排

序号	项目	2014—2016 年			2017—2020 年				2021—2025 年
		2014	2015	2016	2017	2018	2019	2020	
1	川产道地药材种质资源圃	●	●	●	●	●			
2	道地中药材良种繁育基地	●	●	●	●	●			
3	泸县道地中药材种植基地	●	●	●	●				●
4	合江金钗石斛标准化种植基地	●	●	●	●	●	●	●	
5	古蔺道地中药材种植基地	●	●	●	●	●	●	●	●
6	叙永道地中药材种植基地	●	●	●	●	●	●	●	
7	中药材加工园					●	●	●	●

第七节　保障措施

政策环境及其保障措施是促进区域间要素流动和缩小区域经济发展差距的主要动力之一。中药材产业的发展需要加强组织领导和协调，加大科技投入，强调标准化栽培和新产品开发，发挥区域资源优势，促进中药材产业快速发展。

一、加强组织领导和协调，保障规划实施

针对中药材对环境的特殊要求，成立中药材开发领导小组，设立药材产业开发办（或开发协会），形成由市农业局牵头，林业局、食品药品监督管理局配合的管理模式，按照适应生态环境的要求，科学决策，做好泸州发展中药材的总体目标规划和区域布局规划，加大政府对药材产业的扶持力度。制定一系列相应的优惠政策，给予一定的财政资金扶持等，充分利用农业开发、扶贫、以工代赈、退耕还林等项目扶持适宜区县中药材产业的发展。

二、依靠科技进步，实现产业升级

依靠科技进步，积极探索中药材生产的规律。采取引进来、走出去相结合的办法，积极引进先进技术、培养优质人才。加快新品种、新技术、新材料和新设备的引进、试验、示范、推广应用工作，促进中药产业升级换代，加快中药现代

化步伐。逐步组建完善泸州市中药规范化栽培、中药现代制剂、中药指纹图谱和质量标准、中药制药质量控制技术等中药产业化和现代化技术中心，为全市中药材规模化种植、新药筛选开发、中药工程技术研究等提供技术保障。强化"内脑"，借助"外脑"，积极实施"借脑工程"。依托大专院校和科研单位，分类定向培养专业人才，抓紧培养市内中药企业经营管理人才、科学技术人才，同时大力引进种植、加工、研发、管理、营销等方面的人才，在生态工业园区内建立研发开发中心和创业中心，吸引跨地区、跨项目、跨行业的一流人才来泸州市发展中药产业。

中药材基地建设应尽快成立地方中药材行业协会，把广大药农自发、盲目、松散的生产，逐步引导到自觉联合的组织生产、按计划的科学种植以适应市场竞争要求、制定统一合理的收购价格、保护农民自身利益的轨道上来。市里要逐步组建完善泸州市中药规范化栽培、中药现代制剂、中药指纹图谱和质量标准、中药制药质量控制技术等中药产业化和现代化技术中心，为全市中药材规模化种植、新药筛选开发、中药工程技术研究等方面提供技术保障。建立健全中药材初级农产品质量安全检测体系，定期对全市中药材种植区域进行抽检，全面监控种植过程中中药材的活性成分、重金属及农药残留变化，完善地方中药材质量控制标准以及农药、重金属等有害物质限量控制标准，防止不合格的中药材流入市场，维护泸州道地中药材的市场声誉。

三、加强信息研究，拓宽销售渠道

建立市场监控平台，加强信息指导，克服中药材市场产销价格波动较大的弱点，避免盲目发展。广泛收集信息，关注并跟踪全国中成药新产品的研发动态、市场销售情况，整合多种销售渠道，满足不同消费群体的多种要求。与大型制药企业建立长期稳定的供销关系，及时为其提供高品质药材原料，满足市场需求。

四、完善配套政策，创优产业发展环境

中药产业关联度大、牵涉面广，必须融合各方面的政策，形成发展合力。首先要落实好扶持政策，加大对中药产业的投入。对中药材的生产，各级政府要列入农业综合开发、扶贫开发等项目进行重点扶持。对芍药、金银花等种植基地建设，要争取申请农业部的农业综合开发—优势特色种植项目，对杜仲、石斛等中药材种植基地的建设，要积极申请国家林业局的农业综合开发—名特优经济林示范项目；对中药材的生产加工、成分提取、饮片研发等，积极申请科技部的农业科技成果转化项目；支持龙头企业的生产基地，申请通过国家食品药品监督管理总局的中药材 GAP 基地认证，大力推进规范化生产基地建设，推广先进栽培技术和加工工艺。支持龙头企业申请工业和信息化部实施的中药材生产扶持项目，

建立中药材规范化、规模化、产业化生产基地。

　　落实好市政府对促进医药工业发展的各项扶持政策，采取多种形式广泛启动社会资金参与产业建设。其次，切实加强产业的组织领导，相应重点区县要成立相应的组织领导机构，牵头成立中药产业协会，搭好企业与政府、企业与企业之间的沟通联系平台。最后，创优医药产业发展环境，药监、公安等有关职能部门要严厉打击假冒伪劣产品对市场秩序的扰乱行为，净化药品市场，推行政务公开、简化办事程序，为泸州市中药产业良性发展创造良好的社会和市场环境。

五、加强招商引资，拓宽融资渠道

　　加大对中药材产业发展的信贷支持力度，引导鼓励金融机构创新信贷产品和服务方式，支持中药材企业通过商标权质押、经营权抵押、股权质押、发行债券等方式拓宽融资渠道，鼓励各类担保机构为中药材发展提供多种信用担保服务。积极探索中药材种植政策性保险，提高风险保障能力。支持有条件的企业上市融资和债券融资。

第六章　泸州市现代养殖业（畜牧业）发展专项规划

第一节　产业发展现状与分析

泸州市位于四川省东南部，长江和沱江交汇处，是川滇黔渝结合部区域性中心城市，四川第一大港，成渝经济区重要的商贸物流中心，是四川省主要的粮食产区。经过多年发展，畜牧业已成为泸州市农业农村经济的支柱产业，成为农民增收和脱贫致富的重要渠道。

一、发展现状

泸州畜牧资源丰富，是四川省重要的生猪、肉牛和肉羊生产基地。2013 年出栏生猪 367.24 万头，出栏肉牛 6.96 万头，出栏肉羊 44.96 万只，畜牧业产值 96.5 亿元，占农业总产值的 38.3%，农民人均畜牧业纯收入 1 055.66 元。2013 年泸州市畜牧业总产值在四川省 21 个市州中排名 13 位，超过全省平均水平 4.2 个百分点。在泸州市现有的 7 个区县中，泸县、合江、纳溪、叙永、古蔺是国家优质商品猪战略保障基地县，有 6 个区县是四川省生猪调出大县，古蔺、叙永为国家优质肉牛优势区域规划县和四川省现代畜牧业重点培育县，泸县、纳溪区是四川省现代畜牧业重点县。泸州市畜牧业发展有以下特点。

（一）结构调整加快

由于牛羊市场价格持续高位运行，泸州市牛羊等节粮牲畜的养殖得到较快发展，牛羊和禽类产品产量持续上升，猪肉在肉类总产量中的比重持续下降。2013 年猪业总产值为 64 亿元，较 2012 年下降 1 亿元，生猪占牧业总产值比重为 61.7%，较 2012 年下降 1.1 个百分点。

（二）生产方式转变

泸州市已建成各类现代畜禽规模养殖场 675 个，其中，规模猪场 409 个，规模牛场 47 个，规模羊场 50 个，规模禽兔养殖场 169 个。创建部、省级畜禽养殖标准化示范小区（场）17 个，其中，省级标准化典型示范场 1 个。全市以生猪为主的畜禽规模养殖面达到66%，生猪三杂面达到88.7%，羊、禽、兔良种面超过90%。

（三）产业发展成效明显

近年来，泸州市大力倡导"种畜禽场+专业合作社+适度规模养殖农户"建设标准化养殖场（小区）的发展模式，引导农户转变散养发展方式，逐步走向"适度规模、种养结合、生态循环、全产业链"为标志的现代畜牧业模式，积极发展畜牧龙头企业和专合组织，为农户提供产前、产中、产后服务，带动农户联建共建标准化养殖小区。全市已培育各类畜禽养殖专业合作社471个，发展适度规模养殖农户达到14 644户，其中，省级示范合作社20个，全市有畜牧农业产业化市级以上重点龙头企业39家。

（四）动物疫病监测防控框架初步形成

泸州市动物保护体系基本建成，动物疫病监测和控制手段明显提高，无规定动物疫病示范区建设初见成效，重大动物疫病得到有效控制，动物病死率明显降低，免疫、消毒、监测等各项综合防控措施有效落实。2013年全市共免疫猪612.94万头、牛38.9万头、羊52.4万只，应免畜禽免疫密度达到100%，确保畜禽群体免疫密度常年保持在95%以上，有效抗体合格率达85%以上，确保养殖产业健康发展。同时，建立畜禽养殖档案和畜产品质量安全追溯制度，开展畜牧业生产环境治理，加强养殖过程和生产投入品的监管，提高畜产品质量安全水平。全市有无公害基地和无公害畜产品23个，其中，获得有机产品认证的畜产品6个，各类兽药、饲料检测，平均合格率达93%，畜产品质量安全、无公害畜产品产地环境检测检验合格率均为100%。

（五）区域布局突出

泸州位于四川盆地南缘与云贵高原过渡带，地势北低南高。北部为河谷、低中丘陵。南部连接云贵高原，属大娄山系乌蒙山北麓，为中山或高山。长江自西向东横贯境内，沱江、永宁河、赤水河、濑溪河、龙溪河等交织成网。年平均降雨量748.4～1 184.2毫米，自北向南依次递减。泸州耕地依地势变化从北向南递减。北部耕作条件和水资源状况较好，主要以生猪、家禽养殖为主，南部山区山地资源富集，形成了肉牛、肉羊养殖特色，古蔺和叙永两县肉牛、肉羊养殖基础较好，泸县、合江县的肉羊养殖特色明显。

（六）酒糟、秸秆等被广泛用于肉牛养殖

泸州是中国白酒金三角核心区，据不完全统计，年产酒糟50多万吨，提供了很好的饲料资源。泸州在全市大力推广酒糟养牛。目前，全市有肉牛养殖场（户）500多个，规模以10~20头为主。规模较大的有叙永川天肉牛养殖场、叙永东牛牧场、古蔺小勇牛场、古蔺太平镇高笠牛场、合江白鹿川源肉牛养殖场、合江榕山鑫屹肉牛养殖场、泸县椿海牛场、纳溪顺和牛场等，存栏肉牛均在100

头以上。大部分牛场均把酒糟、秸秆作为主要牛饲料进行综合利用。酒糟养牛不但实现了工业副产品的资源再利用，也开辟了泸州肉牛养殖的饲料来源新途径。

（七）科技含量和组织化程度不断提高

"十一五"以来，全市大力推广以 DLY、PIC 为代表的优质生猪，实施生猪换种工程。2013 年全市生猪三元杂交面达 88.7%，其中，以 DLY、PIC 为代表的优质生猪达 79%，全市引进了四川吉泰龙、资阳四海、遂宁高金等一批实力较强、规模较大、技术较新、竞争力较强的畜产品加工龙头企业，形成了年屠宰加工 300 万头生猪和 6 万头肉牛的生产能力。全市已依法登记畜牧类农民专业合作社 471 个，带动养殖农户 6 万多户，其中泸县方洞仙山生猪专合社、纳溪天仙生猪营销专合社、龙马潭区绿野龙马土鸡专合社、古蔺蔺州三台土鸡专合社、叙永富康生态兔养殖专业合作社、合江福全生猪专合社、泸州田园乐生猪专合社等20 个专合社被确定为省级示范专业合作社。同时，一批种养结合、以养殖业为主的家庭农场正在快速崛起。

二、主要问题

（一）畜产品加工龙头企业少

泸州市现有泸县吉龙食品、合江四海食品、合江高金食品、叙永川天食品、古蔺顺春食品等一批有一定实力的畜产品加工企业，但大多规模偏小，辐射带动能力较弱，数量少，产业链短，产业化经营与组织化程度不高，龙头企业与养殖户之间利益机制不完善，制约了泸州市畜牧业的快速发展。

（二）资源与环境问题日益突出

根据泸州"南牛羊、北生猪"的养殖格局和土地、饲料资源状况，资源与环境矛盾突出。北部人均耕地较少，土块小，养殖建设用地有限，建设规模有限，难以形成种养结合的可持续发展模式。同时发展与环境问题一直困扰其发展。南部虽然人均土地面积较大，但是土地基本以山地和深丘为主，不适宜机械化作业，饲草料的耕种、收割、储存、运输等较为困难，成本较高，受到饲草料生产能力和地形地势容纳条件的影响，养殖规模受制约。

（三）标准化、良种化水平亟待提高

近年来，泸州市规模养殖快速发展，已建成泸县齐力康、巨星兴旺、泸县天泉牧业、合江四海天兆、纳溪广发农业、泸州金海牧业、泸州中裕牧业、泸州瑞华等一批部、省级畜禽标准化规模养殖示范场，但总体而言，其数量、规模、设施化水平等与四川省的先进水平还有相当大差距，特别是在种畜禽养殖基地建设上还相对滞后。截至 2013 年年底，获得四川省农业厅颁发种畜禽生产经营许可证的一级种畜禽场只有泸州金海牧业、泸州中裕牧业和泸县天泉牧业三家。

（四）促进农民持续增收难度加大

泸州市玉米、大豆等饲料粮供需矛盾突出，同时受到交通、地势及劳动力成本的限制，饲草料收储成本较高，整体看来饲草料成本占养殖成本的70%左右，饲草料价格上升直接导致养殖成本增加。水、电、成品油、劳动力、防疫、环保、用地等费用上涨较快，而畜产品价格提升空间有限，特别是生猪价格波动加大，使农民通过发展畜牧业促进增收的难度加大。同时，畜牧产业链各主体利益分享与风险分摊失衡，养殖环节处于弱势地位，农民持续稳定增收难度大。

（五）动物疫病防控工作压力较大

境外疫情多发，国内重大动物疫病疫源分布较广。多年来，口蹄疫、高致病性猪蓝耳病、猪瘟、小反刍兽疫等疫病侵入频繁，病毒变异加快，防控难度加大。泸州地处川、滇、黔、渝结合部，活畜禽及其产品调运交易频繁，跨区域传播风险几率高。泸州一些区县的动物防疫机构和基层队伍不稳，技术服务水平较低，设备设施差，一旦发生重大动物疫情，将对整个畜牧产业造成毁灭性打击。

（六）技术、资金、土地等生产要素制约发展

泸州市畜禽养殖场大多分布在相对偏远、生活条件相对落后的农村。由于地位不高，工作清苦，待遇低下，许多年轻、有知识、有技术的畜牧兽医科技人员不愿到基层从事畜禽养殖业生产，养殖场养殖工人和技术员难找，原有技术人员跳槽频繁，在岗的技术人员也没有更多提高的机会，造成一方面养殖规模不断扩大，另一方面专门人才的数量和流量却在下降的局面。

养殖业投入大、周期长、效益低，养殖企业和养殖户资金严重不足。泸州很多畜禽规模养殖场业主往往投入了基础建设，却缺乏生产流动资金。圈舍建设好了，没有流动资金，金融机构对养殖企业放贷门槛高，其租赁的土地和畜禽圈舍不能作为贷款抵押，造成养殖企业贷款融资难；泸州畜牧业担保、多元化投融资平台等机制尚不健全。仅2013年，缺口资金达数十亿元。

泸州北部的泸县、合江、江阳区、龙马潭区和纳溪区畜牧业相对发达，但受国家土地政策和泸州市城市规划的限制，已发展的畜禽养殖场要撤出城市规划区560多平方千米范围，新建场难以落实土地。

第二节　产业发展优势分析

一、产业市场分析

（一）国内牛羊肉消费需求持续增加

"十一五"以来，我国牛羊肉消费需求增长较快，2010年人均牛羊肉消费量分别为 4.87 千克和 3.01 千克，均比 2005 年增长 12%，年均增长 2.3%。我国人均羊肉消费量是世界平均水平的 1.5 倍，人均牛肉消费量仅为世界平均水平的 51%，特别是与欧美发达国家的消费水平差距较大。随着人口增长、居民收入水平提高和城镇化步伐加快，今后一段时间内牛羊肉消费仍将继续增长。预计到 2015 年，人均牛肉、羊肉消费量将分别达到 5.19 千克和 3.23 千克，分别比 2010 年增加 0.32 千克和 0.22 千克，年均增长 1.28% 和 1.42%。按照 2015 年全国 13.9 亿人口测算，牛肉消费需求总量由 2010 年的 653 万吨增为 721 万吨，增加 68 万吨；羊肉消费需求总量由 2010 年的 403 万吨增为 450 万吨，增加 47 万吨。2020 年全国人均牛肉、羊肉消费量为 5.49 千克和 3.46 千克，分别比 2015 年增加 0.3 千克和 0.23 千克，年均增长 1.13% 和 1.39%。按照 2020 年全国 14.5 亿人口测算，牛肉消费需求总量由 2015 年的 721 万吨增为 796 万吨，增加 75 万吨；羊肉消费需求总量由 2015 年的 450 万吨增为 502 万吨，增加 52 万吨。牛羊肉市场需求为泸州肉牛肉羊发展提供了良好的市场大环境。

（二）牛羊肉价格持续上涨，节粮畜牧业发展效益较高。

受到供需关系影响，2013 年牛羊肉价格分别由 2008 年的 33 元/千克、31 元/千克上涨至 50 元/千克、57 元/千克，分别上涨了 52%、84%，2013 年第一季度牛肉、羊肉价格继续上涨，每千克 65.6 元、65.8 元，比上年同期上涨 33.1% 和 12.7%。一方面，随着消费者生活水平提高，加之受近年来频发的猪肉瘦肉精等食品安全问题影响，猪肉消费量逐渐减少，牛羊肉消费量逐渐增加；另一方面，受养殖成本上升、母畜养殖效益偏低等多重因素影响，全国肉牛、肉羊存栏减少，产量增长减缓，个别年份略有下降，供求关系趋紧，局部地区出现牛羊肉供不应求。随着消费需求增长拉动和生产成本进一步上升，2015 年的牛羊肉价格仍保持高位运行态势，泸州市较大面积的草山、草坡为发展肉牛、肉羊产业提供了较好的饲草料资源。

（三）猪肉在肉类总产量中的比重逐步降低，进口增加

猪肉在我国具有"猪粮安天下"的战略地位，猪肉仍然是未来较长时间我国畜产品消费的主体。我国居民猪肉消费一直占肉类总消费量 65% 以上，西南地区的猪肉消费超过 70%。随着我国人口增长、城镇化发展和国内居民生活水平的提高，国内猪肉消费需求将进一步增加。据联合国粮农组织预测，未来我国猪肉消费量将以每年 1.6% 的幅度增长，到 2022 年将达到 6 078 万吨，届时猪肉在我国肉类总量中的比例为 60%。同时，进口猪肉价格优势明显。2013 年我国进口猪肉 55.6 万吨，较 2010 年的 20.1 万吨增长 177%，而且，进口猪肉价格始终保持较低水平，2013 年我国进口猪肉平均价格仅为每千克 1.9 美元，而我国生猪价格同期最低 12 元/千克以上，猪肉价格最低 18.2 元/千克以上，进口猪肉价格优势明显，刺激了猪肉进口快速增加。

（四）生猪养殖规模逐渐加大，散养户逐步退出

随着非养殖企业进军养殖业，资本实力决定胜负，谁能够在资本上占据优势，谁就有能力在这风云变化的猪市中笑到最后。随着养殖规模化程度越来越高，规模猪场比散户在资本上更有竞争优势。随着2014年《畜禽规模养殖污染防治条例》的逐步实施，利用法治手段促进畜禽养殖污染防治与畜牧业健康发展是必由之路，淘汰以散养户、小规模生产的污染企业成为必然，更利于大规模化生产。

（五）地方畜禽品种种质资源保护和优良基因资源开发不断加快

我国地方畜禽品种在肉质风味、繁殖力、抗逆性、耐粗性等方面都显著优于国外品种。多年来，农业部和地方各级畜牧部门，通过实施畜禽种质资源保护项目和畜禽良种工程，建立了地方猪种资源保护体系，地方猪种开发利用初见成效。目前，农业部已将34个地方猪品种列入《国家级畜禽遗传资源保护名录》。加强对这些优良特性的保持和研究，将独特的优良特性和国外品种猪生长快、瘦肉率高的特点进行兼容，进而开发出特色生猪产品，这是提高人民生活水平、增强我国养猪业国际竞争力的新途径。丫杈猪是泸州市特有的猪种资源，具有生长发育快、风味品质好，是优良地方猪种。2012年出版的《中国畜禽资源志——猪志》将其列为一类地方猪类群，是具重要遗传潜力和育种价值的种质资源。四川省畜牧科学研究院与观文丫杈种猪场等单位合作，建立了丫杈猪保种场，开展了丫杈猪的品种保护和种质特性及杂交利用研究，有效提高了丫杈猪的遗传纯度，全面、系统、深入地阐明了品种特性，提出了杂交利用模式，在古蔺县、叙永县、合江县、泸县、纳溪区和江阳区等地示范应用，取得良好效果，具有较大的推广价值和商品价值。

（六）对畜产品质量与安全的要求日益提高

2008年"三鹿奶粉"的三聚氰胺事件，2011年的"瘦肉精"事件，2012年又发生了"速成鸡"事件。事件发生后，在全国范围内多部门联合协作下大力，出重拳进行了专项整治，取得了明显成绩。食品安全、卫生和品质日益受到重视，制定和实施完善的标准体系，采用先进的科技含量高的控制手段，实施畜产品的全程控制和可追溯制度是畜牧业发展大势所趋。

二、竞争力分析

发展现代畜牧业，泸州具有一定的地理和资源优势，适宜发展适度规模的畜牧业生产，同时，泸州畜牧业发展具有较好的产业基础，在仔猪供应和地方品种特色生猪、肉牛、肉羊方面具有较强的市场竞争力。

（一）发展机遇良好

畜牧业发达国家，畜牧业产值占农业产值的比重逐渐增加，并且远高于发展

中国家，比如，美国已接近50%，新西兰、澳大利亚及北欧许多国家则达到60%，荷兰、以色列等国家甚至高达85%。受世界畜牧业发展影响，我国畜牧业快速发展。2012年，我国肉蛋奶总产量分别达到8 387.2万吨、2 861.2万吨和3 875.4万吨，同比分别增长5.3%、1.8%和1.7%，畜牧业产值约占农业总产值33%。四川省肉蛋奶产量分别达到670.2万吨、146.4万吨和71.7万吨，同比分别增长2.9%、1.1%和0.7%，畜牧业产值占农业总产值的39%，比重高于全国平均水平，增速明显低于全国水平。泸州畜牧业发展受到了国家、省、市各级政府的高度重视，2013年全市到位中央、省级项目资金6 400多万元，带动全市畜牧业投资5个多亿。泸县、纳溪区是四川省现代畜牧业重点县，叙永、古蔺县为现代畜牧业重点培育县和肉牛产业大县，泸县、合江为肉羊产业大县，泸县、合江、叙永、古蔺、纳溪、江阳6个生猪调出奖励大县，产业发展基础较好，应努力抓住机遇，调整结构，转变增长方式，闯出一条提质增效的新路径。

（二）区位优势明显

泸州区位优越，地处川滇黔渝结合部，长沱两江交汇处，是西南农产品物资集散地，长江水道、高速公路网、航空等交通优势明显，为泸州成为四省市的畜产品加工、集散中心创造了区位条件，也是泸州区别其他地区的特有优势之一；近年来泸州的交通建设日益加快，正在打造泸州至成都2小时交通圈、泸州至重庆1小时交通圈，为泸州的畜牧业发展提供了先决条件；川渝经济带、长江经济带、白酒金三角的迅速发展将为泸州经济发展起到示范带动作用，并从政策、经济、交通、文化、信息、金融、科技等方面为泸州畜牧业提供千载难逢的发展机遇，使区外畜牧养殖和加工企业对来泸州投资兴业产生了较强的吸引力，也为泸州立足西南，面向全国，开拓畜产品市场，发展现代畜牧业提供良好契机。

（三）全产业链养殖业模式已现雏形

通过近年来的产业发展，泸州猪、牛等产业已基本实现全产业链发展。建立了泸州中裕牧业、古蔺观文种猪场、合江四海天兆、泸县巨星兴旺、泸县天泉牧业等5个种猪场和泸州瑞华、叙永叙兴、泸州金凤凰禽业等16个畜禽扩繁场，通过种畜场建设，以优质的种畜带动全市畜牧业以较高的生产水平发展。同时，还建成了泸县吉龙食品、合江四海食品、合江高金食品、叙永川天食品、古蔺顺春食品、古蔺高源食品等畜产品加工企业。这些企业通过畜产品精深加工、市场营销和品牌创建，拉长了泸州畜牧业的产业链，提供增长动力，为进一步提质增效奠定了坚实的产业基础。

（四）饲料资源丰富

泸州位于四川盆地南缘与云贵高原的过渡地带，具有山区气候特点，草资源丰富。全市共有草山草坡400余万亩，其中可利用草山草坡面积约占85%，每年人工种草面积在 30 万亩左右。由于泸州市畜牧业结构主要是以猪为主,对草资源的利用率不足 50%,且主要集中在古蔺和叙永两县。同时,泸州市可收集秸秆资源为 219 万吨,其中用作饲料的秸秆为 94 万吨,占 42.9%;玉米秸秆饲料利用率为 37%,稻谷和高粱秸秆的利用不到 5%。中国酒城泸州,酒糟资源非常丰富,据不完全估计,酿酒企业数量占四川近 1/3,2012 年泸州酒糟干物质产量超过 11 万吨(鲜酒糟 30 万吨),目前用作饲料原料生产和直接饲喂牲畜的占 1/3,当作燃料燃烧和废弃的数量占四成左右,较大的饲料利用空间不但奠定了养殖业饲料基础,而且降低了养殖业的饲料成本。

(五)繁育体系健全

泸州畜禽良种繁育体系健全。全市有古蔺丫杈猪、古蔺马头羊、川南黑山羊、川南黄牛、川南山地乌骨鸡等多个地方优良畜禽品种。丫杈猪、古蔺马头羊已列入四川遗传资源保护名录,丫杈猪正在申请列入国家遗传资源保护目录。有较大规模的种猪场 5 个,扩繁场 16 个。标准化生猪人工授精站 3 个(泸县 2 个,纳溪 1 个),肉牛冻精站 2 个(古蔺、叙永各 1 个)。泸州市与中国农业科学院、西南大学、四川省畜牧科学研究院、四川农业大学等省内外科研院所和大学长期合作,建立了紧密的"产学研"联盟关系,形成了以科研院所和大专院校为依托,市级畜牧技术推广机构为中心,区(县)、乡(镇)畜牧兽医站为基础的技术推广体系,科技协作不断深入。近年,泸州依托部、省项目资金,加强动物防疫基础设施建设,动物疫病防控技术装备进一步改善,市、区县、乡镇、村动物防疫网络基本形成,防疫队伍能力和水平明显提高,为全市现代畜牧业健康持续发展提供了保障。

(六)市场需求较大

泸州市是四川省三个中心城区人口达 100 万人的城市之一,城乡居民收入水平和消费水平较高。2013 年泸州市城镇居民人均可支配收入达到 22 821 元,排全省第 7 位。泸州市城镇化率为 41.73%,较高的城镇化率和居民收入水平意味着逐渐增加的畜产品需求。泸州市与 1 000 多万城区人口的重庆市接壤,与贵州、云南比邻,交通四通发达,物流无缝对接,无论是在畜产品流通成本,还是在畜产品保鲜、保质等方面,都具有明显的优势,这一独特的区位优势,也为优质畜产品销售奠定了良好基础。

三、主导产品市场定位

(一)提质增效稳定生猪生产

泸州市生猪产业基础良好,有 6 个国家生猪调出大县,2013 年出栏生猪 367 万头,养殖数量的快速增长对当地土地资源及环境产生越来越大的压力。为缓解资源与环境压力,泸州市今后在生猪养殖方面应提质增效,由数量增长方式向质量效益型生产方式转变，结合现代畜牧业重点县和美丽幸福新村建设，依托龙头企业，进一步建立健全良种繁育体系，大力推广 PIC 和 DLY 优质三元杂交猪，提高良种化率，开展标准化养殖技术培训，引导农民开展适度规模养殖，同时要抓住机遇，充分利用丫杈猪（川黑Ⅱ号）这一特色品种加快提纯复壮和新品系培育，在适宜发展的地区开展相关养殖技术的集成示范，建立完善的"公司+基地+农户"利益联结机制，带动农民增收。

（二）大力发展肉牛养殖支柱产业

泸州有大量不便于进行粮食生产的草山草坡，粮食生产比较效益低，而进行肉牛养殖却能充分发挥其资源优势。黄牛作为农户传统饲养的役畜，在泸州叙永、古蔺具有较大的基础数量，可通过与西门塔尔、夏洛莱、安格斯、利木赞等外来优良品种杂交繁育，提高生长速度及牛肉品质，并通过肉品分割和深加工提高产业附加值，提升产业发展水平，使其成为泸州市未来发展的重点产业和支柱产业，发挥其在四川省节粮畜牧业中的引领示范作用。应立足于泸州特有的饲料资源条件和川南黄牛的特殊风味，借鉴丫杈猪肉品市场开拓经验，开发出适合的特色肉品及皮具等相关产品，抢占重庆、成都、北京、上海等大城市高端市场。

（三）积极发展肉羊养殖特色产业

肉羊养殖业投资少，见效快，在全国羊肉紧缺的大背景下有较大的市场发展潜力。近年，泸州市肉羊发展较快，尤其是泸县、合江、古蔺、叙永四县肉羊养殖已具有一定基础，培育了川南黑山羊、古蔺马头羊等特色地方品种。泸州应充分利用大量的草山草坡资源，在现有养殖基础上积极进行种羊繁育和肉羊育肥，提高养殖的专业化、规模化水平，将肉羊养殖建设成泸州特色产业。尤其是针对地方品种古蔺马头羊等特色种质，应借鉴丫杈猪肉品市场开拓经验，开发出适合的特色肉品，抢占重庆、成都、广州、海南、北京、上海等大城市高端市场。

（四）加快发展进林下鸡产业

泸州是国家森林城市，林竹资源丰富，利用林下资源放养土鸡，市场前景好，养殖效益高。纳溪、古蔺、叙永等区县经过多年发展，已形成一定规模，并探索出成功经验。2013 年全市出栏林下鸡达到 1 305 万只，占肉鸡出栏的 69%，培育了泸州金凤凰禽业、叙永枧槽彬雪乌骨鸡生态养殖专合社、古蔺苗家土鸡养殖有限公司等林下鸡龙头企业，打造了泸县蜀龙山地鸡、龙马乌鸡、纳溪乐道子林下鸡、叙永丰岩乌骨鸡、古蔺土鸡等林下土鸡品牌。泸州林下生态鸡在四川、重庆具有较大影响，其中古蔺麻辣鸡、叙永椒麻鸡等品牌在川渝具有一定知名度。

泸州市林下土鸡规模较小，产业链条短，品牌、市场知名度有限。要加大政策引导，成片推进林下土鸡标准化规模养殖，迅速扩大规模，引进培育大型龙头企业，形成深加工品种，延伸产业链，整合林下土鸡品牌，将小产业做出大市场、大品牌、大效益。

第三节　发展思路与目标

一、发展思路

(一) 指导思想

泸州畜牧业已步入现代产业化的轨道，成渝经济带、长江经济带及白酒金三角的发展为其提供了大的发展机遇。今后的经济环境、市场环境应以科学发展观为指导，以发展生态、安全、高效畜牧业为目标，抓住公共卫生安全、畜产品质量安全和生态环境优化三大重点，重点实施产业化带动、规模化发展、标准化生产三大工程，以工业化的理念打造现代畜牧业，用循环经济模式构建现代畜牧养殖业生产体系，把泸州市建设成为长江经济带上游和成渝经济区重要的高效、生态畜产品生产加工基地。

(二) 基本原则

一是坚持大招商、大开发、大发展的思路，充分发挥政府的指导引领作用和企业的主体作用，依靠市场配置资源，积极吸引国内畜产品加工企业、社会资本开发畜牧业，提升畜牧产业结构优化升级，建设规模化、标准化的现代畜牧业生产及产品加工基地。

二是坚持高点定位，跨越发展的思路。推进草畜一体、农牧结合、循环经济等成功模式，把先进管理理念、先进生产技术、现代生产设备和一流物流模式融为一体。

三是坚持因地制宜，科学发展的思路。科学发展就是走科学布局，先进生产加工、生态友好、管理高效、市场化运作，服务一流的发展路子。

生猪、林下鸡、肉羊、肉牛产业链如图6-1~图6-4所示。

二、发展目标

推动泸州优质饲草料种植与加工业发展，奠定现代畜牧产业的饲料资源基础；调整畜禽养殖结构，推动产业集聚，逐步形成北猪羊南牛羊区域布局以及林下鸡、丫杈猪特色养殖的优势产业带；加快畜禽种业发展，提高养、繁、育技术水平和管理水平，以良种良法带动升级增效；推动加工企业向精深加工发展，瞄准抢占重庆、成都、北京、上海等大城市高端市场。通过延伸和完善产业链条，

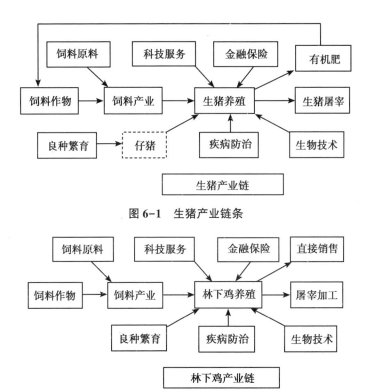

图 6-1 生猪产业链条

图 6-2 林下鸡产业链条

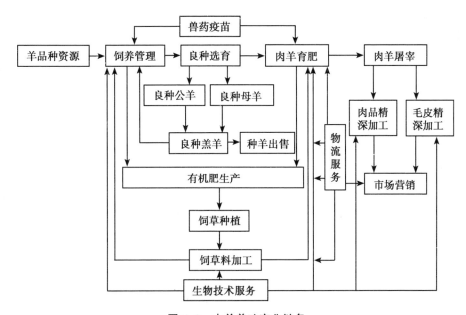

图 6-3 肉羊养殖产业链条

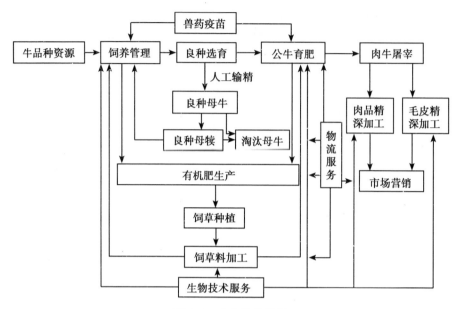

图 6-4　肉牛产业链条

大幅提升养殖业核心竞争力;不断优化配置资金、土地、技术、管理等生产要素,逐渐使产业发挥产业规模效应和产业集聚效应,使泸州市畜牧业走上健康、高效、可持续发展之路。

通过本规划的实施,到 2025 年,全市生猪年出栏 470 万头,其中,特色丫权猪 10 万头,出栏肉牛 25 万头、肉羊 140 万只、林下鸡 5 000 万只,牧业总产值达到 190 亿元,见表 6-1、表 6-2。

表 6-1　2014—2025 年泸州市现代畜牧养殖业发展指标　　（单位：万头、万只）

品种	2014—2016 年			2017—2020 年				2021—2025 年
	2014	2015	2016	2017	2018	2019	2020	
优质猪	374.5	383.2	390	398.8	407.8	414.3	420	460
丫权猪	2	3	4	5	6	7	8	10
肉牛	9.05	10.7	12.3	13.45	15.2	16.4	18	25
肉羊	51.3	57.8	65	73.5	83	92	102	140
林下鸡	1 636	1 940	2 170	2 470	2 780	3 125	3 530	5 000

表 6-2　2014—2025 年泸州市各县区现代畜牧养殖业发展指标

（单位：万头、万只）

区（县）	发展指标	2014—2016 年			2017—2020 年				2021—2025 年
		2014	2015	2016	2017	2018	2019	2020	
江阳区	优质猪	29.5	30.2	31	31.3	31.5	31.8	32	34
	丫杈猪	—	—	—	—	—	—	—	—
	肉牛	—	—	—	—	—	—	—	—
	肉羊	3.6	3.8	4	4.2	4.5	4.8	5	8
	林下鸡	80	100	120	130	135	140	150	200
龙马潭区	优质猪	22	22	22	22	22.3	22.5	23	24
	丫杈猪	—	—	—	—	—	—	—	—
	肉牛	—	—	—	—	—	—	—	—
	肉羊	3	3.2	3.4	3.6	3.8	4.0	4.5	5
	林下鸡	320	340	350	360	375	385	400	500
纳溪区	优质猪	36.5	38	40	41.5	43	44	45	52
	肉牛	0.55	0.6	0.7	0.75	0.8	0.9	1	2
	肉羊	2.8	2.9	3.1	3.5	3.7	4.2	5	9
	林下鸡	300	350	400	450	500	550	600	800
泸县	优质猪	107.5	109	110	114	118	120	122	132
	肉牛	0.3	0.6	1	1	1	1	1	1
	肉羊	15	17	19	21	23	25	27	35
	林下鸡	300	350	400	460	520	600	680	1 000
合江县	优质猪	80	82	83	85	87	89	90	100
	肉牛	0.4	0.5	0.6	0.7	0.8	0.9	1	2
	肉羊	17.3	18	19	20	22	23	25	33
	林下鸡	300	340	360	380	410	450	500	700
叙永县	优质猪	47.5	49	50	50.5	51	51.5	52	57
	丫杈猪	0.5	0.75	1	1.2	1.5	1.6	2	3
	肉牛	3.9	4.5	5	5.5	6.3	6.8	7.5	10
	肉羊	2.3	5	8	12	16	20	22.5	30
	林下鸡	206	300	360	440	520	600	700	1 000
古蔺县	优质猪	51.5	53	54	54.5	55	55.5	56	61
	丫杈猪	1.5	2.25	3	3.8	4.5	5.4	6	7
	肉牛	3.9	4.5	5	5.5	6.3	6.8	7.5	10
	肉羊	7.3	7.9	8.5	9.2	10	11	13	20
	林下鸡	130	160	200	250	320	400	500	800

逐步提高泸州市畜牧业的标准化、规模化水平，到 2025 年，优质生猪年出

栏 500 头、特色丫杈猪年出栏 200 头、能繁母牛存栏 10 头、育肥牛出栏 50 头、肉羊出栏 200 只，见表 6-3。

表 6-3　2016—2025 年牲畜规模化比重　（单位:%）

项目	三元猪	丫杈猪	肉牛	肉羊
2016 年	65	60	25	30
2020 年	75	75	35	40
2025 年	85	90	45	50

到 2025 年，全市畜牧业产值达到 190 亿元，占农业总产值的 50%，在农民现金收入中的比例增加到 58%，标准化养殖户出栏牲畜占出栏量的 85%，养殖户中加入畜牧业合作组织或与龙头企业签订定向购销合同的农户比例达到 85%，"公司+农户"畜牧业科技贡献率达到 68%，见表 6-4。

表 6-4　2016—2025 年现代畜牧养殖业发展指标

项目	畜牧业总产值（亿元）	在农业总产值中所占比重（%）	在农民现金收入中的比重（%）	组织化程度（%）	畜牧科技贡献率（%）
2016 年	102	42	50	50	55
2020 年	140	45	53	65	60
2025 年	190	50	58	85	68

<h2 align="center">第四节　产业区域布局</h2>

根据泸州市的饲草料资源现状与分布和规划目标，在泸州市形成"南牛羊、北猪羊、全市发展林下鸡"的优势产业带布局。

一、优质生猪产业带

主要规划泸县、合江县、纳溪区三个现代畜牧业重点区县，大力发展生猪规模养殖和适度规模养殖，在江阳区、龙马潭区、古蔺县、叙永县发展适度规模养殖，形成优质生猪产业带。

到 2025 年，全市新增优质生猪出栏 90 万头，年出栏生猪达到 460 万头，巩固泸县、合江县、纳溪区、江阳区、古蔺县、叙永县为国家生猪调出大县见表 6-5。

表 6-5 泸州市优质生猪养殖区域布局

区（县）	乡（镇）
江阳区	分水、石寨、江北
龙马潭区	石洞、双加
纳溪区	天仙、大渡口、合面、护国、上马
泸县	喻寺、方洞、嘉明、福集、得胜、奇峰、玄滩、兆雅、云锦、立石、百合、云龙、石桥
合江县	实录、望龙、白沙、白鹿、先市、尧坝、法王寺
叙永县	江门、马岭、兴隆、龙凤、震东、两河、观兴
古蔺县	古蔺、德耀、永乐、太平、大村、双沙、东新
合计	44 个乡镇

二、南部山区肉牛产业带

主要规划在叙永、古蔺及周边地区，重点发展肉牛繁育与集中育肥。项目区包括叙永、古蔺、合江、纳溪和泸县 5 个区县的 33 个乡镇。到 2025 年，全市达到肉牛存栏 47 万头，出栏 25 万头的生产规模，肉牛产业得到长足发展，形成特色鲜明的南部肉牛产业带，见表 6-6。

表 6-6 泸州市肉牛养殖区域布局 （单位：万头）

区（县）	乡（镇）
泸县	海潮镇
纳溪	护国、大渡口
合江县	白鹿、榕山、石龙、福宝、先市
叙永县	落卜、震东、黄坭、合乐、两河、观兴、营山、麻城、摩尼、石坝、水潦、分水、赤水
古蔺县	二郎、太平、大村、东新、土城、石屏、永乐、箭竹、水口、石宝、龙山、护家
合计	33 个乡镇

三、优质肉羊产业带

主要规划在合江、泸县、叙永、古蔺、纳溪、江阳、龙马潭区 7 个区（县）的 37 个乡镇，重点开展川南黑山羊和古蔺马头羊的繁育和扩群，引进龙头加工企业，提高附加值。到 2025 年，全市达到存栏羊 137 万只，出栏 140 万只的生产规模，加快南部山区肉羊产业发展，见表 6-7。

表6-7　泸州市肉羊养殖区域布局　　　　　（单位：万只）

区（县）	乡（镇）
合江县	凤鸣、实录、尧坝、法王寺、榕佑、福宝、石龙、甘雨、先滩
泸县	潮河、玄滩、方洞、石桥、毗卢、立石、云锦、牛滩
古蔺县	石宝、护家、观文、丹桂、大村、金星
叙永县	合乐、震东、黄坭、分水、麻城、枧槽
江阳区	石寨、黄舣、分水
纳溪区	丰乐、白节、渠坝
龙马潭区	金龙、双加
合计	37个乡镇

四、特色生猪产业带

主要规划在古蔺县观文、永乐、古蔺、护家、金星、双沙、马嘶，叙永县水潦、石坝、观兴10个乡（镇），重点发展丫杈猪特色生猪养殖，见表6-8。

到2025年，规划建设国家级丫杈猪保种场1个、扩繁场3个、丫杈猪特色生猪养殖场（家庭农场）300个，年出栏10万头，实现产值3亿元。

表6-8　泸州市特色生猪养殖区域布局　　　　　（单位：万头）

区（县）	乡（镇）
古蔺县	观文、永乐、古蔺、护家、金星、双沙、马嘶
叙永县	水潦、石坝、观兴
合计	10个乡镇

五、林下鸡产业发展带

主要规划在全市7个区县的47个乡镇实施，见表6-9。以泸州金凤凰禽业、叙永枧槽乌骨鸡专合社、古蔺苗家土鸡专合社、白泥三台土鸡养殖专合社等为龙头，开展对本地土鸡选育和推广，利用各区县丰富的林地资源，采取公司+合作社+林下养鸡基地的模式，发展林下土鸡养殖。到2025年，全市规划建设标准化种鸡场（孵化中心）10个，土鸡孵化中心100个，林下土鸡养殖基地3 000个，年出栏林下鸡5 000万只，实现土鸡产值40亿元。

表6-9 泸州市林下土鸡养殖区域布局

区（县）	乡（镇）
江阳区	通滩、泰安、弥陀、黄舣
龙马潭区	金龙、特兴、长安、胡市
纳溪区	天仙、大渡口、渠坝、上马、合面、白节、丰乐
泸县	潮河、海潮、玄滩、方洞、喻寺、石桥、毗卢、天兴、得胜、太伏
合江县	虎头、九支、先市、榕佑、五通、法王寺
叙永县	枧槽、营山、马岭、向林、天池、后山、水尾、叙永
古蔺县	大寨、白泥、桂花、箭竹、古蔺、鱼化、椒园、马嘶
合计	47个乡镇

第五节　主要发展任务

一、加强科技支撑体系建设

加快畜牧兽医高新技术研究和开发。依托中国农科院、四川省畜科院、四川农大、西南大学等院校，建设产学研转化基地，开展良种培育、饲养管理、疫病防治、信息装备和环境净化等科研攻关。围绕肉牛、肉羊和生猪等畜牧重点产业，加快畜牧兽医高端人才培养和引进，培育科研创新团队，支持高新技术人才带项目搞开发。支持龙头企业与科研院所联合建设技术研发中心和工程技术研究中心，以龙头企业为主体，坚持自主创新与技术引进相结合，校企院企联合，发展生物高新技术，研发新产品，安全新型兽药、饲料，不断提高畜牧业发展的技术水平。健全推广网络，充实推广队伍，保持技术人员合理比例。改善基层技术装备和推广手段，加强技术推广服务能力建设。围绕现代畜牧业展需要开展基层推广人员培训，加大优良品种和先进实用技术的推广力度，大力推行标准化、专业化养殖，加快畜牧业科技成果转化。

二、加强良种繁育体系建设

重点加强畜禽原种场和资源场建设，完善基础设施，积极支持畜禽良种企业、畜牧合作组织集团式发展，建立面向长江经济带上游和成渝经济区的畜禽种业基地，构建与畜牧业相适应的良种繁育体系，加强丫杈猪、马头羊、川南黄牛等地方畜禽品种资源保护和开发利用，增强畜禽良种供应能力。加大畜禽良种补贴力度，扩大补贴范围，鼓励品种改良与推广。在全面落实中央、省有关良种补贴政策的基础上，市、县区财政每年要安排专项资金用于良种引进、改良。加强种畜禽管理，建立种畜禽生产经营质量诚信长效机制，严厉查处种畜禽生产经营中的违法行为。

三、积极建设现代产业加工和物流体系

加大力度支持外向型畜产品加工龙头企业，打造在四川省有影响力的大型畜产品加工企业。重点支持生猪、肉牛加工企业开展技术改造、产品开发和标准化规模养殖基地建设，引导加工与养殖同步协调发展，推动产业结构优化升级，增强企业的创新能力和产品的市场竞争力。加大招商引资力度，重点引进和新建一批猪肉制品、牛羊肉制品精深加工企业，加大畜产品加工总量，不断优化畜产品加工业布局和产品结构。深化与成渝地区的产销合作，增加对其畜产品的供应。积极实施"走出去"战略，最大限度地利用国内外两种资源、两个市场，增强对俄罗斯、港澳等市场的开拓力度。

四、加快建设动物疫病防控体系

建立健全市、县兽医行政管理、行政执法和技术支持三大体系，加强村级防疫员队伍建设，不断完善动物防疫工作体系和公共财政保障机制，构筑动物防疫工作的预警预报、快速反应和长效防控机制，形成上下贯通、横向协调、运转高效、保障有力的动物疫病防控体系。

五、加强畜牧业合作组织建设

专合组织是现代畜牧业连接市场、连接农户、连接龙头企业的有效组织形式，能有效调节龙头企业与农户间的利益机制，协调产业链各环节有序发展，降低农民的养殖风险。泸州市已经建立很多农民合作组织，但是还应该引导其建章立制，规范运作，扩大规模，完善功能，使其在泸州市的畜牧产业发展中发挥出更大作用。

第六节　重点建设项目

一、肉牛标准化育肥场建设项目

（一）实施地点

叙永县：兴隆乡川天肉牛养殖场、落卜镇东牛牧场、合乐乡肉牛养殖场、观

兴乡杨柳坝牛场、龙凤乡后安肉牛养殖场、摩尼镇三园汇肉牛养殖场、麻城明鑫肉牛养殖场等。

古蔺县：四川省郎多多畜牧业有限公司护家乡优质肉牛生态养殖科技示范园、四川天地人农牧发展有限公司箭竹乡优质肉牛养殖场、护家乡何阳肉牛养殖专业合作社养殖场、古蔺县裕强生态农业专业合作社养牛场、古蔺县观文镇盛泰肉牛养殖专合社养殖场、水口镇龙凤养牛专合社养牛场等。

合江：九支镇巨源肉牛养殖场、榕山镇富民养牛场、白鹿镇川源肉牛养殖场等。

纳溪区：护国镇顺和牛场、大渡口镇泸州老窖股份有限公司酒糟养牛基地。

泸县：海潮镇椿海牛场。

（二）建设内容与规模

对20个规模牛场进行圈舍改扩建，建设年出栏500~1 000头规模的标准化牛场10个，建设年出栏1 000头以上肉牛的标准化规模牛场10个。

配套建设相应的青贮窖、饲料储存间、消毒间，并根据饲养容量配套建设20座沼气处理设施设备，进行道路铺设及水电等基础设施建设。

根据当地玉米青贮、饲草种植情况，配套牧草收割机、粉碎机、饲料运输车、TMR设备。通过土地流转承包进行大片的饲草料地建设。

（三）投资估算

项目投资估算见表6-10。

表6-10　项目投资估算　　　　　　　　　　　（单位：万元）

序号	项目	2014—2016年	2017—2020年	2021—2025年
1	建筑工程费	600	500	200
2	机械费	500	300	
3	架子牛	1 500	1 000	700
4	饲料地建设	200	100	100
	合计	2 800	1 900	1 000

改扩建20个规模牛场的育肥舍建筑工程费为670万元，饲草料棚建设费140万元，青贮池（酒糟贮存池）建设费250万元，青贮系列机械（收割机、粉碎机、取料机等）200万元；TMR机械800万元，架子牛购置费3 200万元，水电路改造建设费240万元，饲料地建设费400万元，合计5 900万元。

项目建成后，泸州市可年出栏育肥牛40 000头，直接经济效益1.2亿元，解决就业人员1 000人，年间接经济效益4 000多万元。

（四）建设进度安排

肉牛标准化育肥场建设项目进度安排见表6-11。

表 6-11 肉牛标准化育肥场建设项目进度安排

序号	项目	2014—2016 年			2017—2020 年				2021—2025 年
		2014	2015	2016	2017	2018	2019	2020	
1	育肥舍改造	●		●					
2	饲料棚建设	●		●					
3	青贮系列机械		●	●	●	●			
4	TMR 机械			●	●		●		●
5	饲草料地建设	●	●	●			●		●

二、母牛繁育场建设项目

（一）实施地点

叙永县：落卜、震东、黄坭、合乐、两河、观兴、营山、麻城、摩尼、石坝、水潦、分水、赤水等乡镇。

古蔺县：二郎、太平、大村、东新、土城、石屏、永乐、箭竹、水口、石宝、龙山、护家等乡镇。

合江县：白鹿、榕山、石龙、福宝、先市等乡镇。

纳溪区：大渡口镇、护国镇。

泸县：海潮镇。

（二）建设内容与规模

对 33 个乡镇的 1 000 个母牛养殖场（户）进行改扩建或新建，建立母牛存栏数量在 10~50 头规模的家庭农场 600 个，母牛存栏数量在 50~100 头的牛场 300 个，母牛存栏数量在 100~300 头规模的牛场 80 个，母牛存栏数量 300 头以上规模的养牛场 20 个。对现有牛场进行圈舍的改扩建，并配套建设相应的青贮窖、饲料储存间，并根据养殖场饲养容量配套建设沼气池等粪污处理设施。根据当地玉米青贮、饲草种植情况购置适当类型的牧草收割机（中小型）、粉碎机、饲料运输车、TMR 饲喂设备，并进行相关水电、道路等基础设施建设。通过土地流转承包进行大片的饲草料地建设。

（三）投资与效益估算

改扩建 1 000 个牛场的圈舍建筑工程费为 5 000 万元；饲草料棚建设费 1 500 万元；青贮池（酒糟贮存池）建设费 2 500 万元；青贮及干草生产系列生产机械（收割机、粉碎机、取料机、饲料运输车等）10 000 万元；TMR 机械 15 000 万元；水电路改造建设费 15 000 万元；母牛购置费 10 000 万元，饲料地建设费 4 000 万元。合计 5.9 亿元，见表 6-12。

表 6-12 项目投资估算 （单位：万元）

序号	项目	2014—2016 年	2017—2020 年	2021—2025 年
1	建筑工程费	10 000	10 000	4 000
2	机械费	10 000	10 000	5 000
3	母牛	3 000	3 000	4 000
4	饲料地建设	2 000	1 000	1 000
合计		25 000	24 000	14 000

项目建成后，可年存栏母牛 54 500 头，生产后备牛 20 000 头，出栏架子牛、育肥牛 40 000 头，直接经济效益 8 000 万以上，解决就业人员 1 万人以上，年间接经济效益 1 亿元，并促进了社会的繁荣和安定团结。

（四）建设进度安排

母牛繁育场建设项目安排见表 6-13。

表 6-13 母牛繁育场建设项目安排表

序号	项目	2014—2016 年			2017—2020 年				2021—2025 年
		2014	2015	2016	2017	2018	2019	2020	
1	牛舍改造	●	●	●					
2	饲料棚建设		●	●	●				
3	青贮池建设		●	●	●				
4	青贮系列机械			●	●	●			
5	TMR 机械				●		●	●	
6	母牛购置		●	●	●		●	●	
7	饲草料地建设	●	●	●	●	●	●	●	●

三、标准化种羊场建设项目

（一）实施地点

合江县实录乡（三江种羊场）、榕山镇（榕山养羊场），泸县方洞（聚能草种植专合社种羊场）、潮河（游永种羊场），古蔺县护家乡（古蔺马头羊保种场、古蔺马头羊护家扩繁场）、石宝镇（石宝种羊场）、观文镇（古蔺马头羊扩繁场），叙永县合乐镇（四川景盛边城生态产业有限公司种羊场）、震东乡（叙永震东种羊场），江阳区石寨乡（朋川种羊场），纳溪区丰乐镇（丰乐种羊场）。

（二）建设内容与规模

重点引进四川景盛边城生态产业有限公司，在合乐乡建设万头黑山羊种羊基地；引进湖南大康牧业在古蔺对古蔺马头羊进行保种选育和开发利用，建设 1 个保种场和3个扩繁场。对现有的泸县方洞聚能草专合社羊场、江阳区朋川羊场、合江榕山羊场等7个规模羊场进行改扩建，建成存栏种羊1 000只以上的标准化羊场。

重点建设标准化羊舍或对现有羊场进行圈舍的改扩建，配套建设青贮窖、饲料储存间、沼气池等粪污处理设施。购置适当类型的牧草收割机（中小型）、粉碎机、饲料运输车和TMR等设备，并进行相关防疫、水、电、道路等基础设施建设。通过土地流转承包进行大规模的饲草料地建设。

（三）投资与效益估算

新建或改扩建12个标准化种羊场，四川景盛边城生态产业有限公司叙永合乐种羊基地，第一期计划投资3 000万（招商项目）；古蔺马头羊保种基地计划投资3 000万。其他10个标准化种羊场每个计划投资500万元。合计1.1亿元。其中，种羊标准化圈舍、草料棚、青贮池（酒糟贮存池）等基础设施建设7 000万元；青贮系列机械（收割机、粉碎机、取料机等）设备投资2 000万元；防疫、水、电、路等配套设施2 000万元，见表6-14。

表6-14　项目投资估算　　　　　（单位：万元）

序号	项目	2014—2016 年	2017—2020 年	2021—2025 年
1	羊舍等基础设施建筑	3 000	2 000	2 000
2	配套设备	500	500	1 000
3	防疫、水电路配套设施	500	500	1 000
	合计	4 000	3 000	4 000

项目建成后，种羊场存栏古蔺马头羊和川南黑山羊种养5万只，年提供优质种羊15万只。

（四）建设进度安排

种羊场建设项目安排见表6-15。

表6-15　种羊场建设项目安排表

序号	项目	2014—2016 年			2017—2020 年				2021—2025 年
		2014	2015	2016	2017	2018	2019	2020	
1	羊圈改造	●	●	●					
2	饲料棚建设		●	●	●				
3	青贮池建设		●	●					
4	青贮系列机械		●			●			
5	TMR 机械		●	●			●		
6	母羊购置		●	●	●	●		●	●
7	饲草料地建设	●	●	●		●	●	●	●

四、基础母羊规模化扩繁及育肥场建设项目

（一）实施地点

合江县凤鸣、实录、尧坝、法王寺、榕右、福宝、石龙、甘雨、先滩等乡镇。

泸县潮河、玄滩、方洞、石桥、毗卢、立石、云锦、牛滩等镇。

古蔺县石宝、护家、观文、丹桂、大村、金星等乡镇。

叙永县合乐、震东、黄坭、分水、麻城、枧槽等乡镇。

纳溪区丰乐、白节、渠坝等乡镇。

江阳区石寨、黄舣、分水等乡镇。

龙马潭区金龙、双加等乡镇。

（二）建设内容与规模

对37个乡镇的4 000个肉羊养殖家庭牧场或养羊大户进行改扩建，建立存栏羊数量在30~100只规模的家庭农场2 000个，存栏数量在100~300只规模的养殖场1 200个，存栏数量在300~500只规模的养殖场700个，存栏数量在500只以上规模的规模养殖场100个。对现有养殖场进行圈舍的改扩建，配套建设青贮窖、饲料储存间、沼气池等设施，购置适当类型的牧草收割机（中小型）、粉碎机、饲料运输车和TMR等设备，并进行相关水电、道路等基础设施建设。通过土地流转承包进行大片的饲草料地建设。

（三）投资与效益估算

改扩建4 000个养殖场的圈舍建筑工程费为4 000万元，饲草料棚建设费1 000万元，青贮池（酒糟贮存池）建设费2 000万元，青贮系列机械（收割机、粉碎机、取料机等）5 000万元，种羊购置费6 000万元，饲料地建设费4 000万元。合计2.2亿元，见表6-16。

表6-16　项目投资估算　　　　　　　　　　　　（单位：万元）

序号	项目	2014—2016 年	2017—2020 年	2021—2025 年
1	建筑工程费	2 500	2 500	2 000
2	机械费	2 000	2 000	1 000
4	饲料地建设	2 000	1 000	1 000
3	购买母羊	3 000	2 000	1 000
	合计	9 500	7 500	5 000

项目建成后，可年存栏肉羊45万只，生产后备母羊40万只，出栏育肥羊30万只，直接经济效益3.5亿元，带动饲草料生产、育肥等从业人员1万人，年间接经济效益1亿元以上。

（四）建设进度安排

肉羊养殖场建设项目安排见表6-17。

表6-17 肉羊养殖场建设项目安排

序号	项目	2014—2016年			2017—2020年				2021—2025年
		2014	2015	2016	2017	2018	2019	2020	
1	羊圈改造	●	●	●					
2	饲料棚建设		●	●	●				
3	青贮池建设		●	●	●				
4	青贮系列机械		●	●	●	●			
5	TMR机械		●	●			●		
6	饲草料地建设	●							●
7	购买母羊			●	●	●	●	●	●

五、90万头生猪现代化生产基地建设

（一）实施地点

合江县、泸县和纳溪区

（二）建设内容与规模

重点在泸县、合江和纳溪区依托资阳四海、四川天兆、四川巨星集团和重庆日泉或广发农业等龙头企业建设一批标准化生猪规模养殖场（小区），达到年新增出栏优质生猪90万头的规模。

充分考虑生物安全、动物防疫、环境消纳等因素，建设3个优质生猪现代化基地。每个基地包括1个种猪场、3个存栏母猪6 000头的仔猪繁殖场和300个年出栏1 000头规模的寄养场（生猪养殖家庭农场），达到年增加出栏90万头的规模。

整合国家生猪标准化规模养殖小区建设、现代畜牧业、生猪调出大县、农发项目等各类支农资金对标准化养殖场给予扶持，资金主要用于规模养殖场粪污处理设施、圈舍改造、现代养殖设备设施、防疫水电等基础设施标准化改造。

（三）投资与效益估算

表6-18是项目投资估算。

表6-18 项目投资估算 （单位：万元）

序号	项目	2014—2016年	2017—2020年	2021—2025年
1	种猪场改扩建	8 000	16 000	0
2	父母代场改扩建	9 000	9 000	0
3	标准化养殖场改扩建	20 000	30 000	31 000
	合计	37 000	55 000	31 000

投资总预算为 12.3 亿元，主要包括：

改扩建存栏种猪 1 200 头规模的大型标准化种猪场 3 个，年供应父母代种猪 2 万头。改建标准化种公猪舍、母猪妊娠舍、产仔舍、仔猪保育舍等猪舍 40 000 平方米，配备自动供料系统、自动饮水系统、自动降温和保温系统、污水处理系统等，配套建设沼气工程，共投资 24 000 万元。

改扩建父母代场 9 个，场均存栏 6 000 头母猪，建筑面积 20 000 平方米，改扩建圈舍，购置生产设备设施配套，建设污水处理系统和沼气工程，每个投资 2 000 万元，投资 18 000 万元。

年出栏 1 000 头规模的生猪养殖家庭农场或生猪寄养户 900 个，场均建筑面积 600 平方米，其中改建 450 个，每个投资 60 万元改造圈舍、建设粪污处理设施，新建 450 个，每个投资 120 万元，购置或更新各类养殖设施设备，配套建设粪污处理设施，每个 60 万元，共 81 000 万元；

到 2025 年，优质猪产业预计可新增出栏 90 万头，产值 24 亿元，带动寄养农户 900 户，户均实现养猪业纯收入 5 万元。（寄养户每出栏 1 头生猪按保底收入 50 元计算，每户平均年出栏 1 000 头）

（四）建设进度安排

表 6-19 是 90 万头生猪现代化生产基地建设项目安排。

表 6-19　90 万头生猪现代化生产基地建设项目安排表

序号	项目	2014—2016 年			2017—2020 年				2021—2025 年
		2014	2015	2016	2017	2018	2019	2020	
1	种猪场改扩建	●	●	●	●				
2	父母代猪场改扩建			●	●	●	●	●	
3	育肥猪场改扩建				●	●	●	●	●

六、10 万头丫杈猪养殖基地建设项目

（一）实施地点

在古蔺县观文、永乐、古蔺、护家、金星、双沙、马嘶等 7 个乡镇，叙永水潦、石坝、观兴等 3 个乡镇，共 10 个乡镇实施。

（二）建设内容与规模

在古蔺县观文镇建设 1 个丫杈猪保种选育场，在古蔺县观文、永乐和叙永县水潦分别建设 1 个扩繁场和种公猪站。在古蔺县的观文、永乐、古蔺、护家、金星、双沙、马嘶。叙永县水潦、石坝、观兴等 10 个乡镇建设年出栏 300～500 头适度规模养殖场（或家庭农场）280 个。2025 年出栏丫杈猪（川黑 II 号）达到 10 万头以上。

（三）投资与效益估算

项目总投资 10 850 万元，具体见表 6-20。主要包括：

改扩建丫权猪保种选育场 1 个，占地面积 40 亩，建筑面积 4 000 平方米，投资 850 万元。

表 6-20　项目投资估算　　　　　　　　　（单位：万元）

序号	项目	2014—2016 年	2017—2020 年	2021—2025 年
1	保种选育场改扩建	850	0	0
2	种公猪站	300	0	0
3	扩繁场改扩建	300	900	0
4	育肥猪场	2 000	4 500	2 000
	合计	3 450	5 400	2 000

新建扩繁场 3 个，场均存栏 300 头母猪，建筑面积 4 000 平方米，投资 400 万元，共投资 1 200 万元。

建年出栏 500 头规模的 80 个，场均建筑面积 240 平方米，其中改扩建 50 个，每个投资 15 万元。新建 30 个，每个投资 150 万元。改造圈舍、配备养殖设施设备，共 5 250 万元。

建年出栏 300 头规模的 200 个，场均建筑面积 160 平方米，其中改建 100 个，每个投资 10 万元改造圈舍，配备养殖设施设备，新建 100 个，每个投资 30 万元，共 4 000 万元。

新建 3 个种公猪站及人工授精配送点，每个建筑面积 700 平方米，购买种猪、设备及土建工程投资 80 万元，人工授精配送点配备精液贮存、运输及输精设备投资 20 万元，共投资 300 万元。

预计到 2025 年，全市出栏丫权猪达到 10 万头，实现产值 3 亿元，实现纯利润约 5 000 万元。

（四）建设进度安排

10 万头丫权猪养殖基地建设项目安排见表 6-21。

表 6-21　10 万头丫权猪养殖基地建设项目安排

序号	项目	2014—2016 年			2017—2020 年				2021—2025 年
		2014	2015	2016	2017	2018	2019	2020	
1	保种选育场改扩建	●	●	●	●	●	●	●	
2	种公猪站	●	●	●	●	●	●	●	
3	祖代扩繁场		●	●	●	●	●	●	●
4	父母代场改扩建		●	●	●	●	●	●	●
5	育肥猪场	●	●	●	●	●	●	●	●
6	圈池配套工程		●	●	●	●	●	●	●

七、林下鸡养殖项目

（一）实施地点

三区四县的 47 个乡镇。

（二）建设内容与规模

在古蔺大寨（古蔺苗家土鸡发展有限公司）、白泥（古蔺三台土鸡发展有限公司），叙永枧槽（枧槽彬雪丰岩乌骨鸡养殖专合社）、马岭（叙永县原野畜禽养殖专合社）、后山（叙永县天元乌骨鸡养殖专合社），泸县太伏（泸县万福禽业有限公司），纳溪天仙（泸州金凤凰禽业）、大渡口（大渡口川宣禽业养殖有限公司），龙马潭区长安乡（泸州绿野龙马土鸡养殖专合社），江阳区分水乡（江阳区民旺养殖专合社）等 10 个乡镇新建或改扩建 10 个年提供优质鸡苗 200 万只以上的种鸡场或孵化中心，每个场存栏优质种鸡规模在 2 万只以上。建设标准化种鸡舍及孵化舍，配套相应的饲养、孵化设备。

新建或改扩建林下鸡养殖基地 3 000 个，其中，年出栏 1 000~5 000 只规模的林下鸡养殖基地 1 000 个，年出栏 5 000~10 000 只规模的林下鸡养殖基地 1 000 个，建年出栏 10 000 只以上的林下鸡养殖基地 1 000 个。

发展林下鸡专业合作社和大型养殖企业建设育雏中心。在全市林下鸡重点发展乡镇建设 100 个育雏中心，每个育雏中心规模在年提供育雏鸡苗 10 万只以上。

（三）投资与效益估算

建 10 个种鸡场（孵化中心），每个投资 200 万元，合计投资 2 000 万元。

建 3 000 个林下鸡养殖基地，鸡棚、围网、及饲养设备，每个基地平均投资 15 万元，总投资 4.5 亿元。

建 100 个育雏中心，每个育雏中心投资基础设施建设和育雏设备等平均 100 万元，合计投资 1.0 亿元。

三项合计投资 5.7 亿元。具体见表 6-22。

表 6-22　项目投资估算　　　　　　　　　　（单位：万元）

序号	项目	2014—2016 年	2017—2020 年	2021—2025 年
1	种鸡场及孵化中心建设	800	1 200	0
2	林下鸡养殖基地建设	7 500	15 000	22 500
3	100 个育雏中心	3 000	4 000	3 000
合计		11 300	20 200	25 500

（四）建设进度安排

5 000 万只林下鸡养殖基地建设项目安排见表 6-23。

表6-23　5 000万只林下鸡养殖基地建设项目安排

序号	项目	2014—2016年			2017—2020年				2021—2025年
		2014	2015	2016	2017	2018	2019	2020	
1	种鸡场及孵化中心建设		•	•		•	•	•	
2	林下鸡养殖基地建设	•	•	•		•	•	•	•
3	100个育雏中心	•		•		•	•	•	•

八、有机肥生产项目

（一）实施地点

在合江县合江镇、泸县得胜镇、纳溪区天仙镇、叙永县麻城乡、古蔺县古蔺镇建设有机肥厂，对各区县的规模化猪场、牛场、羊场粪污实施无害化处理和资源化利用。

（二）建设内容与规模

投资建设厂房及附属用房，购置相关机器设备，5个厂年产15万吨有机肥。在各县区规模化猪场、牛场、羊场建设粪污处理设施，实现粪污达标排放。

（三）投资与效益估算

每个生物有机肥厂的固定资产投资估算900万元，主要包括：生产设备及配套设备360万元，建设生产用房2 400平方米、办公及生活用房600平方米、附属设施500平方米，按建筑面积每平方米1 000元计，350万元。水、电、气等基础设施建筑费和附属设施（厂区围墙、厂区硬化、绿化）190万元。每个厂的流动资金约300万元。投资总额为6 000万元，见表6-24。

该项目建成后，按每吨有机肥1 200元计算，共计产值1.8亿元，每吨有机肥的成本按960元估算，预计利润总额为3 600万元。

项目投产运行之后，年处理鲜畜禽粪便15万多吨，农副产品固体废弃物10万多吨，能有效保护水资源、净化空气，改善生态环境、减少病源微生物对人民身体健康的危害。同时，施用有机物后能改善土壤的团粒结构，增加土壤的代换容量，提高土地的通气能力，促进土族微生物的繁殖生长，增强其保墒性能，有效防止土壤酸、碱、盐化，具有特别显著的生态效益。项目投资估算见表6-24。

表6-24　项目投资估算　　（单位：万元）

序号	项目	2014—2016年	2017—2020年	2021—2020年
1	有机肥生产项目		6 000	
	合计		6 000	

项目建成后，可满足项目用电和燃气问题，每年可间接节约用电费用约1 000万元，并减少了养殖废弃物导致的环境污染问题，能避免秸秆燃烧导致的环境问题。生产的15万吨有机肥可获经济效益1.2亿元，并有效地改良了土壤有机结构。该项目还能解决1 000人的就业问题。

（四）建设进度安排

有机肥生产项目安排见表6-25。

表6-25　有机肥生产项目安排

序号	项目	2014—2016 年			2017—2020 年				2021—2025 年
		2014	2015	2016	2017	2018	2019	2020	
1	有机肥生产项目				●	●	●	●	

九、泸州市动物防疫基础设施建设

（一）实施单位

泸州市畜牧局、各县（区）畜牧局

（二）建设内容与规模

完善全市动物防疫执法基础设施、动物疫病追溯体系、动物疫病检测体系，提高动物疫情预警能力和防控能力，确保动物及动物产品安全。

动物防疫执法基础设施建设。建设乡级动物防疫执法机构办公场所，完善疫苗储藏设施，配备防疫执法车辆、防疫用具，储备防疫应急物资。

动物疫病追溯体系建设。建设市级数字化动物疫病监控追溯平台、县级监控中心、乡级监控网点，与农业部动物疫病追溯体系联网，强化对动物养殖、动物加工企业的数字化监管。该系统装配电脑、服务器、交换机、操作系统软件、数据库软件、畜禽疫病防控指挥平台软件、专家智能分析软件等设备。

动物疫病检测体系建设。本着提高市级、巩固县级、完善乡级的原则，更新完善动物疫情监测、信息收集、分析、处理、报告等设备设施，达到国家规定的标准，与世界接轨。

（三）投资与效益估算

项目建设总投资4 500万元，具体包括以下方面。

动物防疫执法基础设施建设。市级600万元，每个县区200万元，共计2 000万元。

动物疫病追溯体系建设。建设市级动物疫病及动物产品信息数据库和动物标识佩戴监控平台投资800万元，建设7个县级信息中心，每个投资100万元，共计1 500万元。

动物疫病及产品检验检测体系建设。市级、县级实验室设备设施分别按 300
万、100 万元投资，共计 1 000 万元。

项目投资估算见表 6-26。

表 6-26　项目投资估算　　　　　　　　（单位：万元）

序号	项目	2014—2016 年	2017—2020 年	2021—2025 年
1	动物防疫执法基础设施建设	500	1 000	500
2	动物疫病追溯体系建设	500	500	500
3	动物疫病及产品检验检测体系建设	400	400	200
	合计	1 400	1 900	1 200

该项目建成后，将进一步提升全市动物防疫执法能力、动物疫情预警、防控
能力和动物疫病及产品检验检测能力，对有效防控重大动物疫病、保障动物食品
安全和公共卫生具有重要意义。牛、羊、生猪的死亡率可降低 0.5、1、5 个百分
点，全市每年可减少经济损失 2 亿元。

（四）建设进度安排

项目进度安排见表 6-27。

表 6-27　泸州市动物防疫基础设施建设项目安排

序号	项目	2014—2016 年			2017—2020 年				2021—2025 年
		2014	2015	2016	2017	2018	2019	2020	
1	动物防疫执法基础设施建设	●	●	●	●	●	●	●	●
2	动物疫病追溯体系建设	●	●	●	●	●	●	●	●
3	动物疫病及产品检验检测体系建设		●	●	●	●	●	●	●

十、泸州市畜产品质量安全检测中心建设项目

（一）实施地点

泸州市畜牧局。

（二）建设内容与规模

（1）采购仪器设备。主要包括：气相色谱仪、细菌鉴定仪、荧光显微镜、
PCR 生物分子测定仪、超低温水箱、电子分析天平、酶标仪、高速离心机、微
量移液器、生化培养箱、干燥箱、电泳仪、荧光测定仪和检测三聚氰胺、瘦肉

精、兽药、饲料、动物产品成分等项目的配套仪器设备。

（2）改造实验室。对现有的实验室进行改造，重新布局安排，主要建设畜产品安检室、细菌检查室、分子生物检测室、无菌室、消毒室、试剂室、办公室、档案室等。

（三）投资与效益估算

项目建设总投资 3 000 万元。其中，采购配套仪器设备 2 700 万元，检测中心实验室改造、装修 300 万元。

检测中心建成后，能够促进泸州市畜产品质量的提高，降低动物产品的药物残留，提升畜产品质量安全档次，增强畜产品市场竞争力，提高畜牧生产效益，拉动畜牧生产的健康发展。

（四）建设进度安排

2015—2016 年完成。

第七节　投资效益估算和进度安排

畜禽养殖产业共设立 10 个重点项目，总投资共计 30.525 亿元，每个项目投资情况和年度资金安排参见表 6-28。资金来源分三种渠道，第一种渠道是争取国家、省、市的相关项目支持，如农业综合开发项目、种畜禽良种工程、成果转化、良种补贴等项目；第二种渠道是各养殖企业必要的配套资金；第三种渠道是制定良好的投融资政策，吸引金融资本和社会闲散资金。

畜禽养殖产业投资概算见表 6-28。

表6-28　畜禽养殖产业投资概算　　　　　　　　　（单位：万元）

项目名称	区（县）	2014—2016 年			2017—2020 年				2021—2025 年
		2014	2015	2016	2017	2018	2019	2020	
标准化规模肉牛场建设项目	合江	300	300	300	100				
	叙永	600	600	600					
	古蔺	600	600	500					
	纳溪	300	200	200					
	泸县	300	200	200					
母牛繁育场建设项目	合江	3 000	3 000	3 000	1 000				
	叙永	4 000	4 000	4 000	4 000	1 000			
	古蔺	4 000	4 000	4 000	4 000	1 000			
	纳溪	3 000	2 000	2 000					
	泸县	3 000	3 000	2 000					

（续表）

项目名称	区（县）	2014—2016年			2017—2020年				2021—2025年
		2014	2015	2016	2017	2018	2019	2020	
标准化规模肉羊场建设项目	合江	600	600	600	600				
	叙永	600	600	600	400				
	古蔺	600	600	600	400				
	纳溪	200	200	200	200	200			
	泸县	600	600	600	400				
	江阳	200	200	200	200	200			
基础母羊规模化扩繁及育肥场建设项目	合江	2 000	2 000	1 000					
	叙永	2 000	2 000	1 000					
	古蔺	2 000	2 000	1 000					
	纳溪	1 000	1 000	500					
	泸县	2 000	2 000	1 000					
	江阳	1 000	1 000	500					
90万头生猪现代化生产基地建设	合江	6 000	6 000	6 000	6 000	6 000	6 000	6 000	2 000
	泸县	6 000	6 000	6 000	6 000	6 000	6 000	6 000	2 000
	纳溪	6 000	6 000	6 000	6 000	6 000	5 000		
10万头丫权猪养殖基地建设项目	合江								
	叙永	700	700	700	550				
	古蔺	1 900	1 900	1 800	900	900			
	泸县								
	纳溪								
5 000万只林下鸡养殖基地建设项目	合江			3 000	2 000	2 000	2 000	2 000	
	叙永			3 000	2 000	2 000	2 000	2 000	
	古蔺			3 000	2 000	2 000	2 000	2 000	
	纳溪			2 000	2 000	2 000			
	泸县			2 000	2 000	2 000			
	江阳			2 000	2 000	2 000			
	龙潭			2 000	2 000	2 000			
有机肥生产项目	合江				200	500	500		
	叙永				200	500	500		
	古蔺				200	500	500		
	纳溪				200	500	500		
	泸县				200	500	500		
动物防疫基础设施建设	合江	200	200						
	叙永	200	200						
	古蔺	200	200						
	纳溪	200	200						
	泸县	200	200						
	江阳	200	200						
	龙潭	200	200						
	泸州市	850	850						

（续表）

项目名称	区（县）	2014—2016 年			2017—2020 年				2021—2025 年
		2014	2015	2016	2017	2018	2019	2020	
畜产品质量安全检测中心建设项目	泸州市	1 500	1 000	500					
合计		56 600	54 200	62 600	46 050	38 100	25 700	18 000	4 000

经过重点项目建设，泸州市畜禽养殖基础设施大大改善，养殖规模和养殖技术水平得以提升，养殖畜禽良种化水平得以提高，养殖效益大幅提升，2016 年项目总产值达到 21.5 亿元，预计 2020 年达到 47.6 亿元，2025 年达到 56.7 亿元，具体请见表 6-29。同时，养殖业的发展还将带动牧草种植、饲草料加工、物流服务、市场营销等行业的大发展，间接经济效益非常可观。另外，项目实施也促进了经济繁荣和社会的安定团结，社会效益十分显著。

项目具体投资效益见表 6-29。

表 6-29　畜禽养殖产业重点项目投资效益（年度产值）估算表

（单位：万元）

项目名称	区（县）	2016	2020	2025
标准化规模肉牛养殖场建设项目	合江	1 145	1 560	1 820
	叙永	2 290	2 808	3 276
	古蔺	2 162	2 652	3 094
	纳溪	890	1 092	1 274
	泸县	890	1 092	1 274
肉牛养殖家庭农场或自繁自养的养牛大户	合江	11 448	15 600	18 200
	叙永	15 264	26 520	30 940
	古蔺	15 264	26 520	30 940
	纳溪	8 904	10 920	12 740
	泸县	10 176	12 480	14 560
标准化规模种羊场建设项目	合江	2 290	3 744	4 368
	叙永	2 290	3 432	4 004
	古蔺	2 290	3 432	4 004
	纳溪	763	1 560	1 820
	泸县	2 290	3 432	4 004
	江阳	763	1 560	1 820
肉羊养殖家庭农场或肉羊养殖大户建设项目	合江	6 360	7 800	9 100
	叙永	6 360	7 800	9 100
	古蔺	6 360	7 800	9 100
	纳溪	3 180	3 900	4 550
	泸县	6 360	7 800	9 100
	江阳	2 000	2 000	2 350
	龙马潭区	1 180	1 900	2 200

（续表）

项目名称	区（县）	2016	2020	2025
90万头生猪现代化生产基地建设	合江	22 896	65 520	80 080
	泸县	22 896	65 520	80 080
	纳溪	22 896	65 520	80 080
10万头丫杈猪养殖基地建设项目	合江			
	叙永	2 671	4 134	4 823
	古蔺	7 123	12 792	14 924
	泸县			
	纳溪			
5 000万只林下鸡养殖基地建设项目	合江	3 816	17 160	20 020
	叙永	3 816	17 160	20 020
	古蔺	3 816	17 160	20 020
	纳溪	2 544	9 360	10 920
	泸县	2 544	9 360	10 920
	江阳	2 544	9 360	10 920
	龙潭	2 544	9 360	10 920
有机肥生产项目	合江	0	2 400	2 880
	叙永	0	2 400	2 880
	古蔺	0	2 400	2 880
	纳溪	0	2 400	2 880
	泸县	0	2 400	2 880
泸州市畜产品质量安全检测中心建设项目	泸州市	3 816	4 680	5 460
合计		214 840	476 490	567 225

根据各个项目建设的紧迫性、重要性及资金筹措的压力，对各重点项目进度安排如表6-30所示。

表6-30 进度安排

序号	项目	2014—2016年			2017—2020年				2021—2025年
		2014	2015	2016	2017	2018	2019	2020	
1	肉牛标准化育肥场建设项目	●	●	●	●				
2	肉牛母牛繁育场建设项目	●	●	●	●	●			
3	标准化种羊场建设项目	●	●	●	●	●			
4	肉羊基础母羊规模化扩繁及育肥场建设项目	●	●	●					
5	90万头生猪现代化生产基地建设		●	●		●	●	●	●
6	10万头丫杈猪养殖基地建设项目	●	●	●					

（续表）

序号	项目	2014—2016 年			2017—2020 年				2021—2025 年
		2014	2015	2016	2017	2018	2019	2020	
7	5 000 万只林下鸡养殖基地建设项目			●	●	●	●		
8	有机肥生产项目				●	●	●	●	
9	泸州市动物防疫基础设施建设	●	●						
10	泸州市畜产品质量安全检测中心建设项目	●	●	●					

第八节　保障措施

一、加强组织领导

泸州市成立由分管副市长任组长，畜牧局局长任副组长，相关部门负责人为成员的泸州市现代养殖业建设领导小组，负责全市现代养殖业发展组织协调工作。各区、县成立相应的组织领导机构，明确相关部门的职责和任务。畜牧部门负责分解下达任务指标，提供技术服务，组织检查验收，加强行业管理。各级政府要把发展畜牧业作为加快农村经济发展、增加农民收入的战略措施纳入目标责任制考核体系，明确责任和考核办法，建立奖惩机制，保证目标完成。政府应依法治牧，认真贯彻执行畜牧业有关法律、法规，加大执法力度，规范市场秩序，为畜牧业持续、健康发展创造良好环境。

二、加大资金投入

建议各级政府加大对畜牧业的资金投入，在畜牧业行政管理、畜禽良种繁育、动物疫病防控监测、技术支撑和执法监督等方面给予扶持，确保畜牧业在地方财政投入占扶持农业资金总额的 40% 以上。畜牧兽医行政执法、动物疫病防控、畜产品质量安全监测、畜禽品种改良、畜牧技术推广等畜牧工作所需经费应纳入各级财政预算。中央、省级财政投入项目资金确保全额用于规定项目，泸州地方各级政府今后安排项目资金应重点用于畜禽良种繁育、畜产品质量监测检验、信息服务、产业化龙头企业、饲草饲料生产、技术培训与推广和畜禽规模场（小区）水电路等基础设施以及养殖废弃物粪污、病死动物尸体治理等配套设施建设。政府对省、市级畜牧（农业）产业化龙头企业扶持应更多采取贴息，以奖代补等为主的形式。相关商业银行应按中央要求切实落实扶持"三农"信贷政策，降低贷款门槛，增加贷款规模，加大对畜牧龙头企业和规模养殖场的支持力度。同时，积极引导民间资本、外商资金积极参与畜牧业建设，加快畜牧业发展。

三、落实扶持政策

一是认真落实能繁母猪保险、生猪良种补贴、生猪调出大县奖励等国家扶持生猪产业发展的各项政策，切实加大对生猪产业的公共投入，发挥国家扶持资金的引导作用，努力拓宽融资渠道，广泛吸引社会、个人和外资对生猪产业的投入，建立对生猪产业投入的稳定增长机制。二是根据"多予、少取、放活"原则，制定包括建畜牧用地手续简化、税费减免、良种补贴、优惠贷款等在内的产业发展扶持政策，优化产业发展环境；落实和完善"绿色通道"政策，对整车合法装载鲜活产品的车辆免收通行费，各级地方政府要重点帮助大中型畜牧龙头企业解决土地、人才、资金三大要素问题。三是贯彻落实国家现有的对畜禽标准化养殖、畜产品加工、饲料工业和专合组织发展等扶持政策，如落实基层畜牧兽医机构和人员编制，对产业化龙头企业在信贷、税收、基地建设、设备引进、产品出口等方面适当给予优惠及相应扶持。四是要结合四川省"稳猪禽，兴牛羊"战略，积极争取国家、省对肉牛羊发展的扶持政策，落实好当前古蔺、叙永母牛扩繁增量和合江新增肉牛基地建设项目，努力调优畜禽结构，提升非猪产值比重。

四、强化科技支撑

加强同科研院校的技术合作，进一步加大科技推广力度。一要结合畜禽"种子工程"建设，健全畜禽良种繁育体系。二要推广科学饲养综合配套技术，实现规模化、标准化饲养。三要积极推广和应用畜产品保鲜、加工、包装、贮运等先进技术，进一步提高畜产品的附加值。四要加大农民科技培训力度，为农村培养技术能手和初中级畜牧业科技人员。五要积极创造条件办好规模化的示范基地，各级畜牧技术推广机构搞好试验示范工作，让先进的生产技术和管理模式引领现代畜牧业发展。六要搞好科技、市场、信息、供销等社会化服务体系建设，使服务向产前、产中、产后延伸和扩展。

第七章 泸州市现代养殖业（水产业）发展专项规划

第一节 产业现状特点

一、现状

全市已有中型水库3座（泸县三溪口、艾大桥、纳溪马庙），小（一）型水库66座，小（二）型水库372座，有可养鱼面积38 554亩；在建中型水库3座；三坪塘25 859口，有可养鱼面积69 737亩；石河堰1 257处，有可养鱼面积41 958亩；有可养鱼稻田面积120万亩；大小江河80条，水面277 110亩，有可捕捞面积25万多亩。各种水生动植物近500种，其中，淡水鱼类品种169种，有国家级保护种I级3种；国家级保护种II级4种；长江上游特有品种32种；珍稀品种10种；省级保护种鱼类12种；主要经济鱼类20余种，泸州长江段133千米及部分一级支流为国家级水生动物自然保护区。

2013年全市水产品总产量6.9万吨，渔业经济总产值8.1亿元。

二、问题

（一）水域环境的保护问题

在渔业经济快速发展的同时，要注意保护水域环境。一是工业废水和生活污水大量流入渔业水域，破坏生态环境，如沱江、濑溪河、永宁河等溪河都受到了不同程度的污染；二是点源污染和面源污染造成水质富营养化。如有的高密度养殖，过量投喂人工饲料，有机肥、无机肥和农药的大量使用等人为破坏水域生态平衡，使水域环境不堪重负，丧失自我净化能力等。

（二）提高技术含量，增强技术力量问题

泸州市整体渔业经济发展较快，优质品种比例有了较大的提高。但实用技术普及不平衡，有的甚至没有总结成可操作的技术体系，滞后于市场需求。渔业生产方式原始，渔业机械缺乏，在引进新品种、苗种供给、技术服务、市场开发等关键环节还没有明显突破。

水产技术力量薄弱，渔业发展不平衡。同处中浅丘和平坝河谷的5区县，泸县的水产品总量占全市的42.02%，到2013年末，全市有渔业乡1个、渔业村9个、渔业户23 574户，渔业从业人员63 215人、专业从业人员32 997人。全市市区县水产站机构8个，在职人员42人，既担负渔业发展、渔业执法，又承担技术指导和监督管理，明显表现出水产综合管理能力薄弱。目前，由于县区、乡镇机构改革的滞后，水产专业管理人员变动频繁，导致现有水产技术人员中，懂技术、善经营、会管理的复合型人才缺乏，能灵活应用生产技术、现代信息技术、加工检疫技术的人才甚少，要做好水产生产产前、产中、产后服务难度大。

（三）水产质量标准化生产问题

随着我国经济融入国际和人民生活水平的提高，以及首部《中华人民共和国食品安全法》的颁布施行，水产品质量日益成为社会关注的重点，需要强化水产质量标准化生产。

（四）产业结构问题

随着渔业经济的快速发展和市场竞争加剧，内部结构不合理带来的矛盾也日益突出，主要表现为：一是苗种繁育、成鱼养殖、加工发展不平衡，商品养殖发展较快，良种、原种繁育相对落后，导致个别养殖品种退化，抗病能力降低，生长速度减慢。苗种繁育体系不健全，繁育基地甚少，苗种缺口大，严重地影响了渔业结构调整步伐。二是产销结构不合理，水产品的销售主要依靠经纪人。生产者对市场信息掌握不够，造成大部分利润被经销商中间环节所占有，生产者经济利益下降。三是养殖品种结构不合理，养殖户在选择名优品种上，一哄而上，市场超前意识薄弱，生产产品你追我赶，导致水产品不能顺应市场变化。四是渔业第二、三产业还很薄弱，到2013年末，仅占渔业总产值的13.41%。饲料加工业、水产品加工业以及观光渔业、垂钓休闲渔业、特色餐饮渔业、营销服务渔业等第二、第三产业的发展，与水产养殖业的发展不相适应。

（五）资金投入严重不足，渔业基础设施老化落后

2013年泸州市渔业投资总额2 258.67万元，社会投入占74.75%。30亩以上成规模的鱼苗种生产单位14个，生产繁育水面不足，全市仅972亩，基本处于粗放养殖生产管理模式，渔业生产循环用水为零。

第二节　发展定位分析

一、市场供需分析

相比较于其他动物，水产品特别是鱼类，营养价值较高。一是鱼肉含有大量的蛋白质，如鲢鱼含 18.6%、鲤鱼含 17.3%、鲫鱼含 13%。鱼肉所含的蛋白质都是完全蛋白质，而且蛋白质所含必需氨基酸的量和比值最适合人体需要，容易被人体消化吸收。二是鱼肉的脂肪多由不饱和脂肪酸组成，不饱和脂肪酸的碳链较长，具有降低胆固醇的作用。三是无机盐、维生素含量较高，其中有大量的维生素 A、维生素 D、维生素 B_1、尼克酸。这些都是人体需要的营养素。鱼肉含有叶酸、维生素 B_2、维生素 B_{12} 等维生素，有滋补健胃、利水消肿、通乳、清热解毒、止嗽下气的功效，对各种水肿、浮肿、腹胀、少尿、黄疸、乳汁不通皆有效；鱼肉中富含维生素 A、铁、钙、磷等，常吃鱼还有养肝补血、泽肤养发的功效。四是鱼肉的肌纤维比较短，蛋白质组织结构松散，水分含量比较多，因此，肉质比较鲜嫩，和禽畜肉相比，吃起来更觉软嫩，也更容易消化吸收。综上所述，鱼类具有高蛋白、低脂肪、维生素、矿物质含量丰富，口味好、易于消化吸收的优点。

随着人们生活水平的不断提高，水产品的需求量将会逐步增加。2013 年我国水产品的总产量为 6 700 万吨，全国人均占有量为 45 千克。据唐启升、丁小明等（2014）分析，到 2030 年，随着我国人口增加接近峰值和城镇化发展对水产品需求的增加，我国水产品的需求缺口在 2013 年的基础上增加 2 000 万吨，并将主要通过水产养殖的方式获得。然而，泸州市 2013 年全市水产品总产量 6.9 万吨，若全部在泸州市内消费，则人均占有量为 13.6 千克，远低于人均占有量为 45 千克的全国平均水平，市场需求潜力巨大。

二、竞争力分析

泸州市位于四川省东南部盆中丘陵南缘与云贵高原的过渡地带，长江上游，境内水源丰富，主要经济鱼类有草鱼、鲤鱼、鲢鱼、鳙鱼、鲫鱼、鳜鱼、鲶鱼、鳊鱼、鲂鱼、鲇鱼、江团、鳜鱼、黑鱼、翘嘴红鲌、蒙古红鲌、铜鱼、密鲴、鲴鱼、黄颡等。尤其是上游特有的名贵稀有胭脂鱼、岩原鲤、中华倒刺鲃（青波）、圆口铜鱼、大鲵等，具有良好的发展潜力，但与同属上游区域的周边地区比较，目前优势并不明显，尚未形成特有品牌。如能引起重视，加大投入，其竞争力和区位优势一定会凸显。

三、主导产品市场定位

主导产品分为两类：一是大力发展经济鱼类的养殖，增加经济鱼类的产量，解决人均占有量偏低的问题；二是因地制宜发展名贵稀有鱼类的养殖，以满足不同消费层次的需求，提高水产养殖的效益。

第三节　发展思路与目标

一、发展思路

（一）大力推进水产健康生态养殖

积极发展以农民为主体的适度规模标准化养殖。积极支持农（渔）民成立水产专业合作社和家庭渔场，采取项目引导、典型示范等方式，引领应用先进技术进行养殖生产，改变传统养殖模式，在非饮用水水源水库和池塘实现标准化生产、无公害养殖，在其他水域开展生态养殖，培育扶持生态渔业品牌，生产质优价高的商品鱼，切实增加农民收入。

（二）大力发展粮经复合稻田养鱼

紧紧围绕增加农民收入这一主线，以维护和改善稻田生态环境、实现可持续发展为目标，将水产养殖与水稻种植（含水生植物）结合在一起，着力推广稻鱼共生型稻田蓄水养鱼，重点发展"稻鱼""稻鳅"模式，促进稻田综合种养技术在全市特别是粮食主产区的全面推行，实现稳粮、养鱼、增收目标，达到"亩产千斤稻、鱼增收超千元"效果。

（三）大力发展优质特色水产品养殖

以发展"一村一品"优质特色水产品养殖为抓手，水产专业合作社为载体，大力发展鲶鱼、斑点叉尾鮰、泥鳅、鲫鱼、草鱼、鲢鱼、鳙鱼、鲤鱼等养殖技术成熟、农民易掌握的、市场需求量大的优良品种的养殖，鼓励养鱼能手积极开展铜鱼、泥鳅、黄颡鱼、岩原鲤、大口黑鲈、长吻鮠、中华鳖等特色品种养殖。在南部山区，开发利用冷水资源，大力发展冷水鱼养殖，增加当地农民收入。

（四）发展多元化休闲渔业

按照因地制宜、合理规划、形成特色、示范带动的要求，围绕城镇化进程、新农村建设和乡村旅游发展，大力发展以鱼为主的餐饮业和休闲垂钓、乡村观光旅游、观赏渔业、展示教育等多种形式的休闲渔业基地和休闲渔业示范区，拓展渔业功能，吸纳就业，促进农民增产增收。

（五）提高良种覆盖率

一是以水产种苗工程建设为抓手，做好优势养殖品种的保种、育种，为水产养殖提供良种支持。二是加大良种补贴力度，争取财政资金按一定比例补助优势水产品养殖基地的养殖户使用良种，提高良种覆盖率。到 2020 年，形成完善的良种供应和推广体系，良种覆盖率达到 90% 以上，达到减少养殖病害发生率、提高生长速度、降低养殖成本效果，提高养殖户收益。

（六）加强水产技术服务

突出抓好科技成果转化应用，完善"专家组+试验示范基地+农技人员+科技示范户+辐射带动户"的科技成果转化应用快捷机制。进一步加强水产技术推广服务体系建设，着力提高科技服务水平，积极培育水产专业经济合作组织，为其标准化生产提供技术保障，充分发挥水产专业经济合作组织在水产技术服务中的"助手"作用。通过"专合组织+基地+农户"形式，实现水产技术服务由产中向产前、产后服务延伸。

加大对养殖从业人员的水产健康养殖技术培训，以水产专业经济合作组织和家庭渔场为重点，切实增强养殖从业人员的健康养殖意识，提高养殖水平。深入实施水产科技入户工程，组织水产推广科技人员深入生产一线开展多种形式的科学技术培训和指导，为养殖单位提供技术支持。同时，充分发挥水产专业经济合作组织和家庭渔场的在推广水产技术、培训农（渔）民的作用，推进渔业产业化发展。

（七）加快培育水产专业合作组织

积极组织引导分散的农户有效建立水产专业合作社，实行统一的标准化生产，提高进入市场的组织化程度，逐步组织带动养鱼农户实现水产养殖向规模化、标准化、产业化、特色化方向发展，积极拓展推动订单渔业发展，实现生产与市场的直接对接，减少中间环节，使农民获得更多的收益。

（八）完善水产流通体系

依托泸州资源禀赋和区位优势，以自主创新和品牌建设为核心，积极发展精深加工，加大低值水产品和加工副产物的高值化开发与利用，开发多样化、优质化、方便化、安全化和营养化的加工水产品；推进建设一个设施先进、功能齐全、服务完善、管理规范、辐射力强的水产品批发市场；加快冷链系统建设，实现产地市场和销地市场冷链物流的有效对接；推动单一的传统营销方式向多元化现代营销方式转变；促进产地准出和市场准入制度建设和现代物流体系建设。

（九）提升渔业设施装备水平

认真落实和完善各项扶持渔业的政策，加强水产原良种场繁育、水生动物防疫和水产品质量安全监管设施装备建设，大力发展设施渔业，逐步推进水产养殖的机械化、自动化。

现代水产业产业链如图 7-1 所示。

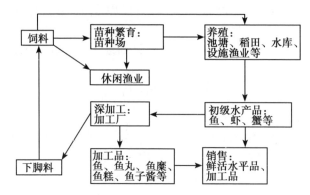

图 7-1　现代水产业产业链

二、发展目标

通过推进水产健康生态养殖、发展粮经复合稻田养鱼、发展优质特色水产品养殖、提高良种覆盖率、加强水产技术服务、加快培育水产专业合作组织、完善水产流通体系、提升渔业设施装备水平等措施，奠定泸州市现代渔业的基础。经过本规划实施，使泸州市的水产业发展速度高于全国平均水平，缩小与先进地区的差距。具体目标如下。

近期：2014—2016 年，到 2016 年，全市水产品总产量 8.0 万吨，年均增长 5%，渔业经济总产值 10 亿元，年均增长 7%。

中期：2017—2020 年，到 2020 年，全市水产品总产量 9.7 万吨，年均增长 5%，渔业经济总产值 12.7 亿元，年均增长 7%。

远期：2021—2025 年，到 2025 年，全市水产品总产量 12 万吨，年均增长 4.5%，渔业经济总产值 17.2 亿元，年均增长 7%。

近期分年分区县指标见表 7-1。

表 7-1　分年分区县指标　　　　　　　　　　　　　（单位：吨、万元）

单位名称	2014 年		2015 年		2016 年	
	总产量	总产值	总产量	总产值	总产量	总产值
合计	73 030	87 000	76 680	93 100	80 000	100 000
江阳区	8 710	10 200	9 140	10 900	9 600	11 450
龙马潭区	6 510	7 800	6 840	8 300	7 180	8 880
纳溪区	7 500	10 000	7 870	10 700	8 260	11 450
泸县	31 000	38 180	32 780	40 980	33 960	44 380

（续表）

单位 名称	2014 年		2015 年		2016 年	
	总产量	总产值	总产量	总产值	总产量	总产值
合江县	15 860	17 000	16 650	18 200	17 480	19 500
叙永县	2 350	2 550	2 400	2 700	2 520	2 990
古蔺县	1 000	1 230	1 000	1 320	1 000	1 350

第四节　产业区域布局

根据泸州市的自然现状及渔业特点，建议将泸州市的水产产业按以下三个区域进行布局。

一、优势水产品的养殖区

以泸县和合江县为主体发展，开展健康生态养殖和粮经复合稻田养鱼，主养草鱼、鲤鱼、鲢鱼、鳙鱼、鲫鱼、鳊鱼、鲂鱼等大宗优势水产品，提高市场水产品的供给量。

二、城郊休闲渔业区

以江阳区、龙马潭区、纳溪区为主体发展城郊休闲型渔业，提高渔业的附加值。

三、特色渔业区

以叙永县、古蔺县为主体发展特色渔业，养殖泉水鱼、裂腹鱼、虹鳟等冷水性鱼类，满足市场对水产品多元化的需求。

第五节　重点建设项目

一、概述

为实现前述目标及泸州市水产业发展方式的转变和可持续发展，建议在2025 年前安排重点项目 12 项，项目名称、投资经费、项目安排时间见表 7-2。

表 7-2 水产业重点项目一览

序号	项目名称	投资经费（万元）	实施年度
1	5 万亩健康养殖基地建设项目	50 000	
2	水产原良种体系建设项目	4 700	2014—2025 年
3	10 万亩粮经复合稻田养鱼示范基地建设项目	50 000	
4	2 000 吨长江名优鱼江河网箱养殖基地更新改造项目	3 000	2014—2016 年
5	休闲渔业基地建设项目	1 400	
6	水产品加工工程项目	2 000	2017—2020 年
7	水产品流通工程项目	1 700	
8	基层水产服务能力项目建设	5 760	2014—2025 年
9	渔业新村建设项目	10 000	2014—2025 年
10	冷水鱼养殖示范基地建设项目	600	2020—2025 年
11	设施渔业示范工程项目	10 000	
12	水生生物生态修复工程项目	2 000	2014—2025 年
合计		141 160	

二、重点项目

（一）5 万亩健康养殖基地建设项目

本项目投资 5 亿元，主要建设内容为改扩建鱼池 5 万亩及完善相关渔业基础设施。2014—2016 年完成 1.4 万亩，2017—2020 年完成 1.96 万亩，2021—2025 年完成 1.64 万亩。建成 1 000 亩以上水产品健康养殖示范基地 12 个，建设规模达 18 000 亩，通过示范基地带动示范片建设，促进水产品健康养殖示范片 32 000 亩建设，12 个水产品健康养殖示范基地分布在江阳区（2 个）、龙马潭区（2 个）、纳溪区（2 个）、泸县（4 个）、合江县（1 个）、叙永（1 个）。建设规模规划见表 7-3。

表 7-3 水产品健康养殖基地建设规模规划

区县	示范基地项目数	建设地点	示范基地规模（亩）	带动示范片规模（亩）
江阳区	2	江北镇	1 100	2 000
		石寨乡	1 000	2 800
龙马潭区	2	长安乡	1 100	2 800
		双加镇	2 000	2 000
纳溪区	2	大渡口镇	1 200	3 000
		护国镇	1 000	2 200

（续表）

区县	示范基地项目数	建设地点	示范基地规模（亩）	带动示范片规模（亩）
		方洞镇	1 800	3 000
泸县	4	毗卢镇	2 000	2 000
		嘉明镇	3 000	4 000
		福集镇	1 800	3 200
合江县	1	白鹿镇	1 000	3 000
叙永县	1	马岭镇	1 000	2 000
合计			18 000	32 000

本项目投资估算为 5 亿元，具体见表 7-4。

表 7-4　项目投资估算　（单位：年、万元）

序号	项目	2014—2016 年	2017—2020 年	2021—2025 年
1	渔池工程费	8 000	12 000	10 000
2	管理用房建设费	2 400	3 000	2 600
3	仪器设备费	2 400	2 800	2 800
4	道路建设费	1 200	1 800	1 000
	小计	14 000	19 600	16 400
	合计		50 000	

本项目建设进度安排见表 7-5。

表 7-5　水产健康养殖示范基地建设项目进度安排　（单位：年）

序号	项目	2014—2016 年			2017—2020 年				2021—2025 年
		2014	2015	2016	2017	2018	2019	2020	
1	鱼池工程	●	●	●	●	●	●	●	●
2	管理用房建设		●	●	●	●	●	●	●
3	仪器设备采购		●	●	●	●	●	●	●
4	道路建设			●				●	●

（二）水产原良种体系建设项目

重点建设大宗品种和优势品种的现代渔业水产原良种体系，完善水产良种场建设，初步形成以水产良种场为龙头，以重点苗种场为骨干，以集体和个人苗种繁殖场（点）为补充的水产种苗体系。争取项目资金和发挥市场投资的主体作用，投资 900 万元，抓好良种场基础设施改造 3 个，分布在江阳区（1 个）、泸县（1 个）、合江县（1 个）；积极开展良种选育和亲本更新项目 3 个，投资 300 万元，分布在江阳区（1 个）、泸县（1 个）、合江县（1 个），提高水产苗种质量和良种覆盖率。财政投入 3 000 万元，在江阳区建设 1 个占地 150 亩的长江上游珍稀特有鱼类繁育基地。开展铜鱼、黄颡鱼、岩原鲤、胭脂鱼、长吻鮠、长薄鳅等长江上游珍稀特有鱼类品种的人工驯养繁殖。财政投入 500 万元，在古蔺县建设 1 个占地 100 亩的冷水鱼类繁育基地。开展泉水鱼、裂腹鱼、虹鳟等冷水鱼类品种的人工驯养繁殖。具体建设地点、规模、投资额度见表 7-6。

项目建成后，预计新增就业人口 160 人；年新增繁育大宗淡水鱼水花苗种 10 亿尾左右，新增产值 500 万元；年新增培育大规格苗种 200 吨，新增产值 600 万元；年新增繁育珍稀鱼苗 3 000 万尾，新增产值 3 000 万元。优质苗种销售到周边会带动水产业的发展，取得良好社会效益。

表 7-6　水产原良种体系建设项目

区（县）	项目类别	项目数	建设地点	规模（亩）	投资（万元）
江阳区	良种场基础设施更新改造	1	江阳区鱼种站	100	300
泸县		1	泸县水产良种场	100	300
合江县		1	合江县鱼种站	100	300
江阳区	良种选育和亲本更新	1	江阳区鱼种站	100	100
泸县		1	泸县水产良种场	100	100
合江县		1	合江县鱼种站	100	100
江阳区	长江上游珍稀特有鱼类繁育基地	1	况场镇双河水库	150	3 000
古蔺县	冷水鱼繁育基地	1	德耀镇	100	500
合计		8		850	4 700

（三）10 万亩粮经复合稻田养鱼基地建设项目

财政每亩补助 5 000 元，发展粮经复合稻田养鱼示范基地面积 10 万亩，财政共计补助 5 亿元，重点建设泸县、合江、龙马潭区、江阳区等优势区域，主要建设内容为养鱼稻田田埂整治、田沟开挖等。沿泸县泸隆线（双加、得胜、嘉明、福集）、泸永线（兆雅、立石、云锦、太伏、百合）、泸荣线（云龙、奇丰、玄滩、石桥、毗卢）、隆纳高速公路沿线（海潮、牛滩），江阳区泸宜线（江北、石寨），龙马潭区泸永线（长安、特兴）、合江白鹿片（白鹿、榕山、甘雨）、江北片（白米、白沙、望龙、焦滩、参宝）、合赤路（密溪、先市、法王寺、九支、尧坝）、泸合路（大桥、佛荫、合江、实录、虎头），到 2025 年扩展粮经复合稻田养鱼 10 万亩。预计年新增水产品产量 2 万吨左右，新增产值 3 亿元左右。具体规划区域及实施阶段安排见表 7-7。

表 7-7　泸州市粮经复合稻田养鱼区域布局

区（县）	乡镇	规划阶段		
		近期	中期	远期
泸县	泸隆线（得胜、嘉明、福集）、泸永线（兆雅、立石、云锦、太伏）、泸荣线（云龙、玄滩、石桥、毗卢）、隆纳高速公路沿线（海潮、牛滩）	0.8 万亩	1.2 万亩	2.1 万亩
合江县	白鹿片（白鹿、榕山、甘雨）、泸合路（大桥、佛荫、合江、实录、虎头）、江北片（白米、白沙、望龙、焦滩、参宝）、合赤路（密溪、先市、法王寺、九支）	0.8 万亩	1.2 万亩	2.1 万亩
江阳区	泸宜线（况场、江北、石寨）	0.2 万亩	0.3 万亩	0.4 万亩
龙马潭区	泸永线（长安、特兴）、泸隆线（双加、金龙）	0.2 万亩	0.3 万亩	0.4 万亩
合计		2 万亩	3 万亩	5 万亩

（四）2 000 吨长江名优鱼江河网箱养殖基地更新改造项目

对具有本市地方特色的现有江河网箱养鱼基地基础设施进行更新改造，主要对相对集中停泊 10 000 平方米江河网箱养殖设施的 6 个基地的地牛设施、下河道路、进场电路等基础设施进行改造，投资资金按 3 000 元/平方米进行补助，财政共投入补助资金 3 000 万元，通过改造，切实消除安全隐患，提高基地的生产能力，使全市江河名优鱼年产量达 2 000 吨以上，产值 1 亿元以上。见表 7-8。

表 7-8　2 000 吨长江名优鱼江河网箱养殖基地更新改造项目安排

县（区）	乡镇	面积（平方米）	投资（万元）	实施年份
合江	合江茶憩亭	3 000	900	
	白米老渡口	2 500	700	
	白米	1 500	500	
江阳区	黄舣	1 000	300	2015—2016 年
	黄舣	1 000	300	
纳溪区	新乐野鹿溪	1 000	300	
合计		10 000	3 000	

（五）休闲渔业基地建设项目

投资 1 400 万元，发展休闲渔业基地 5 处、休闲渔业示范区 3 个。其中，投资 500 万元，发展以餐饮、垂钓为主，结合具有泸州特色乡村文化旅游的休闲渔业基地 5 处。建设地点在江阳区、龙马潭区、纳溪区、泸县、合江县各 1 处，主要建设内容为鱼池改造和池边设施建设。预计年新增产值 1 000 万元左右。投资 900 万元，发展休闲垂钓、观光旅游、观赏渔业、展示教育等多种形式的休闲渔业示范区 3 个。

（六）水产品加工工程项目

本项目资金主要以招商引资方式解决，投资 2 000 万元，主要用于贴息、市场开发培育、人才引进等内容。建设一个拥有自主创新和品牌建设能力，加工装备先进、人员素质过硬、管理水平一流、带动能力强的现代化水产品加工企业，促进水产品加工业发展；积极发展精深加工，加大低值水产品和加工副产物的高值化开发与利用。

（七）水产品流通工程项目

投资 1 700万元。其中，投资 1 500万元，建设一个设施先进、功能齐全、服务完善、管理规范、辐射力强的水产品批发市场，加快冷链系统建设，实现产地市场和销地市场冷链物流的有效对接，促进产地准出和市场准入制度建设和现代物流体系建设。财政投入 200 万元，依托水产品批发市场，连接水产专业经济合作组织和家庭渔场，发展电子商务，建立全市水产品信息平台，强化水产品市场信息服务，实现产地和销地有效对接，降低流通成本，提高流通效率。

（八）基层水产服务能力项目建设

1. 实施地点

全市区涉及渔业养殖及相关行业的县区、乡镇。

2. 建设内容及规模

一是开展水产专合组织和家庭渔场培训，发挥"专合组织+农户"及"家庭渔场带渔民"的产业带动作用，加强渔业科技培训，每年培训科技人员 3 000人次；二是开展对水产实用技术人才的培训，培养一批水产"土专家"、养殖能手，每年培训水产实用技术人才 3 000 人次；三是健全水产技术推广网络，开展对在职人员培训力度，提高从业人员的素质，造就一支素质高、业务精、献身渔业、服务群众的渔业科技服务队伍，每年培训人员 1 000 人次。

3. 项目投资估算

一是开展水产专合组织和家庭渔场培训，发挥"专合组织+农户"及"家庭渔场带渔民"的产业带动作用，每年培训人员 3 000 人次，按800 元/人次培训费用计算，每年投资 240 万元。二是开展对水产实用技术人才的培训，培养一批水产"土专家"、养殖能手，每年培训水产实用技术人才 3 000 人次，按 600 元/人次，投资 180 万元。三是开展对在职人员 1 000 人次，按 600 元/人次培训费用计算，每年投资 60 万元。项目投资估算见表 7-9。

表 7-9　项目投资估算表　　　　　　　　　　（单位：万元）

序号	项目	2014—2016 年	2017—2020 年	2021—2025 年
1	专合社及家庭农场培训	720	960	1 200
2	实用技术人才培训	540	720	900
3	在职人员科技培训	180	240	300
	小计	1 440	1 920	2 400
	合计		5 760	

（九）渔业新村建设项目

投资 10 000 万元，建设渔业新农村 5 个，将渔业发展与美化乡村风景紧密结合，形成"山上种树、水中养鱼、岸边绿化"的"山青、水秀、天蓝、地绿"的别具特色的渔业新农村亮丽风景。

（十）冷水鱼养殖示范基地建设项目

投资 600 万元，在叙永县、古蔺县，建设 2 个冷水鱼养殖示范基地，以带动开发利用叙永县、古蔺县的冷水资源。

（十一）设施渔业示范工程项目

投资 1 亿元，建设 1 个占地 10 亩，养殖用池面积 2 400 平方米，设计生产规模为名优鱼 800 吨/年的渔业科技生产示范养殖企业，实现为水生动物营造最优质且稳定的生态生长环境，包括水温、水流、流速、流向、溶氧、Ph、盐度、微量元素、微生物量等，避免自然环境对水生动物的不利影响，避免病害，实现高效、高产、稳产，排除渔业生产自然风险。

（十二）水生生物生态修复工程项目

财政投入 2 000 万元，统筹规划增殖放流的主要物种和重点水域，扩大增殖品种、数量和范围，提高放流苗种质量，科学评估放流效果，推进生态修复行动，加强水生生物自然保护区、水产种质资源保护区建设，加强重要水产种质资源产卵场、索饵场和洄游通道保护与管理，保护水生生物物种。

第六节　保障措施

一、加强组织领导

各级渔业主管部门应围绕增加农民收入这一主线，认真谋划水产发展，科学规划，找准主导品种，千方百计做大产业规模、培育特色品牌。进一步完善群众参与、资金整合使用、统筹推进、协调联动等工作机制，切实把水产业做成促进农民持续增收的支撑产业。

二、完善产业扶持政策

一是稳定和完善水产业基本经营制度，完成养殖水域滩涂规划和水域滩涂养殖承包经营权确权颁证。探索养殖权证和捕捞权证抵押质押及流转方式，将养殖证作为享受各级财政补贴、项目建设和灾害救济的资质条件。

二是将水产业纳入农业用水、用电、用地等方面优惠政策范围。严格执行设施农用地管理规定，农田水利建设、扶贫开发等农村水、电、路基础设施建设项目布局，应因地制宜、统筹兼顾水产养殖场和养殖基地发展需求。加大对水产发展的投入力度，重点用于健康养殖、渔政、资源调查、品种资源保护、疫病防控和质量安全监管。

三是加大财政项目资金扶持力度，市级每年安排 5 000 万元、区县配套 3 000 万元，支持水产重点项目建设。

四是支持农（渔）民水产专业合作社、家庭渔场作为申报实施主体参与水产项目建设，充分调动社会投入渔业的积极性，促进形成多元化、多渠道的渔业投资格局。

五是加强水产基层服务体系建设，采取"请进来""派出去"等方式，培育水产基层技术人才，大力开展水产专合组织和家庭渔场培训，发挥"专合组织+农户"及"家庭渔场带渔民"的产业带动作用，加强渔业科技培训。争取将渔业保险纳入国家政策性农业保险范围，尽快建立稳定的渔业风险保障机制。

三、创新生产经营机制

培育壮大各种类型的水产专业合作社、行业协会，加强合作组织的规范化建设，支持有条件的合作组织承担国家有关涉农项目。探索推广实用、有效的组织模式和运行机制，着力提高养鱼农民的组织化程度。推进水产品生产产业聚集，开展现代渔业示范区建设，形成区域发展新优势。大力推进"农超对接"和品牌化经营，降低流通成本，促进市场消费，进一步提高生产效率和经营效益，促进产业不断做大做强和农民持续稳定增收。

四、完善水产品质量安全保障

加快完善水生动物防疫体系和水产品质量安全保障体系，构建水产养殖疫病防控预警预报，指导养鱼农民科学使用渔药、饲料等投入品，建立和完善水产生产企业、渔业专业合作社的渔业生产"三项记录"（生产、用药、销售记录），建立和完善水产品质量安全管理制度。

五、强法制宣传，保障渔业健康发展

加大《渔业法》《渔业船舶检验条例》《四川省〈中华人民共和国渔业法〉实施办法》《四川省水上交通安全管理条例》《农产品质量安全法》等法律法规的宣传和贯彻力度，增强渔业工作者和农民、渔民的法律意识，营造良好的渔业发展氛围。从健全机构、充实人员、改善手段和提高执法人员素质等方面入手，全面提高执法体系建设水平，改善执法环境，提高执法效率。坚持依法治渔，加强渔业资源保护、渔业船舶管理、水产品质量安全、水产苗种管理等行政执法，严厉打击违反渔业法律法规的行为，依法规范和整顿渔业生产、经营秩序，维护渔业生产经营者的合法权益，切实保障水产品质量安全和渔业生态安全，促进渔业健康发展。

第八章 泸州市休闲农业发展专项规划

第一节 产业发展基础与现状

生态休闲农业兴起于19世纪30年代，由于城市化进程加快，人口急剧增加，为了缓解都市生活的压力，人们渴望到农村享受暂时的悠闲与宁静，体验乡村生活。于是生态休闲农业逐渐在意大利、奥地利等地兴起，随后迅速在欧美国家发展起来。

一、产业发展环境

农业部制定和发布的《全国休闲农业发展"十二五"规划》要求立足"富裕农民、改造农业、建设农村"，按照"夯实基础、加快转变、提升水平、引领发展"的思路，科学规划，整合资源，创新机制，规范管理，强化服务，完善设施，打造品牌，形成"政府引导、农民主体、社会参与、市场运作"的发展新格局，推动我国休闲农业快速持续发展。2014年8月21日，国务院发布的《关于促进旅游业改革发展的若干意见》指出，要推动旅游产品向观光、休闲、度假并重转变，积极发展休闲度假旅游、大力发展乡村旅游、创新文化旅游产品、积极开展研学旅行、大力发展老年旅游等，并指出国家支持服务业、中小企业、新农村建设、扶贫开发、节能减排等专项资金，将符合条件的旅游企业和项目纳入支持范围。

据不完全统计，截至2013年底，各类经营主体达到180万家，其中，农家乐150万家，年接待游客9亿人次，实现营业收入超过2 700亿元，带动2 900万农民受益，接待人数和经营收入均保持年均15%以上的增速。目前，休闲农业以田园观光旅游、农家乐、休闲度假、科普知识教育、回归自然、乡土民俗风情、村落古建文化等为主要发展模式。

二、产业发展现状

泸州自然环境优美，旅游资源丰富，构成了集名山、江川、湖光、瀑布、清泉、洞穴和生物为特色的七大自然旅游资源，形成了古镇、古民居、古牌坊、石刻、木雕和寺庙为特色的人文景观，以及苗族、彝族民族风情为主的民俗文化资源、酒文化资源、红色革命文化资源。最具代表性的三大自然生态旅游区，即张坝桂圆林生态旅游区、合江佛宝生态旅游区和古蔺黄荆生态旅游区为泸州市休闲农业的快速发展提供了资源优势。泸州市政府高度重视休闲农业的发展，积极推动农业休闲旅游业的发展。近年来，泸州市充分利用各类特色农作物、花卉、农业生产模式等积极开发形式多样的休闲农业旅游产品，泸州市休闲农业发展已具有一定规模。

国家旅游局实行的全国农业旅游示范点和泸州市旅游局实施的《星级农家乐的划分与评定》使全市农业旅游产品市场进一步规范，一批村镇兴办的旅游景区、星级农家乐、农业旅游示范点、农业观光点等农业旅游的主体市场不断壮大。农村风貌、农事活动、农俗节庆、赏花品果等农业旅游产品并不断发展。初步实现旅游产业化。

2013 年泸州市有各级 A 级景区 18 个，其中，4A 级景区 5 个，3A 景区 5 个。各级森林公园 2 个，其中国家级 1 个。各级自然保护区 4 个，其中国家级 2 个，各级文物保护单位 152 处，其中国家级 1 处。国家级非物质文化遗产 4 项，见表 8-1、表 8-2。

表 8-1　泸州市主要景点

景点	备注	景点	备注
江阳公园	城市主题乐园	方山景区	AAA 景区
纳溪云溪温泉		洞窝峡谷景区	AAA 景区
酒城乐园		合江佛宝景区	AAA 景区
云溪温泉旅游度假区	近郊复合型旅游度假项目	合江尧坝古镇	AAA 景区
泸州老窖景区	AAAA 景区	泸县玉蟾山景区	AAA 景区
黄荆景区	AAAA 景区	合江佛宝国家森林公园	国家森林公园
太平古镇	AAAA 景区	长江上游珍稀特有鱼类国家级自然保护区	国家级自然保护区
纳溪天仙硐景区	AAAA 景区、全国休闲农业与乡村旅游示范点	叙永画稿溪	国家级自然保护区
张坝桂圆林	AAAA 景区	泸县宋墓	全国重点文物保护单位
泸州老窖大曲池	全国重点文物保护单位	叙永春秋祠	全国重点文物保护单位
况场朱德旧居	全国重点文物保护单位	报恩塔	全国重点文物保护单位
泸县龙脑桥	全国重点文物保护单位	泸县屈氏庄园	全国重点文物保护单位
泸县龙桥群	全国重点文物保护单位	合江，崖墓，群	全国重点文物保护单位

（续表）

景点	备注	景点	备注
尧坝镇，古建筑群	全国重点文物保护单位	罗盘嘴崖墓群	全国重点文物保护单位
玉蟾山摩崖造像	全国重点文物保护单位	神臂城遗址	全国重点文物保护单位
清凉洞摩崖造像	全国重点文物保护单位	古蔺县红军四渡赤水战役遗址	全国重点文物保护单位
泸州老窖酒传统酿造技艺	国家非物质文化遗产	分水油纸伞	国家非物质文化遗产
泸县雨坛彩龙	国家非物质文化遗产	合江福宝古镇	国家历史文化名镇
郎酒传统酿造技艺	国家非物质文化遗产	合江尧坝古镇	国家历史文化名镇
龙桥文化生态园	全国休闲农业与乡村旅游示范点	玉蟾温泉度假区	

泸州现有休闲农业资源汇集了以中国酒镇酒庄（花田酒地）、泸州醉美江湾、桂圆林、荔枝林以及各类花卉种植、农产品种植等主干休闲农业资源，并依托几大核心景区（尧坝古镇、丹山景区、法王寺景区凤凰湖景区、黄荆老林景区、佛宝景区洞窝峡谷景区等）发展乡村旅游。

表8-2　泸州市国家级休闲旅游资源

序号	景点	数量
1	全国休闲农业与乡村旅游示范点	3 处
2	全国农业旅游示范点	2 处
3	国家 AAAA 级旅游区	5 处
4	国家 AAA 级旅游区	5 处
5	国家级非物质文化遗产	4 项
6	国家级森林公园	1 个
7	国家级自然保护区	2 处
8	全国重点文物保护单位	15 处

泸州的休闲农业大致可分为六种类型，见表8-3。一是景区依托型，依托景区发展农家乐。二是乡村度假休闲型，即观景、度假、休闲融为一体。三是纯农家乐型，依托乡村环境发展农家乐。四是民俗旅游型，利用当地苗族民俗风情和土特产品，为游客提供产品和服务。五是森林度假型，以天然的森林浴场为基础，为游客提供森林度假服务。六是综合型，园区设有多种休闲观光项目，融休闲、采摘、游玩、就餐、住宿、培训于一体，见表8-4、表8-5。

表8-3　泸州的休闲农业主要类型

序号	景区类型	具体景点
1	景区依托型	九狮山、尧坝古镇、佛宝景区、黄荆景区、太平古镇
2	乡村休闲型	玉龙湖、凤凰湖、杨桥湖等
3	纯农家乐型	龙马潭的电视塔、胡市金山、纳溪的冠山
4	民俗旅游型	古蔺的箭竹乡苗族上下寨、大寨乡叙永合乐、等
5	森林度假型	黄荆老林、合江的佛宝森林公园等
6	综合型	纳溪的天仙硐景区、龙桥文化生态园、江阳区华阳西岸村、纳溪花田酒地

表8-4　泸州2012年限额以上住宿餐饮法人企业基本情况统计

区（县）	住宿业		餐饮业	
	法人企业个数	营业额（千元）	法人企业个数	营业额（千元）
江阳区	16	216 293	10	47 746
纳溪区	2	6 010	1	2 810
龙马潭区	5	33 760	12	87 330
泸县	2	16 420	6	20 333
合江县	6	52 835	1	198 130
叙永县	4	16 390	1	40 690
古蔺县	3	29 450	1	1 720

表8-5　2013年泸州市休闲农业主体数量统计

序号	景点	数量
1	全国休闲农业与乡村旅游示范点	3 处
2	省级乡村旅游示范乡镇	12 个
3	省级乡村旅游示范村	20 个
4	农家乐接待点	600 余家
其中（1）	星级农家乐	35 家
（2）	乡村酒店	8 家
（3）	乡村旅游商品购物点	45 家
（4）	农业园区	4 个
（5）	特色餐饮店	120 家

截至2013年底统计，2013年接待国内外游客2 111.65万人次，比上年增长37.7%，实现旅游总收入143.03亿元，增长34.9%。乡村旅游人次占全市旅游

人次的60%，乡村旅游收入约为80亿元。

三、产业发展存在的问题

（一）项目缺乏亮点与创意

泸州丰富的资源优势远没有得到充分利用，与同属西南地区的重庆、成都等地区相比还有很大的差距。休闲农业是现代农业的重要组成部分，创意是生存的关键，而泸州目前休闲农业项目多属传统的乡村旅游与都市农业套路，限制了泸州休闲农业的发展。

（二）土地影响适度规模经营

在土地风险约束机制不健全的情况下，由于农民收益的增加和就业问题解决办法不多，农民仍然比较看中土地这一维持基本生存的生产资料。土地承包经营权流转机制不健全，限制了农业向规模化、集约化、市场化方向的发展。

（三）季节波动性大

休闲农业经营单位普遍存在季节波动性大的特点，在旅游旺季，游客人数往往超过了接待能力，造成了交通阻塞、停车困难、产品供应困难、服务质量下降等问题。在淡季，大量的旅游设施闲置，部分旅游接待单位不得不关门歇业。这些都导致了休闲农业经营单位收益下降。

（四）融资渠道狭窄

休闲农业的物质资本投入比重很高、效益回报期长、风险大，"公司+农户"模式需要企业有强大的资金支持，但目前私有企业的融资渠道窄，容易造成项目粗放经营，效益不高，影响了企业家投资休闲农业的热情。

（五）本地劳动力资源弱化

休闲农业建设的主体应是懂技术、会经营、善管理的新型农民。但村里有文凭、懂技术、有经营头脑的青壮年多数外出打工，留在家里的多是老人、妇女和儿童。回乡务农创业的有知识的年经人还只是个别人，就是企业招工需要的农村劳动力素质也远远不能适应休闲农业发展的需要。

第二节　发展优势分析

一、产业发展优势

（一）酒城泸州世界闻名

泸州市位于中国四川省东南部，是历史悠久的中国文化名城。明代泸州特曲老窖池中计有400多年的生产历史，泸州老窖为浓香型白酒之鼻祖，"酒中泰斗"。泸州是世界级白酒产业基地，因出产闻名遐尔的名酒泸州老窖和郎酒，是国内唯一拥有两大知名白酒品牌的城市。酒文化资源优势突出，可深度开发。

（二）农业旅游资源丰富

泸州生态环境优美，先后获得过国家森林城市、中国优秀旅游城市、联合国改善人居环境最佳范例奖（迪拜奖）、全国集邮文化先进城市、四川省文明城市等荣誉。地处长江边上的泸州还出产淮南亚热带水果晚熟龙眼和荔枝，是有名的地方特产。泸州是长江上游和四川重要的农业综合开发区，是全国和四川重要的商品粮、猪、牛、羊、林竹、水果、烤烟生产基地。盛产水稻、糯高粱、荔枝、龙眼。猪、牛、山羊、家蚕产量高。林地面积 41.88 万公顷，占全市总面积的34.21%。珍稀植物珙桐、水杉、桫椤、篦子三尖杉、连香树、香果树等共 46种。中药材天麻、五倍子、佛手、黄柏、杜仲、安息香等 1 444 种。飘溢"王者香"的佛兰、四季兰（三星蝶、荷瓣、梅兰、梅瓣）、双鼻双舌、多瓣多鼻等兰草为珍稀名品。珍稀动物中华鲟、白鲟、华南虎、黑颈鹳、林麝、猕猴等 18 种。长江之合江至雷波段，2000 年 4 月被列为国家珍稀鱼类保护区。有食用菌竹荪、鸡丛、蘑菇、银耳、木耳等 20 多种。

（三）历史文化底蕴深厚

泸州至今已有两千多年的历史。泸州有很多独特的民俗文化，比如获得国家非物质文化遗产的雨坛彩龙、古蔺花灯、分水油纸伞，还有川剧"泸州河"，以及佛宝唢呐、班打狮子、少数民族舞蹈等。泸州文化古迹众多，龙文化、红色文化、民族文化和民俗风情尤为突出。老泸州神臂城、朱德在泸业绩陈列馆、四度赤水陈列馆、护国岩、泸州老窖池、古蔺二郎镇天宝洞地宝洞、尧坝古镇等见证了泸州历史的辉煌。

（四）交通区位优势明显

位于四川省东南川渝黔滇结合部。泸州市东邻重庆市，南界贵州省、云南省，西连宜宾市，北接自贡市、内江市，处于成都—贵阳—重庆—昆明直线连接中心位置，长江和沱江两江交汇处，是四川东南出川出海和重庆西南出海东南亚必经通道。

1. 川南国家级公路枢纽城市

隆纳高速公路、成自泸赤高速公路和宜泸渝高速公路贯穿全境。泸州是国家公路枢纽城市之一。按照《全国物流园区发展规划》，泸州市被列为国家二级物流园区布局城市。四川省仅有成都市列入国家一级物流园区布局城市，泸州、绵阳、达州列入国家二级物流园区布局城市，泸州成为川南唯一入围的城市。

2. 蓝田机场位列省内三大空港之一

泸州蓝田机场位于四川省泸州市蓝田街道长江畔，列为四川成都、绵阳之后的省内第三大航空港。现已开通泸州至北京、广州、上海、深圳、昆明、贵阳、长沙、厦门、西安、南宁、杭州、海口和稻城亚丁等地 13 条航线。机场飞行区等级为 4C，属军民合用。泸州云龙机场（军民合用机场）已经获得国务院和中央军委批复，机场按照飞行区 4D 和军用三级规划，建于泸县云龙镇和龙马潭区石洞镇结合部。

3. 泸州港是国家级水运口岸暨四川第一大港

泸州是国家交通部确定的二级枢纽站和长江主枢纽港城市。西南出海通道纵贯全境，陆路经此通道一日内可直达广西防城港、北海；泸州港是交通部确定的四川唯一的全国 28 个内河主要港口和国家二类水运口岸，是四川第一大港口和集装箱码头。

二、休闲农业市场前景

（一）消费潜力

泸州发达的经济水平和庞大的人口基数为发展观光休闲农业提供了良好的经济基础和消费潜力。旅游市场在一定范围内是对某种旅游产品具有支付能力的旅游购买者的集群，由旅游者、旅游购买能力和旅游动机三个主要因素构成。

1. 消费人群

泸州休闲农业的主要市场是城市居民，泸州拥有 170 多万城镇人口，对旅游客源市场的调查结果显示，到泸州的游客主要来自四川省和重庆市，占国内游客总数的 69.5%，其次为贵州省和云南省，主要市场的城镇人口约 500 万人，对于泸州休闲农业来说是一个很大的市场，如图 8-1 所示。

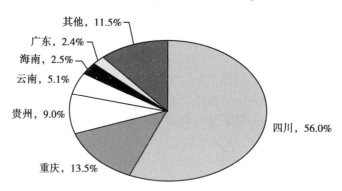

图 8-1 消费人群市场地域分布特征

总之，从旅游者角度分析，主要的客源市场在泸州及周围的城市，且要继续扩大重庆这一最具潜力的客源市场。

2. 休闲旅游动机意愿

随着消费水平的提高，城乡居民消费从注重量的满足到追求质的提高，消费质量和消费结构都发生了明显的变化。观光休闲农业满足了城市居民节假日回归自然、尽情享受田园风光和休闲放松的需要，具有广阔的市场消费空间。

泸州市旅游局旅游抽样调查发现，来泸州的旅游者中，以休闲观光度假游客较多，占国内游客调查总数的 33.5%，其次是会议和商务旅游者，分别占 19.1% 和 14.2%，再次是探亲访友旅游者，占 10.9%。如图 8-2 所示。

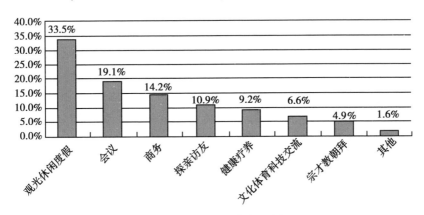

图 8-2　旅游者旅游动机分析

总之，休闲农业旅游基本上可以满足旅游者各种旅游动机，尤其是满足旅游者回归自然、休闲度假的需求，具有广阔的市场潜力。

（二）供给水平分析

1. 总量供给过剩

根据国外的经验，农业旅游区在半径为 29.5 千米的区域范围才可以发挥最佳的经济效益。但是泸州的休闲旅游项目众多，密度过大，辐射半径过小。因此，从最佳经济效益的角度来看，泸州市农业观光休闲项目数量过剩。

2. 供给项目水平低

一是服务水平相对较低，观光休闲农业景区的工作人员大多数是当地村民，他们普遍知识层次较低，缺乏服务意识，导致了接待水平低下，在一定程度上影响了旅游地的形象，降低了旅游地的档次。二是在硬件设施方面，不仅缺乏交通通讯等基础设施，而且观光休闲园区内部的导引、休息、安全设施不完善，限制了泸州的休闲农业旅游向更高水平发展。

3. 供给结构不合理

一是项目趋同，低档次重复建设。大多数停留在发展的初级阶段，观光果园、垂钓园、森林公园开发比较多，设计的旅游活动雷同，多数项目都是"吃农家饭、住农家院、干农家活、享农家乐"，在经营上也仅限于游人在生产性果园、温室、鱼塘内自行采摘、垂钓或单纯地为游客提供餐饮、住宿。二是文化内涵缺乏。观光休闲农业园区中观赏活动较多，而可供游人参与的农业生产活动和娱乐活动很少，整个观光过程缺乏知识性和趣味性，当地的民俗、文化内涵开发不充分，参与活动形式简单，旅游项目缺乏特色，吸引力不强。

三、休闲农业竞争力对比分析

（一）在西南地区的竞争力分析

西南地区是我国休闲农业开发相对较晚、程度较低的地区。很多地方还处于原生态阶段，大气环境、水环境、土壤环境等状况明显优于我国开发较早的地区。绿色生态优势是西南地区发展休闲农业旅游的明显优势所在。西南现有全国农业旅游示范点 25 个，四川总数居多，泸州有 2 个，泸州与其相邻的赤水市相比还存在很大差距。举世闻名的重庆三峡风光、云南的香格里拉、昆明的世博园、卧龙大熊猫等具在全世界都具有代表性和垄断性。然而泸州的宣传力度还不够，张坝桂圆林、黄荆景区等都有打入国际市场的潜力，却依然"藏在深山人未识"。

（二）在成渝经济区的竞争力分析

泸州是成渝经济圈的重要枢纽，从区位位置来看，泸州在成渝经济圈中具有较强的竞争力。泸州休闲农业虽有一定优势，但有特色的、附加值较高的体验型产品有待于进一步强化。与在同属成渝经济区中的宜宾市相比，同样产业链尚未完整形成，不具备集群效应和规模效应。目前宜宾休闲农业同样没有走文化创意农业的道路，但是成都创意农业发展已相当成熟，第五届中国创意农业发展论坛在成都举行，来自全国各地的专家学者和企业家就世界知名乡村景区创意艺术、亚洲创意农业发展、成都五朵金花转型升级、创意农业产业倍增、客厅农业、创意农业旅游文化、农耕体验教育等方面展开了深入交流，泸州要积极参加这类组织，汲取各方面经验，走创意农业发展道路。

（三）泸州休闲产业链竞争力分析

泸州市旅游资源丰富，产业发展基础好，但供给结构不合理，没有很好地利用该市旅游资源优势，影响了泸州市休闲农业的发展。综合来看，由于休闲农业没有很好地与农业结合起来，造成休闲农业季节波动大、项目缺乏内涵等问题，没有形成规模化的"产供销"一体化的形式和完善的产业链，提高了产品成本，降低了市场竞争力，因而应该进行产业升级转型，大力开展与农业密切相关的一些附加值高、创意型与体验型相结合的项目，以休闲农业发展扩大泸州影响力，带动地区相关产业的发展，从而形成一条完整的产业链，提升其竞争力。

（四）产业链条及辅助产业开发

目前泸州休闲农业主要采取"公司+基地+农户""合作社+农户"等多种经营模式。尽管初步形成了"产加销"一条线的产业链，但相关和辅助性产业发展不完善，因此对泸州休闲农业竞争力的促进作用未能显现出来。玉龙湖景区交通便利、景色迷人，但是没有农业与旅游结合的支撑产业，休闲农业迟迟没有发展起来，所以相关及辅助产业相当重要，但是泸州很多地方还没做好这个衔接。一旦有相应的产业作为基础，较好地处理季节波动等问题，会大大提升泸州休闲农业竞争力。

（五）政府主导作用

政府发挥主导作用也是休闲农业发展的一个主要模式，主要是通过以下方式体现政府的作用：一是政府组织力量对休闲农业进行合理的规划；二是政府通过行政手段实现土地合理流转；三是通过公共财政的投入完善道路、步游道、旅游厕所、标识牌等基础设施建设；四是制定优惠政策吸引企业及个人参与休闲农业中来。成都锦江区三圣乡观光农业项目就是政府发挥主导作用而开发的一个非常成功的案例。泸州政府高度重视现代农业的发展，在实现土地集体流转、财政投入等方面均发挥了良好的主导作用，但是在制定优惠政策吸引更多企业来泸州投资和鼓励知识青年回乡创业方面还需进一步加强。

四、梯级总目标市场定位

梯级总目标市场定位是：泸州发展休闲农业旅游要把开拓市场摆在产业开发工作的重要位置，要着力开拓本地（含周边）核心目标和东部沿海地区重点目标两个市场。泸州周边的川、黔、渝地区聚集大量城市人口，是泸州休闲度假旅游的核心目标市场。东部长三角、珠三角和京、津、唐地区经济发达，消费能力强，其旅游产品需求与本地区有互补性，是泸州休闲农业观光游赏、地域文化体验和其他特色旅游的重点目标市场。其他各地及国外市场属于需要靠特色休闲旅游争取的机会目标市场。

（一）一级核心目标市场

核心目标市场定位：泸州本地市场，以及成都、重庆、贵阳市场。泸州周边地区市场，包括宜宾、内江、自贡、遵义、毕节、昭通等；重点促销山地农业观光体验产品、高科技农业展示体验产品、农家乐休闲产品、旅游小镇度假产品等体验性强的农业旅游产品，力争形成反复消费，多次购买的市场体系。

（二）二级重点目标市场

重点目标市场定位：以广州、上海、浙江、江苏、北京为主的珠三角地区、长三角地区、京津地区市场，以及贵州、云南、陕西、湖南等邻近省区市场；重点推出峡谷瀑布观光探险产品、湖泊水库观光体验产品、原始森林康疗养生产品等特色产品。

（三）三级机会目标市场

机会目标市场定位：其他各地及国内外市场。重点推出红色文化、酒文化、苗族文化等专项旅游产品和奖励旅游产品以增强吸引力。

第三节　发展思路、原则与目标

一、发展思路

以打造集创意、休闲、观光、养生、科普于一体的现代化休闲农业为重心，以长江风光带建设为中心，以泸州酒文化、古镇文化、龙文化、苗族文化以及自然风景为核心，以泸州的农家乐、现代农业园区、休闲农园、特色食品和餐饮文化体验为建设方向，突出区域特色和比较优势，整合资源，融合发展，进一步完善基础设施和配套服务设施，建设一批精品目的地，开发一批休闲农业与乡村旅游特色商品和旅游节庆活动，打造一批精品线路，综合开发休闲生态旅游、体育旅游、文化旅游和养身美容旅游等产品，使泸州休闲农业成为现代农业品牌打造的重要抓手，带动整个现代农业产业链的快速发展。

二、发展原则

（一）坚持产业融合，扩大乘数效应

泸州要加强休闲农业、乡村旅游与农业产业化、旅游业的结合，树立大产业、大基地、大品牌、大市场发展理念，充分整合农业、林业、牧业、渔业、旅游、文化等资源，实现差异对接、优势互补、合理组合，构建功能完善、形式多样的产业布局，以休闲农业与乡村旅游融合发展推动和引领其他产业快速发展。

（二）坚持文化创意，提升项目品质

文化创意产业与农业的结合，是休闲农业的发展方向。泸州历史文化悠久，以休闲农业的产品、包装、活动、景观等为创意重点，挖掘传统文化，突出时代特征，彰显人文风尚，创作一批充满艺术创造力、想象力和感染力的创意精品。充分利用福宝、尧坝和太平三大古镇，进一步传承与开发泸州分水油纸伞、雨坛彩龙等国家非物质文化遗产，加强现代农业与文化产业的融合。泸州的佛宝、黄荆、张坝桂圆林、龙脑桥、尧坝古镇、雨坛彩龙及岩蜂蜜（糖）等都具有打入国际市场的潜力，但文化创意必不可少。

（三）坚持塑造品牌，开拓消费市场

位于农业产业链价值高端的知识产权（专利、商标、品牌等）是休闲农业的核心。充分利用泸州合江荔枝、张坝桂圆、真龙柚、护国柚、黄金梨这些地理标志产品、农产品著名品牌、商标等市场基础，放大农业的品牌效应，促进休闲农业市场的拓展。

（四）坚持与扶贫相结合，推进旅游富民工程

发展乡村旅游是泸州市重要的扶贫方式之一。古蔺和叙永是全国重点贫困县，在开发过程中应注重利用旅游业的关联作用带动农民脱贫致富，大力发展民族特色旅游商品，扶持一批种植业、农业精加工企业以及旅游服务实体。要以美丽乡村旅游扶贫重点村项目为抓手，大力支持国家确定的 20 个旅游扶贫重点村建设。

三、发展目标

（一）总体目标

抓住我国休闲农业市场迅速扩大这一战略机遇，加快休闲农业旅游发展，抓住打造长江国际黄金旅游带契机，大力建设沿江休闲创意农业旅游带，实施国家5A 级精品旅游区（张坝、黄荆、国宝窖池、酒镇．酒庄）、国家 4A 级精品旅游区（天仙硐、佛宝、龙桥文化生态园、方山、都市生态农业旅游示范园）和国家 3A 级精品旅游区（大旺竹海、妃子笑荔枝景区、玉龙湖、箭竹大黑洞、丹山）以及国家创意农业产品示范园创建工程，创建 3 个全国休闲农业与乡村旅游示范县、8 个全国休闲农业与乡村旅游示范点、10 个中国最美休闲乡村、全球重要农业文化遗产 1 项，最终实现把泸州休闲农业旅游产业培育成支柱产业的目标。

（二）具体目标

1. 近期目标

2014—2016 年，开展沿长江休闲农业旅游带建设，完成张坝、佛宝、黄荆、大旺竹海、天仙硐、玉龙湖六个旅游景区旅游公路建设。陆续开展创意农业产品示范园和玉龙湖休闲农园项目的建设，力争张坝桂圆林为全球重要农业文化遗产与 5A 级景区、江阳区成为全国休闲农业与乡村旅游示范县（区）。争取张坝桂圆林、董允坝现代农业示范园、妃子笑荔枝旅游景区成为全国休闲农业与乡村旅游示范点。另成功创建国家 5A 级精品旅游区（黄荆、国宝窖池、酒镇．酒庄）。

2016 年，旅游总人数达到 2 500 万人次，旅游总收入 180 亿元，休闲农业旅游人数约占 70%即约 1 750万人次，休闲农业旅游收入约占 60%即约 108 亿元。

2. 中期目标

2017—2020 年，完成休闲农业旅游带的建设，基本完成创意农业产品示范园和玉龙湖休闲农园的建设，完成妃子笑荔枝景区、大黑洞、丹山三个景区的旅游公路建设。陆续开展天仙硐休闲农业旅游区、大黑洞休闲农业旅游区和丹山休闲农业旅游区项目的建设。实现国家 4A 级精品旅游区（天仙硐、佛宝、方山、龙桥文化生态园、都市生态农业旅游示范园）和国家 3A 级精品旅游区（妃子笑荔枝景区、大旺竹海、玉龙湖、箭竹大黑洞、丹山）以及国家创意农业产品示

范园创建工程。力争泸县成为全国休闲农业与乡村旅游示范县（区），争取创意农业文化产品示范园、护国镇农业体验区、泸县玉龙湖、箭竹大黑洞、叙永丹山、"名酒名园名村"休闲农业旅游综合区和"幸福人家"慈竹乡村旅游成为全国休闲农业与乡村旅游示范点。

预计到 2020 年，旅游人数达到 3 250 万人次，旅游收入 230 亿元，休闲农业旅游人数约占 75%即约 2 400 万人次，休闲农业旅游收入约占 65%即 150 亿元。

3. 远期目标

2021—2025 年，完成所有项目的建设，把泸州建设成为休闲农业旅游目的地和国家休闲创意农业旅游目的地。旅游人数达到 4 500 万人次，旅游收入 300亿元，休闲农业旅游人数约占 85%即 3 500 万人次，休闲农业旅游收入约占 70%即约 210 亿元，见表 8-6。

表 8-6 2014—2025 年休闲农业旅游具体发展目标

区（县）	发展指标	2014—2016 年			2017—2020 年				2021—2025 年
		2014	2015	2016	2017	2018	2019	2020	
合计	休闲农业旅游人数（万人）	1 135	1 380	1 750	1 970	2 120	2 260	2 400	3 500
	休闲农业收入（亿元）	51	75	108	118	128	139	150	210
江阳区	休闲农业旅游人数（万人）	200	240	300	360	380	390	400	520
	休闲农业收入（亿元）	10	15	20	21	23	25	27	33
纳溪区	休闲农业旅游人数（万人）	190	220	275	300	320	340	360	510
	休闲农业收入（亿元）	8	12	20	21	22	23	24	31
龙马潭区	休闲农业旅游人数（万人）	190	230	300	310	320	340	360	510
	休闲农业收入（亿元）	10	14	20	21	22	23	25	30
泸县	休闲农业旅游人数（万人）	185	235	275	320	340	360	380	520
	休闲农业收入（亿元）	9	12	20	18	20	23	25	30
合江县	休闲农业旅游人数（万人）	130	160	200	220	240	260	280	520
	休闲农业收入（亿元）	3	6	10	11	12	13	15	28
古蔺县	休闲农业旅游人数（万人）	140	165	200	230	260	290	320	500
	休闲农业收入（亿元）	8	10	12	14	16	18	19	30
叙永县	休闲农业旅游人数（万人）	100	130	200	230	260	280	300	490
	休闲农业收入（亿元）	3	6	11	12	13	14	15	28

第四节 发展定位与布局

一、发展定位

（一）长江休闲农业旅游目的地

在长江沿岸规划建设长江休闲农业旅游带，构建生态防护景观林带、湿地保护区、森林公园和观光农园，旨在转变经济发展方式，倡导全民生态旅游理念，加强长江岸线生态资源保护，提高长江沿线资源利用效能，推进资源节约、环境友好开发，实现长江农业旅游资源的永续利用和沿江地区可持续发展。

（二）国家休闲创意农业旅游目的地

泸州发展休闲农业需要站在时代前沿，抓住实现差异性，避免同质化的创意元素才能体现现代休闲农业的灵魂。泸州的龙眼、荔枝、枇杷、柚子、猕猴桃等众多农业产品知名度高，有发展休闲创意农业的优越条件，各农家乐、农业园区、农庄等均可以根据自身情况，确定创意主题，大力发展创意农业，实现休闲农业旅游。

二、产业区域布局

根据泸州市"一个中心、四大旅游区、四个支撑点、四条旅游线"的旅游总体发展格局和泸州市的地域形态、地形地貌特征、农业旅游资源禀赋条件及未来发展的长远取向，构筑"两带一心多点"的休闲农业旅游总体发展格局，努力实现两个"目的地"。

（一）"两带"：长江休闲农业旅游带与休闲创意农业旅游带

1. 长江休闲农业旅游带

考虑长江经济带泸州现代农业示范区的总体规划，构筑"两江""四区""三散点"休闲农业长江旅游带。

（1）"两江"：长江、沱江风光、休闲农业综合旅游带。布局在弥陀镇、分水岭镇、黄舣镇、方山镇、大渡口口、胡市镇、通滩镇和石寨镇、潮河镇、海潮镇。

（2）"四区"：包括长安乡、特兴镇新农村休闲农业集聚区；天仙镇、护国镇休闲农业集聚区；以张坝桂圆林为核心的沿江休闲农业集聚区和以方山景区为核心环方山休闲农业集聚区。

（3）"三散点"：包括江阳区石寨乡、龙马潭区金龙乡、纳溪区白节镇三个比较分散的休闲农业观光区。

2. 休闲创意农业旅游带

（1）江阳区、龙马潭区、纳溪区三区：涉及张坝桂圆林、国宝窖池、百子图文化长廊、方山景区、九狮山、花博园、甜蜜公园、天仙硐、纳溪都市农业示范园、酒镇酒庄、云溪温泉、都市生态农业旅游示范区、普照山、鼓楼山、凤凰湖、大旺竹海、海潮湖、泸州港、甜橙基地、特早茶良种繁育基地等旅游景区景点。以城区张坝桂圆林和方山景区为核心，辐射以上各景区。

（2）合江县：涉及佛宝风景区、福宝古镇、笔架山、神臂城、妃子笑荔枝旅游景区（贵妃荔枝园、黄湾荔乡休闲度假景区、美酒河荔枝博览园、落梅溪荔园水乡)、尧坝古镇、法王寺、锁口水库、赤水河风光带等旅游景区景点。以佛宝风景区和妃子笑荔枝旅游景区为核心,辐射上述各景区。

(3) 古蔺、叙永两县:涉及双沙镇、马蹄乡、红军四渡赤水纪念地太平渡和二郎镇、石厢子会议遗址、白沙会议遗址、黄荆旅游景区、箭竹大黑洞风景区、美酒河、丹山景区、叙永老街、画稿溪景区、古叙苗家风情等。以黄荆旅游景区和大黑洞风景区为核心,辐射以上各景区。

(4) 泸县:涉及泸县县城、玉蟾山风景区、龙桥文化生态园、玉蟾温泉、玉龙湖风景区、道林沟景区、屈氏庄园等。以龙桥文化生态园和玉龙湖景区为核心,辐射上述各景区。

(二)"一心":泸州市区

泸州市区是全市的政治、经济、文化中心,是川、滇、黔、渝毗邻地域的商贸中心城市和水、陆、空交通枢纽。随着经济发展,城市建设加快,基础设施更加完善,服务设施将更加齐全,环境更加优美,都市旅游越来越时尚,泸州市区将以其强大的文化功能、服务功能成为区域旅游服务基地、旅游基地,成为休闲农业旅游的接待服务中心和娱乐购物中心。

(三)"多点":市内重要旅游集散点

在休闲农业旅游开发中,把农业资源比较丰富、具有较强集聚功能的城镇培育成为特色休闲农业旅游城镇,并使其成为周边旅游区(点)开发经营的重要依托。规划重点培育的旅游集散点包括黄舣镇、弥陀镇、分水岭镇、长安乡、特兴镇、天仙镇、护国镇、大渡口镇、立石镇、箭竹乡、合江镇、古蔺镇、叙永镇、福集镇、福宝镇。

第五节　休闲农业旅游产品开发

一、休闲农业旅游节庆

(一)画意花卉秀诗情

1. 栀子花节

每年举办纳溪区大渡口镇栀子花文化旅游节,设计一系列活动以及邀请名人开幕式献唱等吸引游客,可花海放歌、花海游园、喝啤酒比赛、栀子花书画笔会摄影展、微电影展、栀子花香水展销、特色农产品、花卉、中草药展销活动等。香水和中草药是活动的主要宣传对象。图8-3是美丽的栀子花。

2. 踏青节

利用古蔺双沙、江阳黄舣镇油菜花和江阳丹林镇梨花联合举办一年一度的踏

图8-3　栀子花

青节，体验别样花海韵味，设计四项花海系列活动，分别是千车万人自驾"游花海"、全国知名摄影家"摄花海"、花海有奖征文大赛"赞花海"、招商洽谈、地方特产推介"推花海"等，打造一项集花海观光、乡村休闲、景区游览、招商洽谈为一体的综合性节庆活动。开幕式同时举办泸州美食节、泸州系列创意旅游纪念品、工艺品和地方名优土特产品展示展销。在节会期间举行自行车邀请赛进行宣传造势。图8-4美丽的画里乡村。

图8-4　画里乡村

（二）采摘竞技庆丰收

1. 荔枝旅游节

每年举办大型主题活动——"合江贵妃荔枝节"，向目标客源市场集中宣传景区核心吸引物荔枝和多样化的旅游活动。"美酒节""龙舟节"等其他旅游节庆与"荔枝节"形成季节、主题的互补。可举行荔枝购销一条街、荔枝趣味竞技比赛、千年古荔所有权拍卖、美食小吃一条街、荔枝汁、荔枝酒评比会等活动。图8-5是果实累累的荔枝。

图 8-5　香甜可口的荔枝

2. 蜜柚旅游节

每年举办泸州蜜柚文化旅游节，重点推广合江真龙柚和纳溪护国柚，节庆期间可设计一系列活动，例如柚子王比赛、柚子保龄球赛、猜谜、篝火联欢晚会、用柚皮放河灯、以柚子为原材料的美食比赛，柚子的内膜晒干了是天然蚊香，还可以举行自制蚊香的展销活动。同时在北京大型超市（家乐福、华联、华堂、乐天玛特、超市发、中粮集团等）举办柚子展销活动，既能减少中间流通环节，大大缩短蜜柚上市时间和成本，也能起到很好的宣传作用。图 8-6 是蜜柚。

图 8-6　蜜柚

3. 桂圆旅游节

1993 年，四川省政府把张坝桂圆林定为"桂圆种质基因库"。取桂圆团团圆圆之意，作为中秋节佳品。桂圆亦叫龙眼，可与潮河龙眼生态园联合推出桂圆文化旅游节。活动期间可举行各种优质桂圆的展览会，相互间进行技术交流，推广好的品种和先进的种植技术。配合彩车游行，每辆彩车上用桂圆果实和树枝以及彩绸、鲜花扎成的某种模型和图案装饰，每年表达不一样的主题。图8-7是桂圆。

图8-7 桂圆

4. 枇杷旅游节

以纳溪区银罗枇杷为依托，开展枇杷加工，开发枇杷花茶、果酒、果脯、果汁等系列产品，以这些为旅游吸引物，举办枇杷文化旅游节，展开枇杷采摘游、古镇文化游、枇杷展销会、枇杷王评比、吃枇杷比赛、枇杷花茶、果酒、果汁的品尝评比、地方民俗表演等系列活动，扩大银罗枇杷的知名度，放大其品牌效应。图8-8是诱人的枇杷。

图8-8 枇杷

5. 花椒旅游节

以龙马潭区花椒为主创办花椒文化旅游节，开展一系列活动，例如大型文艺晚会、电影公演、地方文艺演出，并举行泸州特色产品营销、花椒产品展、泸州特色产品展、书画摄影展，并进行农产品交易、商贸洽谈活动、花椒产业开发理论论坛。配合美食节推出泸州特色风味小吃活动，尤其是以"麻"为特色的美食，例如古蔺麻辣鸡、船公鱼等。图8-9是花椒。

图 8-9 花椒

6. 李子旅游节

以古蔺镇的万亩李子种植基地、农家乐和古蔺苗族风情为基础举办脆红李子文化旅游节，可以欣赏苗家人用勤劳的双手制作出来的麻衣、麻裙，现场观看苗家挑花、蜡染、纺织艺术，和苗家儿女一起跳芦笙舞、竹竿舞，参加山歌比赛、竞答有奖活动、摔跤比赛等。还可以进行篝火晚会，品尝苗家糍粑，烧玉米、烧土豆。再配合芦笙、唢呐、花带、油伞、米酒等旅游商品的展销。让李子文化旅游节别有一番韵味。图 8-10 是酸甜可口的李子。

图 8-10 李子

（三）趣味民俗创意浓

1. 苗族文化节

古蔺有民俗风情浓厚的苗族上下寨，以古民居、古建筑、民俗传统为依托开展的苗族文化旅游节，节目内容有原生态舞蹈、苗族民歌、苗族乐器表演（吹木叶包括橘叶、柚叶和冬青叶）、杂技、现代舞、魔术等多种趣味盎然的表演形式。民族乐器芦笙、笛子、反排木鼓、牛皮鼓、木叶等都可作为旅游纪念品进行展销活动，扩大影响力。

2. 茶文化节

以纳溪的特早茶为主举办茶文化节，整合泸州所有茶叶品牌打造一个集欣赏、品味、销售为一体的高端茶叶盛宴。节庆前期要制作展览图片，每张图片要展现一个主题，如茶之源（讲述茶的起源）、茶之具（饮茶的各种器具）、茶之史（描述历朝历代的茶史）、茶之事（各个民族、各个地区关于茶的趣闻）、茶之趣（介绍不同的茶风俗）。节庆期间进行极品茶文化欣赏，特早茶园观赏、特早名茶品尝、有奖问答、模特秀、幸运抽奖等活动。

3. 农民艺术节

与创意农业产品示范园项目内容相呼应，举办第一届泸州农民艺术节，活动要涉及摄影、书法、声乐、器乐、舞蹈、小品、戏曲、民间表演艺术等多种艺术形式，比如文艺节目精品比赛、农民竞技趣味项目比赛、民族特色舞表演、农村门球比赛、电影下村、摄影、美术、书法、根雕、奇书、征文比赛，评比十佳母亲、十佳农民、十佳文化先进个人等活动。

4. 竹文化节

在泸州市现有福宝、黄荆、天仙硐、凤凰湖等国家、省市级的生态竹文化旅游胜地以及遍布城郊的竹生态园和休闲观光农家乐瞄准竹旅游的基础上，深度挖掘和弘扬竹文化，举办竹文化节、笋文化节等活动，同时加上竹、酒文化的优势，大力宣扬竹文化的历史文化内含及其高尚的人文情操，让国人关注泸州。同时积极申报竹工艺产品和竹炭产品原产地地理标志，以竹工艺产品和竹炭产品原产地地理标志使用为载体，强化竹文化产业建设，促进国内国际竹文化研究、促使竹工艺产品和竹炭产品企业及客商向泸州集聚，使产业与文化相得益彰。

5. 麻辣美食上舌尖

以泸州美食为灵魂，以当地特色小吃为抓手，举办首届泸州美食节，形式可多种多样，可独立存在，美食展销可同其他活动相结合，如美酒节、花卉节、采摘节、文化节或者直接和民俗节日一同举办。借助古蔺麻辣鸡上《舌尖上的中国》的知名度，做相应的宣传，将其打造为"四川美食节"。

二、特色休闲农业旅游产品

根据泸州的资源情况，按休闲农业旅游吸引物的不同，把休闲农业旅游分为九种类型，分别是山地农业观光体验产品、高科技农业展示体验产品、农家乐休闲产品、风情古镇休闲度假产品、红色文化怀旧体验产品、苗族文化体验产品、峡谷瀑布观光探险产品、湖泊水库观光体验产品和原始森林康疗养生产品，见表8-7。九种休闲农业旅游产品类型交叉，可开发农事体验游、科普教育游、美食休闲游、森林浴吧游、民俗风情游、浪漫情调游、温馨亲子游、自驾野营游等特色旅游产品，单一类型组合在一起形成复合型旅游产品，可继续开发一日游、二日游、三日游等系列。

表 8-7 休闲农业旅游产品分类

序号	产品名称	产品内涵	产品规划	策划项目
1	山地农业观光体验产品	以种植基地景观及美丽的自然风光为旅游主要吸引物，结合农家乐乡野佳肴，打造现代农业经典旅游项目，如荔枝、护国柚、真龙柚、红豆杉等的种植基地	利用好梯田，突出山地种植农业的层次感与追求美感的产品搭配设计。举办相应采摘节庆，放大农产品的品牌效应	
2	高科技农业展示体验产品	借助特色农业果蔬花卉资源，形成当地旅游不同时段不同主题节庆活动，充分发挥其科普教育功能	建立特色农业、果蔬花卉生态示范区、现代农业展馆，举办花卉节、采摘节	
3	农家乐休闲产品	分别以成片花园、果园、茶园和林下鸡的养殖集中区为依托，以种菜、赏花、摘果、采茶、园艺、酿酒和品尝泸州美食为主题	根据产业特色，建设果农乐、花农乐、茶农乐、渔农乐、牧农乐和酒农乐六种主题的六家大型农家乐。突出原汁原味的农家风味，为旅游者提供观光、娱乐、运动、住宿、餐饮、购物的乐趣	
4	风情古镇休闲度假产品	依托当地的历史文化、古建筑，为旅游者提供休闲度假、游览观光、文化传承等功能服务的综合性较强的旅游产品类型，如福宝古镇、尧坝古镇等	发展模式要多样化，以当地的主导产业为依托，重点突出古朴与原汁原味	各种节庆活动（花卉节庆、采摘节庆、文化节庆、美食节庆）和旅游商品（土特产品、中草药、创意农业手工艺品、组合景物）
5	红色文化怀旧体验产品	主要以红色文化为依托，例如况场朱德旧居陈列馆、二郎渡口、太平寺镇（渡）、白沙会议遗址、抗战小学等，再结合当地农业特色开发复合型旅游产品	基于保护性开发的原则，开发历史文化村寨，开展老街历史文化之旅，以展现丰富独特的古建筑群、民族民间艺术、历史文化等	
6	苗族文化体验产品	充分利用当地传统的苗族民居和手工技艺以及重要节庆（踩山节、赶苗场、芦笙节等）	保护盒修葺古建筑，对于一些历史事件、名人传记和典故通过实物造景、村民口头传述及特色节庆活动来体现	
7	峡谷瀑布观光探险产品	提供以登山、攀岩、溜索、探险、漂流等体育运动健身型旅游活动，如八节洞瀑布、珍珠滩瀑布、天仙硐瀑布、牛背溪峡谷、龙洞场峡谷等	开发重点是生态观光、山地度假以及会议旅游、科考旅游、修学旅游、特种旅游等专项旅游产品	
8	湖泊水库观光体验产品	建设集度假、观光、会展、娱乐、婚纱摄影、影视基地为一体的综合生态旅游风景区，如玉龙湖、道林沟、凤凰湖、星湖、锁口水库等	开发餐饮住宿休闲综合设施建设、自然生态观光开发、水面娱乐综合设计、度假疗养会展培训项目、沿岸景观带设计	
9	原始森林康疗养生产品	以森林公园、农业园区为依托，让游客置身森林生态系统中，体验森林休闲养身旅游活动的乐趣，如福宝森林公园、笔架山、丹山	开发林下中药材、森林疗养等养生科普型旅游活动，饮用天然泉水	

三、休闲农业旅游精品线路

1. 长江休闲农业旅游线

泸州国窖池——张坝桂圆林——泸州醉美江湾——董允坝现代农业示范园——神臂城——笔架山。

2. 休闲创意农业旅游线

（1）华阳生态园——创意农业文化产品示范园——董允坝现代农业示范园——江北片现代农业与乡村旅游示范带——甜蜜公园——石洞花博园。

（2）玉龙湖——道林沟——密溪荔枝林——都市生态农业旅游示范园——大旺竹海——天仙硐——丹山——箭竹大黑洞——古蔺双沙。

3. 果品观光旅游线

（1）张坝桂圆林——百里甜橙走廊——合江妃子笑荔枝园——合江真龙柚。

（2）启玉葡萄园——天仙硐四季园——银罗枇杷——护国柚。

4. 竹产业旅游线

竹文化博物馆——竹炭文化博物馆——竹工艺品博物馆——竹产业科技示范园——佛宝——天仙硐——凤凰湖——黄荆。

5. 东环线

泸州市区（国窖池等）——张坝桂圆林——神臂城——笔架山——佛宝——尧坝古镇——泸州市区。

6. 南环线

泸州市区（国窖池等）——方山——天仙硐——画稿溪——丹山——箭竹大黑洞——古蔺双沙——黄荆老林——十丈洞、四洞沟——法王寺——尧坝——佛宝——张坝桂圆林。

7. 北环线

张坝桂圆林——九狮——玉蟾山——龙桥文化生态园——道林沟——玉龙湖——泸州市区（国窖池等）。

第六节　主要发展任务

一、构建休闲创意农业产业链

农业产业链是将原料采购与贸易、畜禽种苗提供、农业加工生产、农业园区建设与服务、农业流通模式、农产品收购、农产品加工生产、农产品销售等八大环节联结起来，形成现代化的产业链，该产业链包括核心产业、支持产业、配套产业和衍生产业。位于农业产业链价值高端的知识产权（专利、商标、品牌等）是创意农业的核心。它具有强大的辐射力，能够带动相关产业，形成产业群，农业经营者们应通过挖掘创意农产品、创意农业文化、创意农业生产活动和创意农业景观，以及酿酒过程、茶园采摘加工过程、制造香水过程等开发旅游产品，为消费者生产和提供更多更好的体验性旅游产品，构建休闲创意农业产业链。

二、培育休闲农业生产经营主体

生产经营体系主要为休闲农业提供产品和服务，对应的经营主体为生产商、供应商和项目经营商，包括提供田园观光、农耕体验、休闲度假、运动健身和科普教育的农村合作经营组织和景区或项目生产者和经营者，还包括为农业休闲旅游产品提供原材料或生产资料的生产者，例如，农产品加工企业，食品饮料企业，花卉种植企业等。生产经营体系涉及农业、工业和服务业等，其生产出来的产品包括特色农产品、手工艺品、农村文艺演出服务、农耕生产生活体验服务、乡村度假休闲服务等。培育生产经营体系是发展休闲农业的重要工作，是休闲农业发展的关键，可以采取财政激励、税收政策优惠等方式鼓励生产经营体系的发展壮大。

三、建立休闲农业旅游公共服务平台

为适应市场需求，产业的发展需要一个统一开放、竞争有序的现代市场服务平台，资本、信息、劳动力等生产要素流动都将使得休闲农业的发展必须涉及相关产业，而产品的推广更需要其他相关部门的合作。市场服务平台包括金融机构、行业协会、培训中心、信息中心等。这些部门或机构将农业、旅游业和信息产业、交通业、教育培训等行业连接起来，为休闲农业的发展提供市场服务。政府的行政服务、信息产业提供的信息服务、中介机构提供的沟通协调、公证、监督等都将促进休闲农业健康有序地运行与发展。高效优质的服务平台是促进休闲农业发展的重要途径。

四、加强休闲观光农业基础设施建设

大力实施"米袋子""菜篮子"工程、现代农业千亿示范工程、高标准农田工程、农村能源工程、农机化工程等建设，推进规模化、标准化、现代化特色农业发展，整合各方优势，着力改善休闲农业与乡村旅游景区（点）基础设施。大力整治村容镇貌，推进旅游村镇、街道的硬化、绿化和美化工作，指导旅游景区（点）房屋外观改造和标牌、标识规范设置。改善旅游景区（点）的供电、供水、通信、消防以及教育、医疗卫生条件，营造文化氛围。加快兴建特色餐饮、住宿、购物、娱乐等配套服务设施，努力提高旅游景区（点）的可进入性与旅游活动的安全性、舒适性。

第七节 重点建设项目

一、天仙硐休闲农业园区

依托天仙硐风景区，围绕天仙硐景区，建设涵盖枇杷、茶叶、竹笋、猕猴桃、黄金梨、林下鸡等多种农业种养殖业，让游客能够在游览景区之后进一步体验休闲观光农业。该园区是集农业生产、休闲观光养生、水果采摘、乡土人情体验等多功能于一体的新型景区型休大型复合休闲综合旅游区。

（一）位置与规模

位于泸州纳溪天仙镇天仙硐景区，占地面积 125 亩。

（二）建设内容

1. 四季水果农场

以天仙硐中间带的四季园（枇杷、葡萄、猕猴桃、梨子）为依托在附近发展四季水果农场，用地 10 亩，包含 6 栋 60m×12m 连栋大棚。主要发展草莓、樱桃、大甜杏、草莓、树莓、果桑、无花果、石榴等适销对路、适宜采摘的营养价值极高的小型浆果产业。

2. 家庭农场

位于天仙硐景区的中间带，用地 10 亩，主要包含开心菜园、开心果园，市民和游客可在温室内采摘、认养农作物或者是自己动手参与农事活动，体验农事乐趣。同时开辟专门的市民厨房，游人可以选择自己动手或者由厨师操刀，在农场内就能品尝到自己动手采摘的或者自家种植的新鲜农产品。

3. 户外主题电影园

位于天仙硐景区后山现代农业展馆，用地 5 亩。以中外各时期的仿制车为包厢，放映体育类影片或时尚大片，以及举办各种创意主题电影节，同时开发和销售相关电影及其衍生旅游产品，打造独特新颖的文化旅游项目。

4. 枇杷大观园

位于天仙硐景区前门枇杷园，用地 100 亩，是游人观赏枇杷大田景观、进行露天采摘及各种休闲活动的场所。主要包含房车营地、露天枇杷采摘园、枇杷园林卡、枇杷迷宫、亲子活动乐园等。

5. 天仙茶溪谷

主要包括茶叶观光博览园，特早茶主题文化公园、特早茶人文茶肆水码头廊和茶叶手工加工体验馆等。主要吸纳游客观光、购买茶产品、体验茶文化，打造集喝茶、吃茶、茶保健养生为一体的农业观光休闲旅游综合体。

（三）投资与效益估算

预计总投资 12 000 万。其中，四季水果农场 3 500 万元，家庭农场 3 000 万元，户外主题电影园 500 万元，枇杷大观园 3 000 万元，天仙茶溪谷 2 000 万元。经济效益 2016 年达到 5 000 万元，以后逐年呈递增趋势。

（四）建设进度安排

2015—2016 年完成户外主题电影园和四季水果农场建设。2017—2020 年完成家庭农场、枇杷大观园和天仙茶溪谷建设，见表 8-8。

表 8-8　天仙硐项目进度

序号	内容	2014—2016 年			2017—2020 年				2021—2025 年
		2014	2015	2016	2017	2018	2019	2020	
1	户外主题电影园		●	●					
2	四季水果农场		●	●					
3	家庭农场		●	●	●	●	●		
4	枇杷大观园		●	●	●	●			
5	天仙茶溪谷		●	●					

二、佛宝休闲农业园区

（一）位置与规模

位于合江佛宝原始森林，将其开发成为一个中药材以及植物科普基地。

（二）建设内容

药用植物培育区：研发金钗石斛、冬虫夏草、红花、贝母、羌活、柴胡、天麻、红景天、紫茉莉、五味子、独活、天南星、七叶一枝花、远志、防风、苍术、茜草橘梗、地榆、丹参、瓜蒌、益母草、香附等人工种植技术。

1. 原始森林科普园

面向爱冒险的游客，开发原始森林自助游、体育游，特别是青少年，普及植物和环境科学知识，使游人理解植物在人类生活中的重要作用，同时科普园还将成为周边市民参与动植物科普活动的基地。选择合适的地方修建石凳、石桌供游客休憩。在每一种植物旁树一个标签介绍供游客学习认识更多的植物。

2. 森林旅馆

森林旅馆并不是森林中的钢筋混凝土建筑，而是因地制宜、就地取材，建在高高木桩上的塔楼，需要巧妙地利用当地出产的木材建造，塔楼外表均涂上绿色颜料，就像"空中的绿色城堡"，和周围的原始森林和谐地融为一体。修一条长达 10 千米的环形栈桥，蜿蜒穿越森林，看着欢蹦乱跳的小动物，一种回归自然、返璞归真的感受会让游客流连忘返。旅馆里面各种生活和娱乐设施要一应俱全，建餐厅、酒吧、便利商店、纪念品商店、书店等。伴着虫鸣鸟叫，读上一首森林诗人的作品，真是莫大的享受。森林旅馆既能满足游客休闲、度假、娱乐、食宿等需求，又能康体健身、怡情养性。

（三）投资与效益估算

预计总投资 11 100 万元。其中，药用植物培育区 3 000 万元，原始森林科普园 1 000 万元，森林旅馆 7 000 万元。经济效益（栈桥作为交通娱乐项目单独核算效益）首年达到 3 000 万元，以后逐年呈递增趋势。

（四）建设进度安排

2015—2017 年完成原始森林科普园的建设。2018—2020 年完成森林旅馆的建设。2015—2025 每年都选育不同药用品种进行培育，见表 8-9。

表 8-9　佛宝项目进度

序号	内容	2014—2016 年			2017—2020 年				2021—2025 年
		2014	2015	2016	2017	2018	2019	2020	
1	药用植物培育区		●	●	●	●	●	●	●
2	原始森林科普园		●	●					
3	森林旅馆		●	●	●	●	●		

三、丹山休闲农业园区

（一）位置与规模

该项目位于叙永丹山风景区，用地 650 亩。将其开发为一个以高档农家乐为主的菜园别墅旅游区。

（二）建设内容

1. 菜园别墅

用地 500 亩，现在都市中绝大部分房地产项目的设计，都没有继承中国"菜地厨房就近"的优良传统。高档的房地产项目可以为每户准备一个菜园子，而普通的房地产项目则可以在规划的时候，就把住宅区与都市农园结合在一起，让每个住户在附近都有一块菜地。

2. 开心农场

用地 50 亩，结合生态特种养殖业建设和一款以种植为主的名为《开心农场》的社交游戏项目，为现实版的开心农场。租地种菜是现在兴起来的一个热门户外活动，城郊农民给城市居民提供了一个平台，城市居民可以租种农民的土地种植自己喜欢的蔬菜。该项目可以发展果蔬采摘、认养土地、蔬菜配送、果树认领，还有饲养散养的家畜家禽等。游客享受到的是自己的劳动果实和绿色蔬菜，健康又开心。

3. 农家乐

用地 100 亩，建设果农乐、花农乐、酒农乐、渔农乐、牧农乐五种主题的五家大型农家乐，分别以成片花园、果园、人参的种植区和鸡、兔、鹅的养殖集中区为依托，以种菜、赏花、摘果、园艺、酿酒为主题，力争到 2020 年叙永创建五个五种类型的农家乐示范点。渔乡人家依托乡村良好的自然生态、村容风貌和渔业特色产业，以"鱼、渔"和水体景观为主题旅游吸引物，可为游客提供开发建设高标准的休闲渔业垂钓基地，开展垂钓、烧烤、特色餐饮等休闲活动。建筑风格选择最具农村特色的茅草屋，形成独特风景。具体的布局根据区域范围内各个村的特点来选择不同的主题。

（三）投资与效益估算

预计总投资 11 000 万元。其中，菜园别墅 5 000 万元，开心农场 1 000 万元，农家乐 5 000 万元。经济效益首年达到 6 000 万元，以后逐年呈递增。

（四）建设进度安排

2015—2017 年完成开心农场的建设。2018—2020 年完成农家乐的建设。2021—2025 完成菜园别墅的建设，见表 8-10。

表 8-10　丹山项目进度

序号	内容	2014—2016 年			2017—2020 年				2021—2025 年
		2014	2015	2016	2017	2018	2019	2020	
1	开心农场		●	●					
2	农家乐		●	●	●	●	●		
3	菜园别墅		●	●	●	●	●	●	●

四、大黑洞休闲农业园区

（一）位置与规模

该项目位于古蔺箭竹乡大黑洞风景区，用地 72 亩。将其开发为具有民族特色的休闲度假胜地。

（二）建设内容

1. 奇瓜异果园

用地 20 亩，主要栽培各种观赏瓜果，如鹤首葫芦、天鹅葫芦、兵丹葫芦、长锤葫芦、苹果葫芦、麦克风南瓜、瓜皮南瓜、鹅蛋南瓜、鸳鸯梨、熊宝贝、佛手等60多种观赏兼食用的瓜果品种，采用基质无土栽培，通过各种立体竹艺支架打造一个错落有致、具有一定文化和造型寓意的瓜果攀爬架（廊式、亭式、桥式等）。

2. 特色苗族民俗村

用地50亩，依托于现有村落，充分利用古蔺民俗，改造或新建特色的民居，强化民族风情，开发传统民俗表演项目，苗族传统美食等。建设具有苗族风情的休闲、娱乐、求知、度假功能的综合性旅游住宿单位。举办民俗文化展示，农副产品、旅游商品展销，民间文艺演出，千人观赏团一日游，驴友自驾游活动，影友摄影采风等一系列活动。游客在村里，除可了解各民族的建筑风格外，还可以欣赏和参与民族歌舞表演、民族工艺品制作，品尝民族风味食品，观赏民族艺术展示歌舞晚会、民俗陈列馆、民间喜爱节目等各种场景。可根据现有资源和条件，分别打造特色餐饮型、体验农事型、餐饮会议型、采摘休闲型、田园风格型、特殊风格建筑型等。

苗族式住宿星级接待点：用地1 000平方米，依托于现有居民点，为游客提供苗式旅游住宿接待。依据《乡村旅游星级评定标准》，由旅游部门指导建设具有一定服务接待能力和配套设施条件的星级住宿设施。

（三）投资与效益估算

预计投资10 000万元，经济效益首年达到4 000万元。

（四）建设进度安排

2015—2018年完成奇瓜异果园和苗族式住宿星级接待点的建设。2018—2020年完成特色苗族民俗村的建设，见表8–11。

表8–11　大黑洞项目进度表

序号	内容	2014—2016年			2017—2020年				2021—2025年
		2014	2015	2016	2017	2018	2019	2020	
1	特色苗族民俗村		●	●	●	●	●	●	
2	奇瓜异果园		●	●	●				
3	苗族式住宿星级接待点		●	●	●				

五、创意农业产品示范园

召集农民艺术家在废弃的工厂的墙上画上各种艺术画，再通过科技创意、包装创意、栽培创意、用途转化创意、亲情创意等手段，充分利用农业副产品和废弃物，改变农产品传统的食用功能和传统用途，使得普通农产品、农业或生活废弃物变成了商品、纪念品，甚至成为艺术品，从而提高附加值。

（一）位置与规模

位于江阳区废弃的工厂，占地面积 300 亩。

（二）建设内容

1. 新科技和栽培技术应用展示区

利用农业与高科技结合，打造农产品的新奇与极端的特质，提高知名度或吸引游客，或进行某种高附加值产品的开发。如玻璃西瓜、盆栽果菜、异型果、晒字果、辣木等。辣木作为主要的引进品种，若试种成功后可大面积种植，由此可开发一条辣木产业链。

2. 农业废弃物创意利用区

发挥创意与巧妙的构思，不仅将农业废弃物用作材料和能源，亦通过对其形、色、物质材料及精神文化元素的利用，变废为宝。如用废弃的鱼骨作画；用农作物秸秆作画，编织草鞋、手提袋、动物、宠物篮、杂物篮等；用树叶或树枝粘贴写意画；用鸟蛋或禽蛋壳做工艺品（花盆、彩绘、蛋雕等）；用树根作根雕等；用贝壳做各种造型的工艺品；用核桃壳、杏核、桃核等做雕刻工艺品；用玉米苞叶、松果、棉花壳等做干花等。通过产业化的方式，形成批量，降低成本，创建品牌。

3. 农产品用途转化利用示范区

在尊重农产品传统功能的基础上，挖掘它的多重特性与其他功能，以提高其经济价值。用来食用的各种豆类，可以用来制作画、小饰品，如豆塑画、手链、手机链等；通常长在田间可供食用的果树或蔬菜，可以将其微型化，做成观食两用的盆果、盆菜，如朝天椒、彩色西红柿、彩色茄子、五彩椒、盆栽草莓等；用干谷穗做干花等；五谷画；木材做木炭画等。

4. 创意街

围绕创意主题，进行系列旅游项目的打造和旅游商品的集中展示、售卖，包含手工作坊、民俗文化体验、民俗表演、特色餐饮、农畜产品销售、高原药材售卖、传统手工艺品售卖、旅游纪念品售卖等。建筑风格沿用当地特色民居形制，沿街立面进行重点装饰，道路绿化采用乡土树种，沿街设置能表现当地风土人情的民俗文化元素进行装饰，营造具有浓郁创意氛围的休闲旅游体验风情街。

（三）投资与效益估算

预计总投资 10 000 万元。其中，新科技和栽培技术应用展示区 2 000 万元，农业废弃物创意利用区 4 000 万元，农产品用途转化利用示范区 3 000 万元，创意街 1 000 万元。经济效益预计首年达到 4 000 万元，以后逐年递增，将废弃物变废为宝，使之成为旅游景点的同时也为其他各景点提供特色工艺品、旅游商品，经济效益可观，同时也有很好的环境与社会效益。

（四）进度安排

2014—2016 年做初步工作，将废弃的工厂整理清洁，将农业废弃物收集起来，在全国范围内做好宣传召集草根艺术家参与该项目活动，并整理改造出一条创意街。2017—2020 年创建农业废弃物创意利用区和农产品用途转化利用示范区，引进新品种辣木试种，做好前期工作。2021—2025 年完成新科技和栽培技术应用展示区的建设，见表 8-12。

表 8-12　创意农业文化产品示范园进度

序号	内容	2014—2016 年			2017—2020 年				2021—2025 年
		2014	2015	2016	2017	2018	2019	2020	
1	新科技和栽培技术应用展示区	●	●	●	●	●	●	●	●
2	农业废弃物创意利用区	●	●	●					
3	农产品用途转化利用示范区	●	●	●	●	●	●		
4	创意街	●	●	●					

六、道林沟休闲旅游区

（一）位置与规模

位于泸县石桥镇，占地 50 亩。

（二）建设内容

1. 药膳食府

道林沟特殊的土壤优势，生长有数十种草药，结合绿色食品生产和营销，提供保健药膳、成品半成品销售，满足高端消费群体和美食养生市场多样化需求，提升景区服务档次和规格。

2. 水上乐吧

依托道林沟的自然生态、村容风貌和渔业特色产业，以道林湖和珍珠滩瀑布为主要旅游吸引物，开发建设高标准的小型水上休闲游乐园一家，园内可开展多种水上娱乐性项目，包含像音乐喷泉、水幕电影、水上餐厅等项目。

3. 森林氧吧

在主要景点或丛林带，建设树屋、木屋、帐篷营地，使游客吐纳真气、放松自如、神清气爽。

4. 禅茶水吧

结合寺庙、古建遗址、湖周边、泉眼景点，建设永久或季节性临时茶社，为游客提供休憩品茗、思古追幽、禅静悟道。

5. 养生"眺"吧

在风景较佳景点的山顶，设置观景木屋、亭廊，让游人登高望远、把酒临风、志满意得。以百花香草之地围合自然空间，置身花丛，或仰天沐浴，或浸水而坐，或俯卧推揉，悦目赏心、芳香沁脾、美体养颜。

6. 清泉疗吧

设温泉别墅，温泉花（酒、药等）浴、情侣温泉等，建设美芦荟温泉区、草本养生谷、SPA 动感温泉区，休闲垂钓、药膳美食、养生理疗、温泉按摩池等服务，集度假、会务、休闲、保健、疗养、养生、垂钓、避暑、游览、观光、商务等多种功能于一体。

（三）投资与效益估算

预计总投资 10 000万元。其中，药膳食府 2 500万元，水上乐吧 2 500万元，森林氧吧 500 万元，禅茶水吧 1 000万元，养生"眺"吧 500 万元，清泉疗吧 3 000万元。经济效益预计首年达到 5 000万元，以后逐年递增。

（四）进度安排

进度安排见表8-13。

表 8-13　道林沟项目进度

序号	内容	2014—2016 年			2017—2020 年				2021—2025 年
		2014	2015	2016	2017	2018	2019	2020	
1	药膳食府		●	●	●				
2	水上乐吧			●	●				
3	森林氧吧			●	●				
4	禅茶水吧			●	●				
5	养生"眺"吧			●	●				
6	清泉疗吧			●	●				

七、"名酒名园名村"休闲农业旅游综合区

以龙头企业"泸州老窖"为主导，依托泸州老窖有机高粱种植基地和"名酒名园名村"区域的景观农业主题公园，建设集酒文化体验、时尚休闲、白酒酿造工艺，展现中国酒文化历程和新农村建设，创新"以工哺农"模式，打造国内第一个酒文化主题城市近郊酒文化特色旅游综合区。

（一）位置与规模

覆盖江阳区黄舣镇和弥陀镇 2 个乡镇，9 个农业行政村，以永兴村为主。如图 8-11 所示。

图 8-11　名酒名园名村

（二）建设内容

1. 酿酒体验区

占地 300 亩，主要建设有机高粱游客体验区和酿酒体验区，以及住宿餐饮区，游客休闲区。体验区内充分展示从高粱种植到酿酒的全过程，以及中国的传统酿酒工艺，并能让游客亲身体验到高粱种植和酿酒的整个过程，让游客对酒工艺有切身的感受。

2. 泸州老窖酒文化小镇

占地 500 亩。以泸州老窖 1573 为背景，建设古文化酒镇，建设中国传统酿酒作坊，展示中国传统酿酒工艺、酒发展文化和历史。建设古文化旅游度假村，能够提供住宿餐饮等服务。

（三）投资与效益估算

总投资 10 000 万元，其中，政府出资 5 000 万元，企业自筹 5 000 万元。"名酒名园名村"休闲农业旅游综合区位于泸州市中心附近，交通便利，预计每年能够吸引泸州市民以及泸州周边四川和重庆等游客 100 万人次，预计首年收益达到 2 000 万。

（四）进度安排

201—201 年，酿酒体验区和泸州老窖酒文化小镇基础设施建设；201—201 年，体验区有机高粱种植和酿酒见表 8-14。

表 8-14　名酒名园名村项目进度表

序号	内容	2014—2016 年			2017—2020 年				2021—2025 年
		2014	2015	2016	2017	2018	2019	2020	
1	酿酒体验区	●	●	●	●	●	●	●	●
2	泸州老窖酒文化小镇	●	●	●	●	●			

八、白节生态旅游镇

（一）位置与规模

位于纳溪白节镇，用地 100 亩。

（二）建设内容

1. 大旺竹海旅游区

新建景区游客中心一个、2 000~5 000平方米生态停车场、特色环形游步道20千米、三星级旅游厕所2个、生态厕所5个；增设垃圾桶、休息凳椅等配套设施；完善供水供电排污等管网设施；打造竹文化景观，增加竹基因库展示展览中心等；开发竹衍生特色旅游商品、食品等，完善景区业态。

2. 云溪温泉国际旅游度假区

在原有的功能分区上种上栀子花、紫荆花、桂花、薰衣草和一些中药材，紫荆花作为观赏和中药材开发，栀子花和桂花作为观赏和香水开发，建一个小的香水苑专门研究具有栀子花、薰衣草和桂花香水味的中药香水的制作，鲜花提取香精的过程也可作为游客参观的内容，走中低端市场，打出自己的品牌。还可以栽培各色盆栽花卉、鲜切花，用于市民和游客观赏、购买。设置插花沙龙、盆景讲堂、花茶吧、花园书吧等项目，为当地居民和游客提供以花会友、与花同乐的花卉乐园。

（三）投资与效益估算

预计总投资8 000万元。其中，云溪温泉国际旅游度假区5 000万元，大旺竹海旅游区3 000万元，2016年经济效益达到6 000万元，以后逐年递增。

（四）建设进度安排

2015年完成大旺竹海游客中心、厕所、停车场等的建设，2016—2017年完成竹文化景观建设，增加竹基因库展览中心。2018年完成大旺竹海旅游区的建设。2017年完成云溪温泉新增项目的建设，见表8-15。

表8-15　白节镇项目进度

序号	内容	2014—2016 年			2017—2020 年				2021—2025 年
		2014	2015	2016	2017	2018	2019	2020	
1	大旺竹海旅游区		●	●	●	●			
2	云溪温泉国际旅游度假区		●	●	●				

九、"幸福人家"慈竹乡村旅游区

结合走马—慈竹新农村综合体建设，以乡土文化与田园游憩为核心体验，将农业与旅游休闲融为一体，建设休闲农庄、垂钓园、乡村度假酒店等富有乡土文化气息的都市休闲农业旅游项目，新建高品质的乡村旅游度假设施，建设成为泸州市首选乡村旅游度假区（图8-12）。

图 8-12 慈竹乡村旅游

（一）位置与规模

项目位于龙马潭区长安乡和特兴镇两个镇的新农村示范区，建设范围以慈竹村为核心区。

（二）建设内容

"幸福人家"乡村旅游区：充分利用片区内的湿地、农田和乡村土俗等资源，建设一系列的休闲农庄、农园、果蔬篱园、幸福人家、生态垂钓园（渔家乐）、乡村度假酒店等，传统的耕牛、犁田、水车等农耕场景建设。休闲农庄预计占地 400 亩，休闲农庄充分利用当地的历史文化背景。果蔬篱园预计占地 200 亩，可以设置蔬菜采摘区，蔬菜可以种植如生菜、黄瓜和西红柿等农家常见蔬菜，充分体现乡村生活。

（三）投资与效益估算

预计投资 8 000 万元，其中政府出资 3 000 万元，自筹 5 000 万元。预计 2016 年效益达到 5 000 万元。

（四）建设进度安排

2015—2016 年"幸福人家"乡村旅游区建设；2015—2017 年果蔬篱园蔬菜种植，垂钓园鱼苗养殖；2017 年乡村游路线完成。见表 8-16。

表 8-16 幸福人家项目进度

序号	内容	2014—2016 年			2017—2020 年				2021—2025 年
		2014	2015	2016	2017	2018	2019	2020	
1	乡村旅游区		●						
2	果蔬篱园、垂钓园		●	●	●				

十、护国镇农业体验区

依托"西南第一特早茶"地理标识产品"纳溪特早茶"生产基地、"护国沙田柚"种植基地及林下土鸡养殖立体农业体系，积极建设集集茶文化观光体验、风情柚乡观光、绿色餐饮生态度假区为一体的现代农业体验区。

（一）位置与规模

以纳溪区护国镇梅岭村为主，扩展到护国镇，占地面积200亩（图8-13）。

图8-13 护国镇农业体验

（二）建设内容

1. 特早茶体验农场

以梅岭村特早茶生产基地为基础，特早茶体验农场占地面积100亩，主要建设茶山大门、茶文化墙等一批体现茶文化内涵的设施，特早茶识教室，推广特早茶种植技术，扦插技术以及制茶技术，建设特早茶采摘区，以及制茶体验区。

2. 护国柚采摘主题公园

围绕护国镇护国柚种植基地，建立护国柚主题公园，建设面积约100亩，园区内各项设施都以护国柚形象为基础建设，同时建有护国柚观光大道、护国柚采摘园。

（三）投资与效益估算

投资概算：总投资6 000万元，其中，政府出资2 000万元，企业自筹4 000万元，扩大游客范围，建设规模能吸引成都、重庆、宜宾以及云贵等其他省市的外地游客，预计每年100万人次。

（四）建设进度安排

2015—2016年，特早茶体验农场和护国柚采摘主题公园建设；2016—2017年，茶扦插，护国柚主题公园布局；2017年，分别举办"特早茶节"和"护国柚节"。见表8-17。

表8-17 护国镇农业体验区项目进度

序号	内容	2014—2016年			2017—2020年				2021—2025年
		2014	2015	2016	2017	2018	2019	2020	
1	特早茶体验农场		●	●					
2	护国柚采摘主题公园		●	●	●				

十一、董允坝休闲农业观光区

依托董允坝现代农业示范园区，生态环境涵养区、结合新农村建设，加强功能区内环境、周边环境和人居环境建设，使园区与农田生态系统具有居住与生产功能的同时，成为具有乡村特色、地方特色和园区特色的休闲农业观光区。

（一）位置与规模

项目位于江阳区弥陀镇和分水岭镇的董允坝现代农业园区，共建立一个园区。

（二）建设内容

1. 温室种植技术示范大棚

用地150亩，棚区内展示各种种植技术及种植相关知识，棚内种植异形蔬菜和水果，展示现代农业技术。

2. 游客采摘区

用地80亩，可分别建立蔬菜采摘大棚和水果采摘大棚。并建配套餐厅，餐厅采用游客自己采摘的蔬菜和水果。蔬菜可以种植生菜、黄瓜和番茄等，水果可以选择猕猴桃、柚子和甜橙等。

3. 花卉温室大棚

用地120亩，棚内中有各个季节及不同国家的花卉，并可以提供鲜花供应等业务。同时棚内也可以建立插花艺术教室。花卉类可以选择郁金香、玫瑰、薰衣草、雏菊等分季节选择。

（三）投资与效益估算

总投资5 000万元，其中，政府投资2 000万元，自筹3 000万元。董允坝主示范区建设好后，依靠主示范区，花卉及蔬菜水果采摘区每年可以吸进100万人次的游客，游客范围除了以泸州市游客外，由于临近两条高速，可以进一步吸引重庆，云贵等省的外省游客50万人次。

（四）建设进度安排

2014—2015年，蔬菜采摘区和花卉区基础设施建设；2016—2017年，蔬菜区育苗以及花卉种植；2018年，鲜花开放，蔬菜采摘。见表8-18。

表8-18 董允坝休闲旅游区项目进度

序号	内容	2014—2016年			2017—2020年				2021—2025年
		2014	2015	2016	2017	2018	2019	2020	
1	温室种植技术示范大棚	●	●	●	●				
2	游客采摘区	●	●	●	●	●			
3	花卉温室大棚	●	●	●	●				

十二、项目投资效益概算及进度安排

（一）项目投资估算

项目总投资 10.10 亿元，其中，2014—2016 年 6.50 亿元，2017—2020 年 3.15 亿元，2021—2025 年 0.45 亿元。见表 8-19。

表 8-19　重点项目投资概算　　　　　（单位：万元）

区（县）	项目名称	2014—2016 年			2017—2020 年				2021—2025 年
		2014	2015	2016	2017	2018	2019	2020	
江阳区	创意农业产品示范园	500	2 500	2 000	1 000	1 000	500	500	2 000
	"名酒名园名村"休闲农业旅游综合区	500	3 500	3 500	2 500				
	董允坝生态环境涵养区	500	1 500	2 000	500	500			
纳溪区	天仙硐休闲农业旅游园区	0	2 500	4 500	2 000	2 000	1 000		
	护国镇农业体验区	0	2 000	3 000	500	500			
龙马潭区	白节生态旅游镇	0	3 000	2 000	2 000	1 000			
	"幸福人家"慈竹乡村旅游区	0	3 000	3 000	1 000	1 000			
泸县	道林沟休闲旅游区	0	3 500	3 500	3 000				
合江县	佛宝休闲农业旅游园区	0	3 000	3 500	1 000	1 000	1 000	1 000	500
古蔺县	大黑洞休闲农业旅游园区	0	3 000	4 000	1 000	1 000	500	500	
叙永县	丹山休闲农业旅游园区	0	2 000	3 000	1 000	1 000	1 000	1 000	2 000
合计	101000	1 500	29 500	34 000	15 500	9 000	4 000	3 000	4 500

（二）项目经济效益估算

项目经济效益 2016 年达到 4.60 亿元，2020 年 20.10 亿元，2025 年 66.90 亿元。见表 8-20。

表 8-20　经济效益概算　　　　　（单位：万元）

序号	项目	2016 年	2020 年	2025 年
1	天仙硐休闲农业旅游园区	6 000	25 000	100 000
2	佛宝休闲农业旅游园区	3 000	18 000	90 000
3	丹山休闲农业旅游园区	7 000	28 000	84 000
4	大黑洞休闲农业旅游园区	4 000	24 000	60 000
5	创意农业产品示范园	4 000	16 000	65 000
6	道林沟休闲农业区	5 000	15 000	50 000
7	"名酒名园名村"休闲农业旅游综合区	2 000	10 000	30 000

（续表）

序号	项目	2016 年	2020 年	2025 年
8	白节生态旅游镇	6 000	20 000	50 000
9	"幸福人家"慈竹乡村旅游区	5 000	30 000	60 000
10	护国镇农业体验区	2 000	8 000	50 000
11	董允坝休闲农业观光区	2 000	7 000	30 000
	合计	46 000	201 000	669 000

（三）项目进度安排

泸州市现代旅游业重点建设项目进度安排，见表8-21。

表 8-21 项目进度安排

序号	内容	2014—2016 年			2017—2020 年				2021—2025 年
		2014	2015	2016	2017	2018	2019	2020	
1	天仙硐休闲农业旅游园区		●	●	●	●	●		
2	佛宝休闲农业旅游园区		●	●	●	●	●	●	●
3	丹山休闲农业旅游园区		●	●	●	●	●	●	●
4	大黑洞休闲农业旅游园区		●	●	●	●	●		
5	创意农业产品示范园	●	●	●	●	●	●	●	●
6	道林沟		●	●					
7	"名酒名园名村"休闲农业旅游综合区	●	●	●					
8	白节生态旅游镇		●	●	●				
9	"幸福人家"慈竹乡村旅游区		●	●	●	●			
10	护国镇农业体验区		●	●	●	●			
11	董允坝休闲农业观光区	●	●	●	●	●			

第八节 保障措施

一、组织协调保障

农业部门要把休闲农业与乡村旅游作为现代农业发展和新农村建设整体布局，扶持和培育主导产业；旅游部门要加强行业指导和宣传营销，有效争取国内外客源；财税部门要加大对休闲农业与乡村旅游的扶持力度；交通运输部门要积极支持重点休闲农业与乡村旅游景区（点）相关乡镇、建制村的农村公路建设，有条件的地方要开通城市到旅游景区（点）的客运线路；住房城乡建设部门、旅游部门要加强对旅游特色村庄建设的指导；政府要加大对旅游特色村庄基础设施和公共服务设施的建设投入；林业和环境保护部门要共同加强休闲农业与乡村旅游景区（点）及周边的生态景观建设和环境保护治理；扶贫部门安排相关扶贫项目和资金，要向发展休闲农业与乡村旅游的贫困村倾斜；文化部门要积极创新策划宣传休闲农业与乡村旅游演艺产品，利用文艺下乡机会到重点景区（点）演出，营造休闲农业与乡村旅游良好发展氛围；工商部门要会同相关部门制订并推广休闲农业与乡村旅游合同示范文本，完善休闲农业与乡村旅游市场监管和服务机制，维护良好的乡村旅游市场秩序；卫生、食品监督部门要加强食品安全监管；水利、电力、通信、广电等部门要着力加强休闲农业与乡村旅游景区（点）的饮用水、供电、通信设施等建设；公安、消防部门要积极推动有关部门落实休闲农业与乡村旅游景区（点）公共消防设施等安全设施建设，依法对休闲农业与乡村旅游经营单位的消防安全工作实施监督管理。其他部门要根据各自职能，积极支持休闲农业与乡村旅游发展。

二、市场推广保障

目前泸州旅游业的发展还不是很成熟，旅游者对泸州的认知度还有待提高，打造泸州休闲农业旅游很大程度上需市（县）各级政府加强市场推广。利用各种媒体和宣传手段，把发展泸州休闲农业旅游对维护农业生态环境、保持现代农业可持续发展以及发展农业旅游的做法和成效，广泛有效地进行多层次、多形式的舆论宣传和科普培训。通过长期而充分的宣传教育工作，可以使公众认识到休闲农业旅游的各项价值，不仅可以培育本区内基础和重点市场，也可以拓展区外机会市场。

三、金融信贷保障

鼓励金融机构为休闲农业与乡村旅游发展提供信贷支持，适当加大信贷投放力度，适度降低旅游企业贷款准入门槛，扶持龙头企业发展。加大对农户经营休闲农业与乡村旅游项目的扶持力度，凡是符合小额担保贷款政策支持对象的，均可申请小额担保贷款，并按规定予以贴息。积极进行体制机制创新，探索农户以房屋、土地、果蔬园等入股，发展休闲农业与乡村旅游。贫困地区可将休闲农业与乡村旅游纳入扶贫开发贷款扶持范围。鼓励社会资本及各类经济实体投资休闲农业与乡村旅游景区（点）、旅游项目、商业网点以及服务接待、交通运输等设施的建设和经营。

四、科技支撑保障

为让更有效的生产组织形式和生产方式取代落后的组织形式和生产方式，实现现代农业的休闲农业旅游功能，大力培育新型职业农民。通过开展新型农民培训和示范项目，使农户拥有发展旅游的意识和理念并掌握相关的服务知识，提供及时的技术支持和信息服务。出台更多优惠政策，提供各种培训指导办法吸纳和影响外出知识青年回乡创业，发展农业特色产业，不要让知识的缺乏阻碍泸州休闲农业旅游的发展。

五、环境美化保障

良好的生态环境对发展休闲农业旅游，既是保障，也是目标，要求人人参与到保护生态环境工作中来。人人都要从自身做起，改变生活和生产方式，增强环境保护意识，使自己的行为不污染水、土、空气资源，维护生物多样性，维系生态系统平衡和稳定，保障泸州生态安全。将保护生态环境作为泸州现代农业战略加以实施。

六、产业升级保障

依托泸州老窖等龙头酿酒企业的竞争优势，吸引国内外资金，加快各类市场建设，在全市构建比较完善的农产品营销网络，加强区域合作，以集团化、国际化为目标，积极打造泸州国际化品牌形象，使创意产品成为泸州休闲农业旅游的主要代言品牌。鼓励资金雄厚的龙头企业或者有特色的县市加入有国际影响力的世界休闲农业与乡村旅游城市（城区）联盟，积极参加农业部办公厅组织的关于开展全国休闲农业创意精品推介活动，使泸州的休闲农业能得到更多国际旅游者的认可和接受。

第九章　泸州市农产品加工物流产业发展专项规划

第一节　产业发展基础与现状

一、泸州市农产品加工原料资源现状

2013年泸州农业生产稳定增长，全市农林牧渔业总产值为252亿元，比上年增长4.4%。主要农作物产量方面，2013年粮食总产量198.07万吨，比上年增长3.3%。经济作物中，油料产量4.27万吨，增长0.3%（其中油菜籽3.64万吨，增长2.0%）；烟叶产量2.03万吨，减少11.1%；蔬菜产量203.43万吨，增长10.0%；茶叶产量8 636吨，增长15.3%；水果产量16.58万吨，增长13.1%；药材产量1.51万吨，减少24.4%；甘蔗7.07万吨，减少11.1%。

畜牧产品与水产养殖方面，全年生猪出栏367.24万头，比上年增长2.5%；牛出栏6.96万头，增长1.8%；羊出栏43.96万只，增长0.8%；家禽3 418.93万只，增长3.4%；兔895.85万只，增长4.3%。肉类总产量33.32万吨，增长3.7%，禽蛋产量4.13万吨，增长2.2%，牛奶产量1.11万吨，增长0.2%，水产品产量6.90万吨，增长5.7%。

二、泸州市农产品加工业基础与现状

泸州是长江上游和四川重要的农业综合开发区，是全国和四川重要的商品粮、猪、牛、羊、水果、茶叶和中药材生产基地。优质稻、高粱、畜牧、果蔬、林竹、烤烟六大优势主导产业连片发展，特别是泸州出产的热带水果龙眼和荔枝，是有名的地方特产之一。此外，泸州市是中国著名的酒城，出产闻名遐迩的名酒泸州老窖和郎酒。"十二五"期间，泸州市农产品加工产业保持快速发展态势，年均加工增速超过15%，其中酿酒、竹浆加工、林木加工、生猪屠宰等行业规模较大。具体情况如下。

（一）粮油加工产业

近年来，泸州粮食年均总产量在 200 万吨。据不完全统计，年消费量在 240 万吨左右。目前，泸州市粮油加工主要以白酒酿造和大米加工为主，在粮食仓储和流通方面也取得了较好的发展，具体情况如下。

1. 粮油资源现状

泸州是一个粮食生产大市，2013 年粮食总产量达 198.07 万吨。其中，2013 年全市水稻种植面积 211.93 万亩，总产 118.63 万吨，其中优质水稻种植面积达 180 万亩，再生稻常年蓄留面积 130 万亩，有收面积 110 万亩左右，面积和产量稳居全省第一。种植的水稻品种主要有川香、宜香、内香、Ⅱ优等系列品种，大部分品种达到国家部颁三级米，少数为二级米，其中，泸州市的罗沙贡米，米色纯白，清香，饭粒较软，品质较为突出，为四川第一个获中国名牌称号的大米产品。此外，泸州市主要粮食作物中，2013 年高粱产量为 17.34 万吨，小麦产量为 9.1 万吨，玉米产量为 24.39 万吨。丰富的粮油资源为泸州市粮油加工业的发展提供了重要的物质基础。

2. 酿酒产业发展现状

近年来，泸州白酒产业发展迅速。2008—2012 年间，全市白酒产业连续 5 年保持年均 40% 以上的高速增长，成品酒与基酒规模总量均居全省、全国白酒主产区前列。2013 年，全市白酒产量 145.3 万千升，占全省的 43%，占全国的 11.85%，占"金三角"的 70% 以上。鉴于白酒产业发展较为完善，本规划不再涉及。

3. 稻米加工产业现状

除酿酒外，目前泸州粮油加工业以初加工大米、挂面等浅层次加工为主，精深加工不发达，区域发展不平衡，稻谷加工大米的产能相对过剩，缺乏大型知名龙头企业。

2013 年全市纳入统计的粮油加工业总产值 15.68 亿元，销售收入 17.25 亿元，利润总额 1.5 亿元。大米产量 10.86 万吨，食用植物油产量 0.62 万吨，挂面产量 2.67 万吨，饲料产量 9.18 万吨。大米加工业产能利用率为 28.31%、食用植物油加工业产能利用率为 21.60%、挂面加工业产能利用率为 49.72%。

目前，全市纳入统计的粮油加工企业 52 家，其中，大米加工企业 34 家，食用植物油加工企业 2 家，粮食食品加工企业 12 家，饲料生产企业 3 家，杂粮及薯类加工企业 1 家。其中，全市粮食行业现有省级农业产业化经营重点龙头企业 4 家，市级农业产业化经营重点龙头企业 19 家；日稻谷加工能力大于 100 吨的企业有 9 家；年销售收入上亿元企业 3 个，5 000 万元以上企业 3 个，3 000 万元以上企业 5 个。见表 9-1。

表 9-1　泸州市重点稻米加工企业情况

序号	企业名称	日生产能力	产量合计	其中:				原料消费 稻谷使用量	产品销售收入	建立原料基地
				优质一级大米	一级大米	二级大米	磕粉			
		吨	吨	吨	吨	吨	吨	吨	万元	亩
0	合计	1 344	63 579	11 124	5 648	17 076	4 764	96 353	29 977	90 025
1	泸州市川穗粮油有限公司	100	6 782	2 497	4 285			9 974	2 686	
2	泸州金土地农业发展有限公司	220	17 076			17 076		26 701	6 846	
3	泸州罗沙贡米米业有限公司	150	1 250		1 250			1 950	720	4 000
4	泸州市龙马潭区天绿粮油购销有限公司	184	9 650	2 166	113			15 697	4 383	32 000
5	泸州市龙马潭区德旺粮油贸易有限公司	50	6 461	6 461				9 931	3 925	
6	泸州玉龙粮油有限公司	120	2 982					4 644	950	1 000
7	四川泸州龙城粮油购销有限公司	120	3 183					4 683	1 273	2 000
8	泸县龙桥米业有限公司	100	5 288					8 304	2 350	1 000
9	合江县禾益粮油购销有限责任公司	120	1 985					3 055	1 518	20 000
10	合江县裕丰粮油购销有限责任公司	150	4 158					6 114	1 819	25
11	叙永县马岭粮油食品有限公司	30	4 764				4 764	5 300	3 507	30 000

　　泸州市粮油加工行业拥有"四川省著名商标"2个、"四川省名牌产品"1个、"无公害农产品"9个、"绿色食品"2个、"泸州市知名商标"6个。创建了"金土地""先滩牌""兆雅牌"特大米、"玉龙湖""龙城牌"等一批优质米品牌。

　　4. 粮食仓储和流通产业现状

　　至 2013 年底，泸州市共建有粮食仓容 47 万吨、油罐 9 580 吨。其中，符合储粮要求仓房 26.72 万吨，占总仓容的 57%；需要维修仓容 19.78 万吨，占总仓容的 42%；需要重建仓容 0.5 万吨，占总仓容的 1%。

　　江阳区、纳溪区、泸县、合江县、叙永县 5 个已经动工的区域性粮食产业园区规划占地共 913.82 亩，一期总投资 3.97 亿元，累计完成投资 1.16 亿元。建成后，预计可新增仓容 28.6 万吨，新增日产 100 吨大米生产线四条。

（二）畜产加工产业

1. 畜禽资源现状

泸州是四川省重要的生猪和肉牛羊生产基地。2013 年全市出栏生猪 367.2 万头，出栏肉牛 6.96 万头，羊 43.96 万只，畜牧业产值 96.5 亿元，占农业总产值的 38.3%，农民人均畜牧业纯收入 1 055.66 元，为农民增收贡献 96 元。

全市 7 个区县中，有 5 个国家优质商品猪战略保障基地县（泸县、合江县、纳溪区、叙永县、古蔺县），2 个国家优质肉牛优势区域规划县（古蔺县、叙永县），2 个现代畜牧业重点县（泸县、纳溪区）和 2 个现代畜牧业重点培育县（古蔺县、叙永县）。

2013 年，全市有各类畜禽规模养殖场（小区）634 个，其中，国家和省级畜禽标准化示范场 17 个，以生猪为主的畜禽适度规模养殖比重达到 66%，高于全省平均水平 2 个百分点。在标准化规模养殖、产业化发展模式、运行机制等方面探索积累了一些成功做法和成熟经验，为推进全市现代畜牧业发展打下了良好基础。

畜禽品种资源上，泸州有古蔺丫杈猪、古蔺马羊、川南黑山羊、川南山地乌骨鸡、川南黄牛等多个地方优良畜禽品种。其中，丫杈猪、古蔺马羊已列入四川遗传资源保护目录，丫杈猪正在申请列入国家遗传资源保护目录。

2. 畜禽加工情况

泸州市畜禽加工目前还处于起步阶段，现有畜产品加工企业大多是从事屠宰、分割、冷冻等初级加工，精深加工较少，畜禽产品加工增值较少。

泸州市上规模的屠宰企业有 10 余家，主要分布在合江县、泸县、叙永县、古蔺县。屠宰企业中，泸县吉龙食品有限公司年屠宰加工生猪生产能力 100 万头；合江四海食品有限公司年屠宰加工生猪生产能力 60 万头；叙永川天食品有限公司年屠宰加工生猪生产能力 20 万头，肉牛 6 万头；古蔺顺春食品有限公司年屠宰加工生猪生产能力 20 万头。现有企业合计有 200 万头生产能力，但实际屠宰量不到 100 万头。家禽屠宰方面，泸州瑞祥食品有限公司年屠宰家禽生产能力 600 万只。

泸州成规模的畜禽精深加工企业较少，其中古蔺县高源食品有限公司年加工毛条、牛肉干 1 000 吨左右；合江县高金食品有限公司年加工猪肉罐头食品 5 000 吨左右，其生产的产品远销国外。

（三）果蔬加工产业

1. 果蔬资源情况

长江、沱江及赤水河流域河谷、浅丘区，属中亚热带季风气候，是南亚热带水果晚熟龙眼、荔枝栽培适宜区，也是全国优质甜橙生产适宜区，已经纳入国家优势农产品区域发展规划。2013 年，全市果树面积达到 157.9 万亩，水果总产量 39.76 万吨。其中，柑橘面积 75 万亩，总产 16.35 万吨；荔枝面积 25.83，总产 1.91 万吨；龙眼面积 25 万亩，总产 5.81 万吨；李子 7 万亩；其他水果 20 万亩。基本形成长江、沱江流域晚熟荔枝、龙眼，赤水河流域甜橙、柚等特色产业基地。

泸州市是全国荔枝、龙眼栽培最晚熟地区，分别较沿海地区迟 1~2 个月。泸州荔枝以核小、肉厚、质优、味美、晚熟著称，合江县被中国果品流通协会授予"中国晚熟荔枝之乡"，2008 年 8 月，合江荔枝成功入驻北京奥运会，"合江荔枝"获国家地理标志保护；泸州龙眼核小、肉厚、可食率高、肉质细嫩，可溶性固形物高，风味浓、微香、口感好、耐贮运，制干性能好，干品果色、肉色、肉质及单果完好率均优于沿海。"泸州桂圆"获国家地理标志保护，"邓桂"牌龙眼干获四川省著名商标、后湾牌龙眼获四川名牌农产品称号。

泸州市甜橙基地初具规模，产量迅速增加。2013 年全市甜橙产量达到 7 万吨。目前，初步形成两个产业带：一是隆纳高速公路沿线"百里绿色长廊"和长、沱两江沿岸甜橙产业带；二是赤水河流域鲜食精品果甜橙带。

泸州是四川省五大优势蔬菜产区之一，是全国蔬菜发展优势规划区。2013 年全市优质蔬菜播种面积达 91 万亩，产量 203 万吨。泸州蔬菜以"春提早、秋延后和反季节"优势占领川、渝、滇、黔等地市场。泸州市以"打造千亿示范区"为抓手，以长、沱两江沿线为重点，在全市范围内建成"一园三基地"，"一园"即泸州市蔬菜科技示范园，"三基地"即沿江蔬菜基地、丘陵特色菜基地、山区错季蔬菜基地，大力发展长江大地菜。

2. 果蔬加工产业现状

泸州市水果加工产业主要存在着加工企业较少，加工方式单一，加工技术落后，产品档次不高的状况。其中，水果加工企业大多以龙眼干燥加工为主，且企业规模较小，加工方式多以简单的热风干燥为主，产品品质较差。见表 9-2。

表 9-2 泸州主要龙眼干制加工企业

序号	企业名称	品牌	加工种类	年产量（吨）	年产值（万元）	所属地	自有果园面积	龙头企业种类
1	泸州市邓氏土特产品有限公司	邓氏	桂圆干、荔枝干	350	2 500	江阳区	50	省级
2	泸州市泸桂土特产品有限公司	泸桂圆	桂圆干、荔枝干	200	1 500	龙马潭区	30	市级
3	四川泸州后湾龙眼果品有限公司	后湾	桂圆干、荔枝干	100	700	泸县	2	—

蔬菜加工方面，全市现有蔬菜加工企业近 20 家，蔬菜加工比例低，且总体

加工水平不高，加工产品档次较低。其中，泸州市三溪集团百绿食品有限公司、泸州市百绿食品有限公司、泸州竹芯食品公司、泸州梦竹苑农业科技有限公司、王庄粉丝厂、泸州蜀南农副产品有限公司等企业规模相对较大，主要加工竹笋、山野菜、酸菜、榨菜、豆类等蔬菜为主。

（四）茶加工产业

1. 茶业资源现状

泸州市地处四川盆地，自然条件得天独厚，茶叶种植历史悠久，自古就是我国茶树原产地之一，以"早、优、香"为特点，上市时间比江浙一带早1个月，比川西北早7~15天，是全球同纬度最早的产茶区，是农业部南亚热作名优早茶基地和无公害茶叶基地。

主要分布在纳溪区、叙永县、古蔺县、泸县、合江县5个区县。2013年全市茶叶种植面积28.87万亩，总产量8 636吨。

纳溪区是全省8个重点县（区）及全省29个茶叶县区之一，该区茶叶面积、产量、产值均是泸州市第一位，被中国茶叶流通协会命名为"中国特早茶之乡"，"纳溪特早茶"通过农业部国家农产品地理标志保护认证。2013年，纳溪区茶园总面积达到21万余亩，茶叶总产量达6 850吨，茶业综合产值15亿元，实现税利4亿元。

2. 茶叶加工现状

目前泸州市有名优茶加工厂36家，全市从事茶业产加销的人员达到14万人以上，特早茶产业已成为了纳溪最具优势的特色农业产业和支柱产业。拥有四川瀚源有机茶业有限公司、四川省凤羽茶业有限公司、泸州市天绿茶厂、泸州市沁宏茶叶有限责任公司、泸州市纳溪区荣龙特早茶厂、泸县川香绿茶叶有限公司等龙头企业6个；拥有规模性茶叶企业7个；其中，QS认证企业9家。见表9-3。

表9-3　泸州市主要茶加工企业

序号	企业名称	品牌	茶叶种类	年产量（吨）	年产值（万元）	所属地	自有茶园面积	龙头企业种类
1	泸州佛心茶业有限公司	服心牌佛心茶	绿茶、花茶、茶枕	500	10 050	合江县	3 000亩	省级
2	四川纳溪特早茶有限公司	早春二月	绿茶	748	5 684	纳溪	2 200	
3	四川瀚源有机茶业有限公司	瀚源	绿茶	680	5 160	纳溪	3 000	省级
4	四川省凤羽茶业有限公司	凤羽	绿茶	998	6 387	纳溪	100	市级

（续表）

序号	企业名称	品牌	茶叶种类	年产量（吨）	年产值（万元）	所属地	自有茶园面积	龙头企业种类
5	泸州市沁宏茶叶有限责任公司	沁宏	绿茶	267	1 708	纳溪	300	市级
6	泸州市纳溪区荣龙特早茶厂	荣龙	绿茶	238	1 523	纳溪	200	
7	泸州市天绿茶厂	天绿	绿茶	386	2 470	纳溪	100	市级
8	叙永县高山生态茶场	后山牌	绿茶	190	1 710	叙永县	3 000	
9	叙永县黄草坪茶场	草坪翠芽	绿茶	30	240	叙永县	200	
10	叙永县定峰茶业有限公司	定峰牌	绿茶	65	390	叙永县	500	
11	叙永县红岩茶叶有限公司	定峰牌	绿茶	30	180	叙永县	300	
12	古蔺县建新茶种植专业合作社	正在注册	绿茶	8	120	古蔺县	150	
13	古蔺醇香园茶厂	森山素茶	绿茶	50	300	古蔺县	400	
14	泸县川香绿茶叶有限公司	川香绿	绿茶	300	480	泸县	4 500	市级
15	四川酒城贡芽茶叶有限公司	酒城贡芽	红茶	80	670	纳溪区	500	

3. 茶叶品牌建设

泸州市生产的茶叶以绿茶为主，也有少量红茶、花茶等产品，包括高档名优绿茶、大宗烘、炒青绿茶、茉莉花茶、珠兰花茶、乌龙茶、沱茶、边销紧压茶、红茶等40多个品类。

泸州市茶叶品牌主要有"瀚源""凤羽""早春二月""伏金""永宁河"等，产品畅销江苏、安徽、重庆、四川等地，并多次在省内外获奖。"瀚源有机茶"荣获第五届"中茶杯"特等奖、"上海茶博会"金奖和四川名牌产品称号；"凤羽茶"荣获四川名牌农产品称号；2012年5月，瀚源有机茶"银顶雪芽"、荣龙特早茶"荣龙茗香"荣获2012中国（四川）首届国际茶业博览会金奖；2013年5月，纳溪特早茶"早春二月"在第二届中国（四川）国际茶业博览会上荣获金奖。

（五）中药材加工产业

1. 中药材资源现状

泸州地处我国主要中药材产区——川药产区，中药材资源丰富。初步调查，泸州适合种植的药材近3 000个品种，主要包括赶黄草、黄栀子、吴茱萸、石斛、青果、青蒿、黄柏、杜仲、天麻等20多个品种。

泸州市中药材产业主要种植区域为泸县、古蔺、纳溪、合江等区县。2012年，泸州市中药材总种植面积4.35万亩，总产量达到2万吨。其中，泸县的药材种植面积为1 198公顷，总产量16 307吨，分别占泸州市整体规模的41.31%和81.54%。

泸州市高度重视标准化中药材基地建设。近年来，通过合作社、龙头企业等模式在合江县、纳溪区、古蔺县、泸县等区县建设黄栀子、赶黄草、吴茱萸、石斛、青果等五个川产道地中药材GAP示范基地1.5万亩。

2. 中药材加工现状

泸州中药材加工企业数量较少，企业规模不大，且加工方式简单，精深加工不足。中药材产业链中的加工环节成为了制约泸州中药材行业发展的重要因素。由于缺乏加工产业的带动，中药材产业竞争力明显处于弱势，导致近几年来中药材种植规模有减少的趋势。以合江县青果为例，种植面积8万亩，种植株数320万株，常年产量500万千克，但是当地基本无青果加工企业，同时缺乏销售平台，导致其产品滞销严重。

（六）农产品物流产业

1. 物流产业基础和区位优势

按照《全国物流园区发展规划》，泸州市被列为国家二级物流园区布局城市；泸州蓝田机场是四川省第三大航空港；泸州港是交通部确定的四川唯一的全国28个内河主要港口和国家二类水运口岸，是四川第一大港口和集装箱码头。西南出海通道纵贯全境，陆路经此通道一日内可直达广西防城港、北海。

2. 农产品物流产业情况

依托独特的交通区位优势，泸州市农产品物流产业取得了较快的发展。目前，农产品物流产业主要服务于白酒产业，已建成了完善的白酒物流体系，有力带动了白酒产业的发展，但在农产品保鲜、农产品及其加工制品的流通方面发展相对落后，暂未发挥对产业的引领作用。随着农产品加工企业的发展，一批农产品物流项目正在建设之中，未来必将拉动泸州市农产品加工产业的发展。

泸州海吉星农产品商贸物流园项目将建成川滇黔渝结合部的农产品商贸物流中心和国家"西菜东运、西果东输"的中转节点。合江四海冷链物流中心项目以农产品冷链物流为特色，打造集商流、物流、信息流、资金流为一体化的集成化、多元化、信息化、区域化的冷链仓储城市配送中心。叙永县农特产品冷链流通体系项目将建设农产品批发市场、气调保鲜库和技术培训中心。泸州市保税物流中心项目将建设区域性的综合保税区。

三、存在的主要问题

泸州市农产品加工产业存在的主要问题如下。

一是农产品加工产业内部发展不平衡。主要体现在各加工行业间发展不平衡和地域发展不平衡。以粮油加工为例，泸州是中国著名的酒城，拥有国内外知名的白酒企业，白酒市场份额占到全国的12%，已发展成为国家级的优势产业。然而，小麦、玉米、马铃薯等其他粮食原料的精深加工和综合利用还处于起步阶段，加工环节较为薄弱。

此外，泸州市规模较大、产能相对先进的粮食加工企业主要集中在江阳区、龙马潭区、纳溪区、泸县，而叙永县和古蔺县，地处偏远、交通不便，均没有日产能超过100吨的大米加工企业，呈现出地域性发展不平衡。

二是农产品加工比例低，产业链缺失，精深加工不足。以果蔬加工产业为例，龙眼、荔枝、柑橘等水果和蔬菜基本都以鲜食为主，仅有少量龙眼用于制备龙眼干，加工比例过低，特别是缺少精深加工环节，产品增值较少。畜禽加工方面，泸州的肉制品消费以原料或初级产品为主，加工转化率仅有3%~4%，远远低于发达国家30%~40%的水平。畜禽加工缺乏下游的精深加工企业，如肉肠、腊肉、罐头等以及休闲肉制品的加工企业较少。此外，粮食、中药材等行业也呈现出类似问题。

三是加工企业规模小，加工方式粗放。除白酒行业，泸州市的农产品加工企业普遍规模较小，分布较为零散，没有大型龙头农产品加工企业带动。在稻米加工业中，2013年全市稻米加工能力在30吨以上的加工企业有35家，除少数几个企业加工能力较大外，其余企业无论是从资产规模、还是销售收入、年销售利润等方面，整体存在规模较小、带动力较弱的问题。此外，各企业之间关联度还较低，上下游产品难以进行配套生产，尚未形成完整的产业链。在畜禽加工业中，多数为屠宰分级企业，缺少对肉制品的精深加工。现有的泸县吉龙食品、合江四海食品、合江高金食品、叙永川天食品、古蔺顺春食品、古蔺高源食品等畜产品加工企业，其规模、品牌和辐射带动能力均较弱。

四是农产品加工科技含量不高，产品形式单一。果蔬加工方面，企业多以传统加工方式为主，科技含量不高。如龙眼仍以传统的热风干燥或日晒为主，缺少先进干燥技术的应用。畜禽加工方面，高新技术的应用中还很薄弱，高温肉制品和发酵肉制品产量低，泸州腊肉等许多具有传统风味的食品没有得到开发。

五是品牌意识不强，加工制品品质有待提高。经过长期的发展，除泸州糯红高粱外，还有泸州长江大地蔬菜、赤水河甜橙、泸县桂圆、合江荔枝、纳溪特早茶等多个品牌，由于产业规模化不够，缺少大型知名企业，原料加工程度不足，加工方式粗放，制约着这些品牌的做大做强。

六是保鲜基础设施不足，物流产业发展滞后。目前，泸州市农产品物流园区平台化运营的优势体现不足，物流园区规模较小且分散，类型单一，物流网络的辐射范围有限，物流服务的专业化和社会化程度不高，缺乏具有强大带动效应的龙头物流企业。泸州市现有物流园区多数是单个企业自用物流园区，缺少交通枢纽型物流园区及生产服务型农产品物流园区，难以为农产品加工企业提供有效个性化的物流服务，加工业和物流业联动发展的水平还有待提高。

此外，泸州市产地保鲜基础设施建设落后，产地保鲜设施明显不足。以龙眼、荔枝等采收期较短而且较为集中的果蔬为例，由于缺少冷藏保鲜设施和物流产业的落后，在一定程度上造成原料的损耗，也不利于产品错时销售。

第二节　产业发展定位分析

一、市场供需分析

随着多个五年计划的完成，我国生产力水平迈上了新台阶，人们生活总体水平进一步提高，社会经济生活出现了商品极大丰富的新局面，经济结构的调整与优化，成为目前乃至今后一段时间我国经济发展的主流。发展农产品加工业是产业结构特别是农业产业结构调整与优化的重要内容和有效途径。

目前，我国人民生活水平已经整体进入小康阶段，城镇居民生活水平的提高，促进了人民膳食结构的改善，突出表现为直接粮食消费减少的同时，对加工产品提出了数量和质量上的巨大需求。与世界发达国家相比，我国国民对加工品消费的比例还很低。据统计，发达国家加工食品约占饮食消费的 90%，而我国仅为 25% 左右，潜力很大，为农产品加工业发展提供了广阔的国内市场空间。

依托现有的区位优势和物流产业的带动，泸州农产品加工产业的市场将不断扩大。泸州市位于川滇黔渝接合部，地处成渝经济区，拥有便利的交通优势。泸州在融入成渝经济圈后，所面临的市场将更大，消费的人数也将不断攀升，现有农产品加工制品不能满足供应全省和外围地区，这为泸州大力发展农产品加工业创造了巨大的市场潜力。随着水、陆交通的改善，销售半径还将扩大至北京、上海、广州等大中城市，使泸州的优质农产品走向全国。

巨大的农产品物资转运量缺口，也为泸州建设川滇黔渝结合部农产品物流中心提供了广阔的市场需求。目前，成都、内江、自贡及滇东、黔北周边地区的口粮和饲料加工用粮食需求量约 1 000 万吨/年，扣除当地粮食供给后，缺口约 700

万吨/年，需要大量从东北地区甚至国外经铁路和水路调拨（进口）红粮、玉米、小麦、大豆等粮食。2013 年通过铁路进入泸州粮食及其副产物、制成品仅80 万吨，通过集装箱中转、铁路中转跨界公路转运的粮食仅 20 万吨左右，物流产业仍存在巨大需求。

泸州市一些农产品具有地域特点和市场不可替代性。如合江荔枝、泸州龙眼具有晚熟的特点，与其他地区荔枝龙眼成熟期有宝贵的"时间差"，利用这一"时间差"，以衔接闽、粤荔枝龙眼供应，拥有不可替代性的市场。此外，泸州作为"中国特早茶之乡"，其茶叶又具有早熟的特性，在全国主要茶产地茶叶还没上市的空档期，拥有广阔的独占市场。

综上所述，良好的资源优势，以及宽松的内外环境，为未来泸州市农产品加工业的发展提供了广阔的市场空间。

二、竞争力分析

（一）资源环境优势

泸州属亚热带湿润季风气候区，温、光、水、热资源丰富，且匹配较好，生态环境得天独厚，是茶树生长的最适生态区和全球同纬度茶树萌发最早的区域。同时，长江、沱江湿热的河谷气候又使龙眼、荔枝具备了晚熟的特征，此时南方荔枝、龙眼均已下市，使其具有不可替代性的市场优势。此外，泸州湿热气候和土壤特性适合种植赶黄草、石斛等特色中药材，这在全国范围类具有一定竞争优势。

（二）区位优势

泸州位于川滇黔渝四省市接合部，长江经济带、成渝经济区、南桂昆经济区三大经济区叠合部，是四川突出南向的"桥头堡"，成渝经济合作的前沿阵地，辐射半径包括成都经济区、川南经济区及永川、遵义、毕节、昭通等 7 个市近6 000 万人口。在历史上，泸州因长江、沱江水运发达，历来就是川滇黔渝结合部的物资集散地。

泸州市是四川省仅有的三个国家二级物流园区布局城市之一，是交通运输部确定的四川唯一的全国内河 28 个主要港口和国家二类水运口岸，是四川第一大港口和集装箱码头，是全国内河第一个铁路直通码头的集装箱码头，是国家进口粮食指定口岸。此外，综合交通运输体系对泸州港也有强力支撑，泸州高速公路总里程 316 千米，位居川南第一，实现了川南城市群间及与滇黔渝三省市的互联互通；铁路已直达泸州港集装箱枢纽港区，可实现铁公水多式联运。

（三）质量优势

近年来，泸州市共建设荔枝、枇杷、玉米、马铃薯、优质稻、小麦、高粱、蔬菜等市级农业标准化示范区 21 个，面积 4.86 万亩；省级标准化示范区 2 个，面积 2.9 万亩；国家级标准化示范区 10 个，面积 26.6 万亩。先后制定了龙眼、甜橙、高粱等的生产技术规程和产品标准。全市"三品一标"认证产品总数达到 168 个，其中无公害农产品 56 个，绿色食品 33 个，有机食品 5 个，农产品地理标志登记保护 3 个。蔬菜、水果、食用菌、粮食、茶叶、土壤样品等例行检测合格率均在 95% 以上。

（四）品牌优势

泸州拥有两千多年的酿酒历史，以盛产国家级名酒"泸州老窖"和"郎酒"驰名中外，是闻名遐迩的"中国酒城"，这使得泸州市在全国地级市中享有很高的知名度。近年来泸州市着力打造了泸州长江大地蔬菜、赤水河甜橙、泸州桂圆、合江荔枝、纳溪特早茶、古蔺赶黄草等特色品牌和区域品牌。

（五）政策和科技优势

泸州积极探索促进技术创新、科技成果转化、技术推广的新机制，努力改善投资软环境，吸引外来资本，促进本土企业快速发展，形成了政策优势。近年来，泸州市通过送科技下乡、绿色证书、阳光工程等培训，组织农业实用技术培训，提高农业生产的科技水平。在提高农产品加工科技水平方面，泸州市先后与中国农业科学院、四川大学、西南大学、成都中医药大学、四川省农科院、四川省食品发酵研究院等开展了广泛的合作，为农产品加工业提供了强劲的技术支撑。

泸州市农产品加工产业优劣势与机遇挑战（SWOT）分析如图 9-1 所示。

优势	劣势
1. 特色资源丰富	1. 加工方式粗放
2. 交通区位优势明显	2. 加工技术薄弱
3. 文化底蕴雄厚旅游资源丰富	3. 企业规模小、整体竞争力较弱
4. 市委、市政府高度重视	4. 农产品加工专用品种较少
机遇	挑战
1. 国家和地区发展战略带来优惠政策叠加	1. 市场竞争更激烈
2. 产业结构调整有利于提升行业地位	2. 大型项目招商引资难度大
3. 市场消费升级拓展发展空间	3. 食品安全与环保的标准与监管更加严格
4. 生产服务化成为新的增长点	

图 9-1　泸州市农产品加工产业优劣势与机遇挑战（SWOT）分析

三、主导产品市场定位

泸州市农产品加工制品品种丰富、品质优良，主要加工原料包括粮食、水果、蔬菜、畜禽、茶叶、林竹、中草药等，具体市场定位如下。

大力发展荔枝、龙眼等特色水果和"长江大地"蔬菜的商品化处理，突出"有机"和"绿色"，打造川滇黔渝接合部早春蔬菜品牌和全国知名的特色时令鲜果品牌。

畜禽加工产业要依托当地优质畜禽资源，打造全国知名的畜禽加工品牌，使泸州成为西南地区知名的畜禽加工基地。

不断提高粮食作物的初加工水平，发展粮食精深加工，着力发展传统主食的工业化加工，大力提高粮食作物加工副产物的利用水平，打造一批具有地方特色的优质稻米及其加工产品品牌。

继续做强茶叶加工，不断提高茶叶质量，拓宽产品种类，重点打造一批有带动作用的龙头企业，将泸州的"特早茶"打造成全国知名的茶叶品牌。

泸州市中药材产业要以赶黄草、石斛等特色药材为重点，突出科技优势，打造中国保肝产品生产研发中心，面向全国提供技术服务。大力开发除原药及中成药外养生保健、日化产品等多元化市场，立足西南地区，积极拓展国内外市场，将泸州打造成川产道地中药材生产重点区域。

在原有水陆交通优势的基础上，重点建设泸州市农产品加工物流园区，集中发展农产品加工，促进农副产品贸易与物流的结合，畅通农产品物流渠道，打造覆盖川滇黔渝结合部的农产品加工物流中心。

第三节　发展思路与目标

一、发展思路

以市场需求为导向，以科技创新为支撑，优化产业布局，加大招商引资力度，大力发展泸州精品鲜果和早春蔬菜的商品化处理，适当发展果蔬精深加工，不断提高畜禽产品的深加工比例和附加值，提升粮食作物的初加工和仓储流通水平，做大做强泸州"特早茶"和特色中药材品牌，促进农产品加工物流产业的集聚发展，着力打造一批产业化龙头企业，构建生产稳定发展、产销衔接顺畅、质量安全可靠、市场波动可控的现代农产品加工物流产业体系，将泸州打造成川滇黔渝结合部农产品加工和物流中心。

二、发展目标

(一) 总体目标

依托泸州农业资源,优化农产品加工产业结构,提升企业自主创新能力,增强市场竞争力,提高精深加工水平和副产物利用率,降低资源消耗,实现产业发展与人口资源环境相协调,进一步增强农产品加工业的可持续发展能力,培养一批产业化龙头企业,打造一批全国性的知名品牌,把泸州打造成川滇黔渝结合部农产品加工物流中心。

到 2025 年,农产品加工业总产值 (不含白酒、林竹、烤烟加工业) 达到 1 200亿元,年均增速达到 20% 以上;新增全市国家、省级龙头企业分别达到 10~15 家和 100 家以上,新增年销售收入 1 亿元以上加工企业 100 家,5 亿元以上的达到 60 家,10 亿元以上的达到 25 家,新增年销售收入达到 50 亿元以上的企业 10 家,100 亿元企业 2~3 家,形成产业集群 5~8 个,培育国家知名品牌产品 10 个以上,省级名牌产品 20 个以上。农产品加工转化率达到 70% 以上,二次加工率达到 50% 以上。农产品加工业与农业产值比重达到 5:1,企业综合利用产值占总产值比重达到 40% 以上。单位产值能耗降低 20%,单位工业增加值用水量降低 30%,工业固体废物综合利用率达到 80% 以上,主要污染物排放总量减少 25%。见表 9-4。

表 9-4　农产品加工产业发展目标

区县	发展指标	2014—2016 年			2017—2020 年				2021—2025 年
		2014	2015	2016	2017	2018	2019	2020	
江阳区	加工业产值 (亿元)	30	40	49	64	81	100	122	240
	农产品加工率 (%)	20	23	25	34	42	52	62	75
	新增超 1 亿元企业 (个)	1	1	2	1	2	1	2	10
	新增超 5 亿元企业 (个)			2		1	1	1	5
	新增超 10 亿元企业 (个)				1	1		1	1
	新增超 50 亿元企业 (个)					1			1
	国家知名品牌 (个)				1				1
	省级知名品牌 (个)			1		1	1		1
龙马潭区	加工业产值 (亿元)	38	50	61	80	101	125	153	300
	农产品加工率 (%)	20	25	30	35	42	53	65	80
	新增超 1 亿元企业 (个)	1	2	3	3	4	3	3	16
	新增超 5 亿元企业 (个)		1	2	1	2	1	2	8
	新增超 10 亿元企业 (个)		1		1		1		3
	新增超 50 亿元企业 (个)				1		1		1
	国家知名品牌 (个)				1		1		1
	省级知名品牌 (个)			1	1		1	1	1

（续表）

区县	发展指标	2014—2016年			2017—2020年				2021—2025年
		2014	2015	2016	2017	2018	2019	2020	
纳溪区	加工业产值（亿元）	18	24	29	38	49	60	73	144
	农产品加工率（%）	20	23	30	35	40	50	60	75
	新增超1亿元企业（个）	1	1		1	2	2	1	8
	新增超5亿元企业（个）		1		1	1		1	4
	新增超10亿元企业（个）			1					1
	新增超50亿元企业（个）						1		1
	国家知名品牌（个）				1				1
	省级知名品牌（个）		1		1	1			2
泸县	加工业产值（亿元）	23	30	37	48	61	75	92	180
	农产品加工率（%）	15	18	25	35	42	50	58	72
	新增超1亿元企业（个）				2	1	1	1	8
	新增超5亿元企业（个）			1		1	1	1	4
	新增超10亿元企业（个）			1	1				2
	新增超50亿元企业（个）					1			1
	国家知名品牌（个）					1			1
	省级知名品牌（个）			1				1	2
合江县	加工业产值（亿元）	20	26	32	42	53	65	79	156
	农产品加工率（%）	15	18	22	30	35	40	55	70
	新增超1亿元企业（个）	1		1	2	1	1	1	8
	新增超5亿元企业（个）			1		1	1	1	4
	新增超10亿元企业（个）					1	1		2
	新增超50亿元企业（个）						1		1
	国家知名品牌（个）					1		1	1
	省级知名品牌（个）			1		1		1	2
叙永县	加工业产值（亿元）	12	16	20	26	32	40	49	96
	农产品加工率（%）	12	15	20	25	35	38	50	62
	新增超1亿元企业（个）		1		1	1		1	6
	新增超5亿元企业（个）				1	1	1	1	2
	新增超10亿元企业（个）			1					1
	新增超50亿元企业（个）							1	1
	国家知名品牌（个）					1			1
	省级知名品牌（个）		1		1		1		2
古蔺县	加工业产值（亿元）	11	14	17	22	28	35	43	84
	农产品加工率（%）	10	12	18	25	32	38	45	58
	新增超1亿元企业（个）		1		1	1	1		4
	新增超5亿元企业（个）					1		1	2
	新增超10亿元企业（个）					1			1
	新增超50亿元企业（个）								1
	国家知名品牌（个）				1				1
	省级知名品牌（个）					1		1	2

（续表）

区县	发展指标	2014—2016 年			2017—2020 年				2021—2025 年
		2014	2015	2016	2017	2018	2019	2020	
合计	加工业产值（亿元）	150	200	245	320	405	500	610	1 200
	农产品加工率（%）	16	19	24	31	38	46	56	70
	新增超 1 亿元企业（个）	4	6	7	11	12	9	9	60
	新增超 5 亿元企业（个）	0	2	6	4	7	6	7	29
	新增超 10 亿元企业（个）	0	1	3	4	3	1	1	11
	新增超 50 亿元企业（个）	0	0	1	1	2	2	1	7
	国家知名品牌（个）	0	0	2	3	2	1	1	7
	省级知名品牌（个）	0	2	4	4	3	4	3	12

（二）分阶段目标

1. 粮油加工业

2014—2016 年：到 2016 年，粮油加工业年总产值达到 40 亿元，年加工能力达到 150 万吨。初步建成粮食物流公、铁、水联运的物流体。重点培育壮大大米、油脂、挂面加工及粮食深加工、粮油食品加工和粮食物流配送龙头企业。

2017—2020 年：到 2020 年，粮油加工业年总产值达到 100 亿元，年加工能力达到 200 万吨。畅通四川粮食物流通道泸州境内二、三级节点。新建粮食储备仓容 50 万吨。重点培育油茶、油牡丹深加工企业和高端食用油品牌。培育 2~3 个年产值超过 20 亿元的粮油加工产业群。

2021—2025 年：到 2025 年，粮油加工业年总产值达到 200 亿元，年加工能力达到 300 万吨。粮油作物的初加工率达到 90% 以上，精深加工率达到 15% 以上。全面建成粮食物流公、铁、水联运的物流体系。培育 2~3 个年产值超过 50 亿元的粮油加工产业群。

2. 果蔬加工产业

2014—2016 年：到 2016 年，全市果蔬加工业产值达到 25 亿元，年加工能力达到 30 万吨，其中加工鲜果能力达到 5 万吨。大力发展龙眼、荔枝、柑橘、柚子、早熟菜等优势果蔬商品化处理，建立较完善的果蔬保鲜、贮藏和流通体系。建设 3~5 家年处理 1 万吨果蔬的商品化处理厂，建成年干燥鲜龙眼 3 000 吨加工线 2~3 条。

2017—2020 年：到 2020 年，全市果蔬加工业产值达到 80 亿元，年加工能力达到 60 万吨，其中鲜果加工能力达到 15 万吨以上。商品化处理率达到 50% 以上。改扩建年处理 5 000 吨的龙眼干制加工线 2 条，大力发展果汁加工及其副产物综合利用。

2021—2025 年：到 2025 年，全市果蔬加工业产值达到 150 亿元，加工能力达到 100 万吨，其中鲜果加工能力达到 25 万吨以上。商品化处理率达到 80% 以上。打造 2~3 个产值过 10 亿的果蔬加工龙头产业，2~3 个年产值 30 亿元以上的产业集群。

3. 畜禽加工业

2014—2016 年：到 2016 年，泸州市畜禽加工业产值达到 50 亿元，其中，猪牛羊精深加工能力达到 50 万头。大力发展生猪精深加工，提升兔禽产品加工率，新建一批畜禽深加工企业。重点培育 5~10 家产值过 1 亿元的畜产品加工企业，新增 3~5 家产值过 5 亿元的畜产品加工企业，打造 2~3 个总产值过 10 亿元的畜产品加工产业集群。

2017—2020 年：到 2020 年，泸州市畜禽加工业产值达到 120 亿元，其中，猪牛羊精深加工能力达到 100 万头。不断提高生猪精深加工水平，创新加工产品，提高猪肉制品加工附加值。重点培育 1 家产值过 20 亿元的畜禽加工龙头企业，打造 1 个总产值过 30 亿元的畜产品加工产业集群。

2021—2025 年：到 2025 年，泸州市畜禽加工业产值达到 280 亿元，其中，猪牛羊精深加工能力达到 150 万头。着力培育大型肉牛加工企业，重点发展肉牛精深加工，提高肉牛资源综合利用水平。打造 2~3 个总产值过 50 亿元的畜产品加工龙头企业，打造 1~2 个总产值过 100 亿元的畜禽加工产业集群。

4. 茶叶加工业

2014—2016 年：到 2016 年，茶加工产业产值达到 30 亿元。重点建设 1 个纳溪特早茶产业园，大力发展叙永茶加工区、古蔺茶加工区、合江佛心茶加工基地。新增 5 家产值超过 1 亿元的茶叶加工企业，培育 2 家产值超过 5 亿元的茶叶产品加工企业。

2017—2020 年：到 2020 年，茶加工产业产值达到 60 亿元。完善川南茶加工技术研究中心技术服务功能，实现茶叶加工方式多元化，发展发酵、半发酵茶产品加工。培育 1~2 家产值超过 10 亿元的茶叶加工龙头企业，建设 1 个省级茶叶加工营销交易中心，打造 1~2 个总产值超过 15 亿元的茶叶产品加工产业集群。将"特早茶"打造成全国知名品牌。

2021—2025 年：到 2025 年，茶加工产业产值达到 120 亿元。不断提高茶叶加工附加值，发展茶饮料、食品配料、茶功能食品等精深加工。培育 2~3 家产值超过 10 亿元的茶叶产品加工企业，打造 1 个总产值超过 50 亿元的茶叶产品加工产业集群。建设 1 个川滇黔渝结合部茶叶加工营销交易中心。

5. 中药材加工业

2014—2016 年：到 2016 年，赶黄草、金钗石斛、黄栀子等道地中药材加工实现综合产值 20 亿元。在泸州南北两大中药种植基地发展产地加工，成为川产道地中药材加工重点区域之一。

2016—2020 年：到 2020 年，中药材加工产业综合产值达到 50 亿元。发挥泸县医药园区建设优势，加强中药材饮片、保健产品、日化用品等中药加工体系的建设，开拓道地中药材加工新产品的研究工作，以泸县医药产业园区为带动，建成中国保肝产品生产研发中心。

2021—2025 年：到 2025 年，全市中药材加工业综合产值达到 100 亿元。完成医药物流园区、信息平台和新产品研发工程的建设，通过产品附加值的提升，实现中药材产业整体效益的提升，打造 1 个总产值过 50 亿元的中药材加工产业集群。

6. 农产品物流业

2014—2016 年：到 2016 年，实现泸州市农产品物流业总产值 80 亿元。依托临港产业物流园区，完成泸州市农产品加工物流园区基础建设，重点通过招商引资引进加工龙头企业，建设园区农产品加工基地。大力发展果蔬产地保鲜和冷链物流，累计完成 10 万吨荔枝、龙眼预冷库和冷藏库建设。

2017—2020 年：到 2020 年，实现泸州市农产品物流业总产值 200 亿元。基本完成农产品加工物流园区各功能分区建设，着力发展泸州农产品电子商务平台。努力实现农产品交易区年交易量过 40 亿元，流通环节年流通农产品货物总值过 50 亿元。

2021—2025 年：到 2025 年，实现泸州市农产品物流业总产值 350 亿元。培育 2~3 家年产值过 50 亿元的大型农产品物流企业。泸州农产品加工物流园区成为川滇黔渝结合部物流集散地，年流通货物总值超过 100 亿元，见表 9-5。

表 9-5　泸州市农产品加工产业产值及新增企业规模发展目标（2015—2025 年）

行业	行业总产值			企业产值规模											
				1~5 亿元			5~10 亿元			10~50 亿元			50 亿元以上		
	2016 年	2020 年	2025 年	2016 年	2020 年	2025 年	2016 年	2020 年	2025 年	2016 年	2020 年	2025 年	2016 年	2020 年	2025 年
粮油	40	100	200	5	10	20	2	5	10		2	2		1	2
果蔬	25	80	150	2	6	10		2	5	1	1	2			1
畜禽	50	120	280	4	5	10	2	6	4	1	2	3		1	2
茶叶	30	60	120	2	7	5	1	3	2		1	1			1
中药材	20	50	100	2	5	5	1	3	2		1	1			1
物流	80	200	350	2	8	10	2	5	6		2	2	1		2
合计	245	610	1 200	17	41	60	8	24	29	4	9	11	1	6	7

第四节　产业区域布局与发展重点

依托泸州市当地资源，以产业发展现状为基础，推进农产品加工产业发展，规划农产品加工业发展布局，形成以粮油加工、畜禽屠宰加工、果蔬加工、特产加工、农产品物流为主导的现代农产品加工产业体系。具体产业的区域布局如下。

一、粮油加工

（一）粮食产地初加工

在泸县、江阳区、纳溪区、龙马潭区、合江县、叙永县、古蔺县等区县优质水稻产区发展水稻产地初加工，如分选（色选、风选）、精制、整理、去菌除尘、灭菌绝虫、包装等。见表9-6。

表9-6　泸州市粮食产地初加工产业区域布局

粮油加工	区（县）	区域布局
粮食产地初加工	泸县	福集镇、云龙镇、得胜镇、太伏镇、天兴镇、牛滩镇、立石镇、兆雅镇、云锦镇
	江阳区	江北镇、分水岭乡、通滩镇、黄舣镇
	纳溪区	棉花坡镇、渠坝镇、护国镇、龙车镇、合面镇、新乐镇
	龙马潭区	石洞镇、安宁镇
	合江县	合江镇、南滩乡、九支镇、先市镇、先滩镇、石龙镇、自怀镇
	叙永县	江门镇、兴隆乡
	古蔺县	二郎镇、德耀镇

（二）粮食精深加工

以港物流产业园区为核心，在龙马潭区鱼塘镇、安宁镇、石洞镇建立泸州市粮食精深加工产业园区。园区辐射泸县福集镇、云龙镇、得胜镇、奇峰镇，合江县合江镇、大桥镇、纳溪区棉花坡镇、护国镇、打古镇、渠坝镇，叙永县叙永镇、落卜镇，古蔺县古蔺镇等乡镇，以及成都、重庆等内陆市州和云南、贵州相邻市州。

园区以水稻、玉米、高粱等粮食为主要原料，发展粮油精深加工，继续做大做强粮食酿造行业，重点发展米粉、鲜湿营养面、方便调理面食等产品。大力提高副产物综合利用率，例如建设日处理100吨以上的大米综合加工生产线，如米糖、在造型米、胚乳饮料加工等。稻米加工链条如图9-2所示。

（三）食用油精深加工

在古蔺县古蔺镇建设油用牡丹精深加工产业基地，辐射德耀镇、箭竹苗族乡

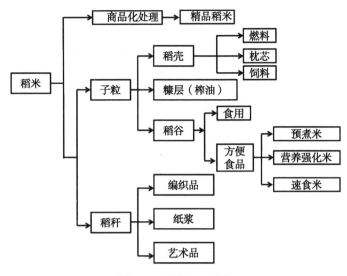

图 9-2　稻米加工链条

等乡镇；在叙永县叙永镇建设油茶加工产业基地，辐射落卜镇等周边乡镇。

建成油茶籽/油用牡丹冷榨生产线 2~3 条、食用油精炼生产线 2 条、茶粕浸出生产线 2~4 条、功能强化油生产线 2~3 条、化妆品油注射用油生产线 2~3 条、皂素及系列产品生产线 1 条、饲料用蛋白饲料生产线 4 条、万吨级国家食用油储备库 2~4 个。食用油加工链条如图 9-3 所示。

（四）饲料加工

在泸县福集镇建立泸县粮食现代加工物流产业园区建设饲料加工基地，辐射泸县兆雅镇，龙马潭区鱼塘镇、安宁镇、古蔺县古蔺镇、二郎镇、水口镇、叙永县叙永镇、纳溪区等区县，发展畜禽加工产业上游饲料加工。

饲料加工以大米、高粱、小麦等粮油加工副产物，以及玉米、马铃薯、红薯等粮食作物为主要原料。支持泸州希望、泸州凯科、纳溪荣丰牧业、泸县正泰和叙永三省饲料等企业进行技改，扩大产能。见表 9-7。

表 9-7　泸州市粮油精深加工产业区域布局

粮油加工	区（县）	区域布局
泸县粮食现代加工物流产业园区	泸县	福集镇
食用油精深加工	古蔺县	古蔺镇（油用牡丹加工）
	叙永县	叙永镇（油茶加工）
饲料加工	泸县	福集镇

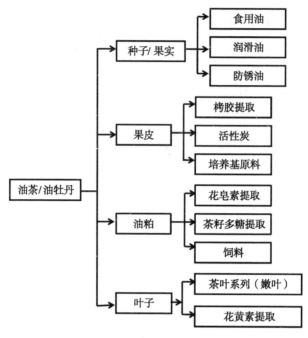

图 9-3　食用油加工链条

二、畜禽加工

（一）生猪屠宰和精深加工

以泸县得胜镇、合江县合江镇为核心，辐射泸县福集镇、玄滩镇，叙永县兴隆乡、叙永镇、龙凤乡，合江县合江镇、榕山镇，古蔺县古蔺镇、观文镇等乡镇，发展生猪屠宰和精深加工。

根据市场的需求，大力发展生产冷鲜肉制品、畜禽休闲食品、腊肉、罐头、香肠等精深加工。对现有的泸县吉龙、合江四海、古蔺顺春等企业进行技术改造，力争达到年总屠宰和加工 300 万头以上。重点打造 1 家年屠宰和加工 100 万头生猪的产业化龙头企业。生猪屠宰和加工链条如图 9-4 所示。

（二）牛羊屠宰和精深加工

以叙永县兴隆乡、古蔺县古蔺镇为核心发展肉牛屠宰和精深加工，辐射叙永县叙永镇，古蔺县德耀镇，合江县合江镇、榕山镇等乡镇。

重点培养 1~2 家年深加工 10 万吨牛肉的企业。支持叙永区川天食品公司、古蔺高源食品等企业进行改造和扩产。

以叙永县叙永镇、古蔺县古蔺镇为核心发展肉羊加工，辐射合江县合江镇等乡镇。牛羊屠宰和加工链条如图 9-5 所示。

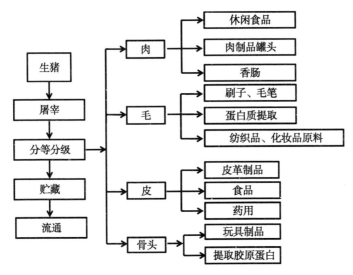

图 9-4　生猪屠宰和加工链条

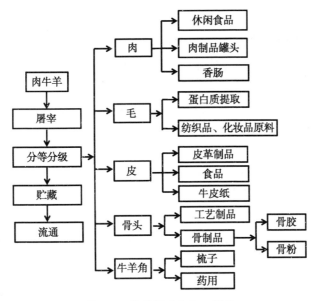

图 9-5　牛羊屠宰和加工链条

（三）兔禽屠宰和精深加工

以叙永县叙永镇为核心，辐射合江县合江镇，泸县福集镇、得胜镇，古蔺县古蔺镇等乡镇，发展禽兔屠宰和精深加工，包括特色林下鸡的深加工和鸡蛋深加工，打造泸州特色品牌休闲食品。重点培养 2~3 家年屠宰加工 1 000 万只兔禽的龙头企业。

（四）水产品加工

在江阳区弥陀镇发展淡水水产品加工，辐射泸县喻寺镇、方洞镇等乡镇。在弥陀镇规划建设占地面积20亩，年加工商品鱼1万吨水产品加工基地1个，发展淡水鱼精深加工。见表9-8。

表9-8　泸州市畜禽加工产业区域布局

畜禽加工	区（县）	区域布局
生猪屠宰和精深加工	泸县 合江县	得胜镇 合江镇
牛羊屠宰和精深加工	叙永县	兴隆乡
兔禽屠宰和精深加工	叙永县	叙永镇
水产品加工	江阳区	弥陀镇

三、果蔬加工

（一）蔬菜产地商品化处理

在合江县合江镇、大桥镇，榕山镇建立蔬菜商品化处理示范基地，辐射长江、沱江沿岸蔬菜基地；在合江县、叙永县和古蔺县海拔1 200米以上的山区建设错季蔬菜产地初加工基地，发展错季蔬菜商品化处理。见表9-9。

表9-9　泸州市蔬菜产地商品化处理产业布局

蔬菜商品化处理	区（县）	区域布局
沿江蔬菜产地商品化处理	江阳区	方山镇、弥陀镇、通滩镇、泰安镇、况场镇、黄舣镇
	龙马潭区	特兴镇、长安乡、石洞镇、胡市镇、金龙镇
	纳溪区	新乐镇、大渡口镇、棉花坡镇
	泸县	海潮镇、牛滩镇、云龙镇、百和镇、立石镇、福集镇、得胜镇、嘉明镇、喻寺镇、方洞镇、太伏镇、兆雅镇
	合江县	合江镇、大桥镇、榕山镇、白沙镇、先市镇、白米镇、实录镇、九支镇、白鹿镇
丘陵特色蔬菜产地商品化处理	江阳区	况场镇、弥陀镇、通滩镇、分水岭乡、丹林镇、石寨镇、方山镇、江北镇、泰安镇
	龙马潭区	特兴镇、长安乡、鱼塘镇
	纳溪区	棉花坡镇、龙车乡、上马镇、合面镇、护国镇、丰乐镇、白节镇、天仙镇
	泸县	福集镇、嘉明镇、得胜镇、牛滩镇、海潮镇、云龙镇、百和镇、立石镇
	合江县	密溪乡、大桥镇、先市镇、白鹿镇、虎头乡
	叙永县	龙凤乡、兴隆乡
	古蔺县	古蔺镇、太平镇、永乐镇

（续表）

蔬菜商品化处理	区（县）	区域布局
山区错季蔬菜产地商品化处理	合江县	福宝镇、自怀镇
	叙永县	赤水镇、营山乡、麻城乡、分水镇、枧槽乡、合乐乡、叙永镇、摩尼镇、黄坭乡、观兴乡、兴隆镇
	古蔺县	古蔺镇、东新乡、双沙镇、护家乡、鱼化乡、箭竹乡、丹桂镇、大寨镇、大村镇

（二）蔬菜精深加工

在江阳区况场镇和龙马潭区安宁镇、鱼塘镇、石洞镇建立蔬菜精深加工基地，辐射江阳区江北镇、方山镇、通滩镇，泸县太伏镇、兆雅镇、云锦镇，合江县大桥镇、九支镇、白鹿镇、焦滩镇，叙永县麻城镇、摩尼镇、营山镇、观兴镇，纳溪区丰乐镇、白节镇等乡镇，发展蔬菜腌制（泡菜）、干燥、制罐等精深加工。其中重点建设15 000吨/年脱水蔬菜、9万吨/年速冻蔬菜、6万吨/年原汁饮料、9 000吨/年调味品等生产线。蔬菜加工链条如图9-6所示。

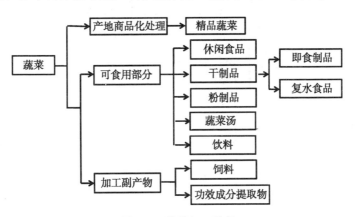

图9-6　蔬菜加工链条

在叙永县叙永镇和纳溪区合面镇建设泸州市食用菌加工示范基地，辐射叙永县麻城乡，泸县嘉明镇、喻寺镇、福集镇、天兴镇，纳溪区护国镇、上马镇，龙马潭区安宁镇、胡市镇、石洞镇、鱼塘镇等乡镇，发展食用菌精深加工，如食用菌罐头、菌酱、食用菌功能食品、食用菌休闲食品等。见表9-10。

表9-10　泸州市蔬菜精深加工产业布局

蔬菜加工	区（县）	区域布局
蔬菜精深加工	江阳区	况场镇（泸州市蔬菜加工示范基地）
	龙马潭区	安宁镇、鱼塘镇、石洞镇（泸州市农产品加工物流园区）

（续表）

蔬菜加工	区（县）	区域布局
食用菌精深加工	叙永县	叙永镇（泸州市食用菌加工示范基地）
	纳溪县	合面镇

（三）龙眼产地商品化处理和精深加工

以泸县潮河镇、海潮镇、太伏镇、兆雅镇为核心，大力发展龙眼产地商品化处理，主要开展龙眼的预冷、清洗、烘干、分级和包装等初加工。

以泸县海潮镇和兆雅镇为核心，建立龙眼的精深加工基地，辐射潮河镇、太伏镇，江阳区黄舣镇、弥陀镇，重点发展龙眼干制加工，积极发展果酒、果糖、果粉、果脯、果汁等其他加工产品。

在泸县兆雅镇建立龙眼产业信息中心。龙眼产地商品化处理和精深加工链条如图9-7所示。

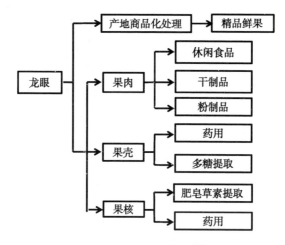

图9-7 龙眼产地商品化处理和精深加工链条

（四）荔枝产地商品化处理

以合江县合江镇、密溪乡为核心示范区，辐射周边荔枝产地乡镇，发展荔枝产地商品化处理。在主要产地乡镇选取适当地点（占地约300亩），开展荔枝的洗选、分级、包装等初加工，同时建设贮藏设施。

在合江县合江镇建立荔枝产业信息中心。

（五）柑橘产地商品化处理和精深加工

以合江县白米镇为核心区域，发展真龙柚产地商品化处理，以纳溪区护国镇为核心区域，发展护国柚产地商品化处理；以龙马潭区安宁镇为核心区域，发展九狮柚产地商品化处理，进行柚子清洗、打蜡、烘干、分级和包装等初加工。

以叙永县、古蔺县赤水河流域为核心区域，发展甜橙产地商品化处理，进行甜橙清洗、打蜡、烘干、分级和包装等初加工。甜橙产地商品化处理和精深加工链条如图9-8所示。

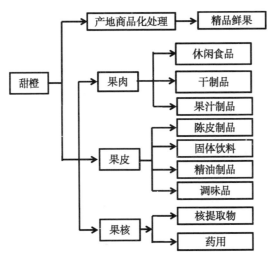

图9-8 甜橙产地商品化处理和精深加工链条

在古蔺马蹄镇、叙永县赤水镇建立甜橙精深加工基地，辐射石坝彝族乡、观兴镇、水口镇等乡镇，发展甜橙精深加工，重点建设年处理10万吨的果汁生产线2条，建设副产物综合利用生产线2条。

泸州市水果产地商品化处理区域布局见表9-11，泸州市水果精深加工产业区域布局见表9-12。

表9-11 泸州市水果产地商品化处理区域布局

加工方式	区域布局	
荔枝产地商品化处理	合江县	合江镇、密溪乡、虎头镇、实录乡、凤鸣镇、佛荫镇、大桥镇、尧坝镇、先市镇、福宝镇、甘雨镇、榕山镇
龙眼产地商品化处理	泸县	海潮镇、潮河镇、太伏镇、兆雅镇
	龙马潭区	金龙镇、胡市镇、特兴镇
	江阳区	弥陀镇、黄舣镇、通滩镇
	纳溪区	护国镇
柚子产地商品化处理	合江县	白米镇、白沙镇、密溪乡、合江镇、先市镇、虎头镇
	龙马潭区	安宁镇
甜橙产地商品化处理	古蔺县	马蹄镇、马嘶苗族乡、椒园镇、白泥镇、水口镇、丹桂镇、石宝镇、土城镇、二郎镇、太平镇、永乐镇
	叙永县	赤水镇、水潦彝族乡、石坝彝族乡

表 9-12　泸州市水果精深加工产业区域布局

加工方式	区域布局	
荔枝产业信息中心	合江县	合江镇
龙眼产业信息中心	泸县	兆雅镇
龙眼精深加工	泸县	海潮镇、兆雅镇
甜橙精深加工	古蔺县	马蹄镇
	叙永县	赤水镇

四、特产加工

(一) 茶叶加工

以现有茶园分布为基础，突出"特早"和"有机"两大特点，主要建设 4 个优势茶叶加工园区。见表 9-13。

表 9-13　茶叶产业区域布局

茶叶加工区	区（县）	所在镇（乡）	加工规模
泸州特早茶加工园区	纳溪区	护国镇、天仙镇、渠坝镇	1 500 万斤
叙永县茶加工区	叙永县	叙永镇	500 万斤
古蔺县茶加工区	古蔺县	德耀镇	250 万斤
合江佛心茶加工基地	合江县	九支镇	125 万斤

以纳溪区天仙镇、护国镇、渠坝镇为核心，建设泸州特早茶加工园区，辐射白节镇、上马镇、护国镇、大渡口镇、天仙镇、打古镇、棉花坡镇、渠坝镇、合面镇，以及叙永县向林镇等特早茶种植基地，主要以色早产绿茶加工为主，重点打造"早春二月"等知名绿茶品牌。

叙永茶加工区，以叙永镇为核心，辐射后山镇和震东乡等乡镇，壮大"后山""红岩"等传统品牌产品，发展以黄荆大树、牛皮茶等为代表的特色茶品种，支持发展发酵茶加工。

古蔺县茶加工区，以德耀镇为核心，辐射马嘶乡、双沙镇、箭竹苗族乡等乡镇，着力打造"蔺春"牌有机牛皮茶，"建新春露"绿茶等优势品牌。

合江佛心茶加工基地，以九支镇为核心，辐射法王寺镇、尧坝镇等乡镇，该基地将佛教文化和茶文化融于一体，主要发展绿茶、花茶和乌龙茶加工。茶叶加工链条如图 9-9 所示。

(二) 中药材产业

中药材加工产业重点建设两大优势区域。

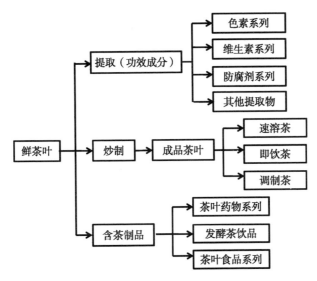

图 9-9　茶叶加工链条

特色保肝中药材加工产业园，以泸县福集镇泸州市医药园区为核心，辐射泸县百和镇、云锦镇、立石镇、得胜镇、石桥镇，古蔺县鱼化乡、龙山镇、金星乡、石宝镇、水口镇、永乐镇，以及叙永县中药材种植基地，大力发展赶黄草等保肝系列中药材的精深加工，包括饮片加工、粉剂加工，以及活性成分提取、纯化等深加工，开发新型保肝中药、保健品和功能食品。中药材加工链条如图9-10所示。

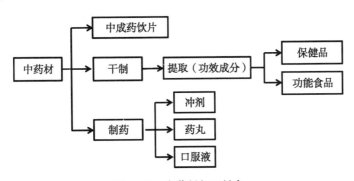

图 9-10　中药材加工链条

合江中药材加工产业园，以合江县福宝镇为核心，辐射（核心示范区）、自怀镇、先滩镇、望龙乡、南滩乡、榕山镇、榕右乡、凤鸣镇、车辋镇、实录乡，以及纳溪区、叙永县、古蔺县的中药材种植基地，大力发展金钗石斛等中药材加工，包括为干制加工和饮片加工，重点发展石斛活性成分高效提取和利用，开发新型高附加值中药、保健品和功能食品。见表9-14。

表9-14　中药材加工产业区域布局

功能分区	加工品种	加工方式	区（县）	所在镇（乡）
特色保肝中药材加工产业园	赶黄草、芍药、黄栀子、白芷、金银花、百合等	饮片加工、制粉、活性成分提取、保健品、功能食品等精深加工	泸县 古蔺县	福集镇 古蔺镇
合江中药材加工产业园	石斛、厚朴、杜仲、黄柏、百合、川白芍等	干燥、饮片加工等产地初加工	合江县	福宝镇

五、农产品物流业

（一）泸州市农产品加工物流园区

充分发挥泸州市公铁水联运的交通优势，依托泸州海吉星农产品商贸物流园项目基础，在龙马潭区安宁镇、鱼塘镇和石洞镇建设大型农产品加工物流园区。

园区重点建设农产品仓储库、综合交易区、农产品周转码头、农产品物流网系统、农产品加工区等功能分区。其中，通过招商引资，重点培育2~3家农产品物流企业，在农产品加工区培育10家以上产业化龙头企业。

（二）农产品产地贮藏保鲜和交易市场

针对龙眼、荔枝、真龙柚、甜橙等特色农产品的贮藏保鲜问题，在泸县、龙马潭区、江阳区、合江县、叙永县、古蔺县等交通便利的农产品主产县地集中改扩建一批农产品产地预冷库和保鲜库，减少采后损失、延长上市期、增加产品价值。同时，配套建设产地交易市场，促进当地特色果蔬资源的流通。例如，在合江县合江镇、密溪乡、白米镇、虎头镇、实录乡等重点乡镇各建一个库容1万~2万吨的果蔬贮藏保鲜冷库群和一个规模在30亩左右的产地交易市场。见表9-15。

表9-15　泸州市农产品物流产业布局

项目	区域布局	
泸州市农产品加工物流园区	龙马潭区	鱼塘镇、安宁镇、石洞镇（含临港产业物流园区）
农产品产地贮藏保鲜和产地交易市场	泸县	潮河镇、海潮镇、太伏、福集、兆雅镇
	龙马潭区	金龙镇、胡市镇、特兴镇
	江阳区	江弥陀、黄舣镇、况场镇、通滩镇
	合江县	合江镇、密溪乡、白米镇、虎头镇、实录乡、大桥镇、尧坝镇
	纳溪区	护国镇、天仙镇
	古蔺县	马蹄乡、马嘶苗族乡、椒园乡、白泥乡、水口镇、丹桂镇、石宝镇、二郎镇
	叙永	赤水镇、水潦彝族乡、石坝彝族乡、龙凤乡

（三）区县级物流基地

为解决区域性特色农产品的仓储、交易和流通，在部分区（县）建立二级物流基地。见表9-16。

表9-16　泸州市区县级物流基地

区（县）	区域布局	主要功能	所属产业
江阳区	华阳街道办	粮食仓储物流（国家粮食储备库）	
泸县	福集镇	粮食仓储物流（泸县粮食现代物流产业园区）	
叙永县	龙凤乡	粮食仓储物流（川滇黔边城粮油物流中心）	粮油
合江县	大桥镇、合江镇	粮食仓储物流	
纳溪区	渠坝镇	粮食仓储物流（渠坝粮食仓储及物流中心）	
泸县	海潮镇	龙眼产地贮藏、物流	
合江县	合江镇	荔枝产地贮藏、物流	
叙永县	石坝彝族乡	甜橙产地贮藏、物流	水果
古蔺县	马蹄镇	甜橙产地贮藏、物流	
纳溪区	护国镇	茶叶交易和物流	茶叶
合江县	合江镇	中药材产地集散和物流	中药材
叙永县	叙永镇	活畜禽集散地、交易和物流	畜禽
古蔺县	古蔺镇	活畜禽集散地、交易和物流	

1. 粮油仓储物流

在江阳区、纳溪区、泸县、叙永区、合江县等区县建设现代粮食仓储和物流基地，发展粮食仓储、物流业，打造川滇黔渝结合部粮食物流集散中心。

2. 果蔬贮藏与流通

在泸县海潮镇、合江县合江镇、叙永县石坝彝族乡和古蔺县马蹄镇建立产地贮藏和物流基地，分别承担龙眼、荔枝和甜橙等水果的产地贮藏和交易功能。

3. 活畜禽物流

依托叙永县、古蔺县的山羊、马羊、林下鸡、兔子养殖，在叙永县叙永镇、古蔺县古蔺镇建立物流基地，发展特色鲜活畜禽交易和物流。

第五节　主要发展任务

一、加强原料生产基地建设，发展加工专用品种

发达国家用于加工的原料都有专用的加工品种，并建有固定的原料基地。由

于泸州市农产品长期以鲜销为主，除去专用酿酒高粱原料基地发展较快以外，其他专用加工原料基地建设相对落后。

根据泸州的气候和资源优势，未来要加大农产品专用加工原料基地建设。大力开发和推广专用品种和加工性能好的农产品品种，支持龙头企业建立原料生产基地，逐步实现农产品加工原料规格化、质量标准化、品种专业化和生产规模化，将加工原料作物向适宜种植区合理集中，实现区域化布局和专业化发展。

二、推动农产品精深加工，做大做强龙头企业

把促进科技进步，发展循环经济，提高资源的利用效率，作为农产品加工产业发展的重点。积极鼓励和支持龙头企业引进新技术，研发新产品，增强企业的自主创新能力和核心竞争力，使农产品初级加工向精深加工发展，向质量和效益型转变。充分发挥现有的购销网络、储运设施、加工设施的优势，利用优良资产，吸收社会资本，整合有效资源，加大招商引资力度，培育行业优势突出、带动力强的龙头企业。

依托泸州特色资源，重点发展粮食、水果、蔬菜、畜禽、茶叶、林竹、中药材等精深加工，不断丰富产品种类，提高产品质量，增加农产品加工附加值。科学规划布局农产品加工产业园和物流中心项目，加大支持和建设力度，努力培育年产值 10 亿元以上的综合实力强的农产品加工龙头企业和年产值 100 亿元以上的农产品加工产业集群。

三、提升农产品加工科技水平，提高从业人员素质

泸州市农产品加工产业要实现由初加工向深加工、由粗加工向精加工的转变，关键在于科技进步。目前，泸州市农产品加工产业的科技贡献率不到 30%，远远低于发达国家 70%~80% 的水平。特别是现代畜禽综合加工、荔枝和龙眼加工、高端茶叶炒制、鲜活农产品保鲜和物流、中成药制备等领域的先进加工技术较为缺乏。要加快农产品加工技术创新，逐步建立和完善产学研结合机制，加快科技成果转化，为产业发展提供支撑。

要进一步加强与中国农业科学院、华南农业大学、四川农业大学等国内外科研机构的技术合作，鼓励科研院所和泸州农产品加工共建研发中心。邀请加工领域的专家开展实地教学和现场培训，提高专业技术人员技术水平，培养和稳定现有技术人才队伍。

四、实施名优品牌战略

把战略的重点放在现有品牌的提升级上，争创"国家原产地保护产品""有机食品""绿色食品""四川省名牌产品""四川省著名商标""国家驰名商标"

"国家名牌产品"。通过农产品加工设施的技术改造和种植基地的不断完善，进一步提高农产品加工制品的质量，不断提高泸州市农产品加工制品品牌的知名度和市场占有率，把特色品牌做好、做强、做响。

五、建成农产品公铁水联运物流网，畅通农产品物流通道

构建现代农产品物流体系，利用泸州港实现铁水联运，将泸州打造成川滇黔渝结合部农产品物流交换"中转站"。通过泸州可助推四川南向拓展至滇、黔、渝、桂等市场，进军广阔的东盟自由贸易区、珠三角经济区、长三角经济区和东南亚市场。

重点建设泸州市农产品加工物流中心，在土地、政策、资金等方面积极给予支持，吸引中粮集团、深圳市农产品基金管理有限公司、中国物流公司等大型企业，发挥龙头企业的带动作用，共同打造泸州农产品物流产业核心区。构建农产品储备区、农产品交易区、农产品加工区、综合服务区、农产品专用码头等功能区，配套铁路专线、农产品转运专用设备，推进现代农产品物流与电子商务的粮食贸易，拓宽泸州农产品贸易辐射区域，推进农产品物流公铁水联运无缝对接，使泸州逐步成为川滇黔渝结合部现代农产品贸易核心区。

六、提高农产品质量、健全质量安全体系

积极推进全市农产品质量监测网络体系建设。按照"机构成网络、监测全覆盖、监管无盲区、系统无风险"的目标要求，进一步加强市级农产品质检站建设，充实设备，完善功能，增强服务，发挥主导作用。并加强区县农产品质检站和农产品贮藏库、重点农产品加工企业检化验室建设，为农产品加工和现代物流发展提供支撑。各农产品贮藏点、重点农产品加工企业要建立专门的检测化验室，能够开展日常的农产品质量检验检测工作，形成完整的农产品质检体系，提高泸州市农产品及其制品质量安全，为农产品加工产业发展提供强力支撑。

七、加大政策支持力度，营造良好的产业发展环境

要进一步明确管理责任，落实管理机构，制定控制性、协调性、引导性及扶持性政策，促进农产品加工产业的发展，加大土地政策、金融政策、税收政策的支持力度，营造良好的产业发展环境。

第六节　重点建设项目

基于泸州市农产品加工产业现状，依托泸州市现有农产品资源，谋划未来的

重点建设项目。

一、泸州市农产品加工物流园区

（一）实施地点

泸州市龙马潭区鱼塘镇、安宁镇、石洞镇（包含临港产业物流产业园区）。

（二）建设内容与规模

以鱼塘镇、安宁镇、石洞镇为核心，以临港产业物流产业园区为基础，依托泸州港的物流能力，充分发挥泸州市海铁水联运优势，建设西南三省大型农产品加工和物流园区。

园区包括农产品仓储库、综合交易区、农产品周转码头、农产品物流网系统、农产品加工区等功能分区，其中：

重点建设农产品综合交易区，包括水果交易市场、蔬菜交易市场、畜禽交易市场、茶叶交易市场、中草药交易市场和粮油交易区等功能分区。

建设农产品加工区，重点在中心及其周边新建10家以上农产品加工企业，培育2~3家农产品物流龙头企业。

建设10万吨低温冷藏仓储库；建设2万吨低温冷冻仓储库。

重点建设农产品物流网系统。在400千米运输半径的重庆、成都、贵阳等大中城市建一批泸州农产品营销网点，同时配备冷运设备设施。引进或利用成熟电子商务平台，大力发展电子商务。

将泸州市农产品加工物流园区打造成川滇黔渝结合部的农产品加工和物流中心，拉动周边农产品加工产业发展，提升泸州农产品品牌知名度。

（三）投资与效益估算

累计投资约36.08亿元，占地10 000亩。到2025年，泸州市农产品加工物流园区将实现产值300亿元以上。其中，综合交易区实现年交易量100亿元，农产品物流贸易量达到100亿元以上，农产品加工增值100亿元以上。见表9-17。

表9-17　项目投资估算　　　　　　　　　　　　　　　（单位：万元）

序号	项目		2014—2016年	2017—2020年	2021—2025年
1	农产品仓储库		1 000	2 000	2 000
2	综合交易区	水果交易市场	3 000	3 000	
		蔬菜交易市场	3 000	15 000	
		畜禽交易市场	6 000	4 000	
		茶叶交易市场	2 000	2 000	
		中药材交易市场	3 000	3 000	
		粮油交易市场	4 000	4 000	2 000

（续表）

序号	项目	2014—2016 年	2017—2020 年	2021—2025 年
3	农产品周转码头	50 000	20 000	20 000
4	农产品物流网系统	800	600	400
5	农产品加工区	30 000	50 000	80 000
6	基础设施	20 000	15 000	15 000
	合计	122 800	118 600	119 400

（四）建设进度安排

2014—2016 年：依托泸州海吉星商贸物流园建设，完成园区基础设施建设，建设农产品仓储库、综合交易区、农产品周转码头，重点开发农产品物流网系统；通过招商引资，在园区新建农产品加工企业；开始试营运。

2017—2020 年：引入和培育农产品加工企业，提升农产品加工园区加工能力；提升水果交易市场、蔬菜交易市场、畜禽交易市场、茶叶交易市场和中药材交易市场的交易功能。

2021—2025 年：完善功能，其他物流、加工、配送、连锁、专卖等逐渐一体化。继续培育壮大农产品加工企业，完善物流园区运营机制，形成规模效应，打造川滇黔渝结合部物流中心。见表 9-18。

表 9-18　项目进度安排

序号	项目	2014—2016 年			2017—2020 年				2021—2025 年
		2014	2015	2016	2017	2018	2019	2020	
1	农产品仓储库	●	●	●	●	●	●	●	●
2	综合交易区	水果交易市场		●	●	●	●			
	蔬菜交易市场		●	●	●	●			
	畜禽交易市场		●	●	●	●			
	茶叶交易市场		●	●	●	●			
	中药材交易市场		●	●	●	●			
	粮油交易市场		●	●	●	●	●	●	●
3	农产品周转码头	●	●	●			●	●	●
4	农产品物流网系统		●	●	●	●	●	●	●
5	农产品加工区	●	●	●	●	●	●	●	●
6	基础设施	●	●	●	●	●	●	●	●

二、生猪、肉牛屠宰和深加工项目

（一）实施地点

在泸县得胜镇（或合江县合江镇）建设100万头生猪屠宰和深加工项目。

在叙永县兴隆乡建设10万头肉牛屠宰和深加工项目。

（二）建设内容与规模

在已有的畜禽加工产业基础上，重点打造年屠宰加工100万头生猪和10万头肉牛的的现代化猪牛屠宰和肉品加工企业，生产以及销售各类鲜肉以及副产品。新建厂房、购置设备，两条猪牛屠宰、分割流水生产线和下水加工生产线。屠宰分割肉供应本地市场，其余部分用于深加工，下水经加工后出售，猪皮和牛皮可直接供应皮革制品厂，粪便作为有机肥料，用于农业生产。引进先进畜禽产品精深加工技术，开发休闲食品、肉制品罐头、香肠等系列畜禽精深加工产品。

（三）投资与效益估算

项目预计占地300亩左右，总投资2.5亿元，固定资产投资4 000万元。新建容量2 500吨冷库，投资2 000万元；屠宰加工分割车间1.2万平方米，投资1 500万元；屠宰设备及加工机械5 000万元，暂养猪舍0.6万平方米，投资400万元，配套设施投资3 000万元。见表9-19。

表9-19　项目投资估算　　　　　　　　　　　　（单位：万元）

序号	项目	2014—2016 年	2017—2020 年	2021—2025 年
1	固定资产投资	2 000	1 000	1 100
2	冷库	400	300	200
3	屠宰分割车间	800	900	
4	屠宰设备	1 200	1 400	
5	加工机械	4 800	5 000	2 000
6	暂养猪舍	300	200	100
7	配套设施	1 500	1 200	600
	合计	11 000	10 000	4 000

项目投产后，白条出品率按78%计，到2025年，预计年屠宰75万～100万只生猪可生产优质猪肉6万～8.4万吨，精深加工猪肉制品10万吨，实现新增经济效益40亿元左右。肉牛屠宰加工每年可生产牛肉制品1万～2万吨，皮革6万～8万张，可新增经济效益50亿元左右。

（四）建设进度安排

2014—2016年：初步规划，通过招商引资确定生猪和禽兔深加工项目；完成基础设施建设；完成土木工程建设、购置设备及安装。

2017—2020 年：扩大生猪深加工产能，拓展深加工产品。引入肉牛深加工企业，发展肉牛综合加工。

2021—2025 年：稳定生产，全面运营。见表9-20。

表 9-20　项目进度安排

序号	项目	2014—2016 年			2017—2020 年				2021—2025 年
		2014	2015	2016	2017	2018	2019	2020	
1	固定资产投资		●	●	●				
2	冷库		●		●				
3	屠宰分割车间		●		●				
4	屠宰设备		●		●				
5	副产物加工机械		●	●	●	●			
6	暂养猪舍		●		●				
7	配套设施		●	●	●				

三、泸州市粮食加工物流产业园区

（一）实施地点

以港物流产业园区为核心，在龙马潭区鱼塘镇、安宁镇、石洞镇等乡镇建立泸州市粮食加工物流产业园区。园区辐射泸县福集镇、云龙镇、得胜镇、太伏镇、天兴镇、牛滩镇、奇峰镇，合江县先滩镇、望龙镇、自怀镇，纳溪区渠坝镇、打古镇等乡镇，以及成都、重庆等内陆市州和云南、贵州相邻市州，发展粮食初加工、仓储、流通产业。

（二）建设内容与规模

充分发挥泸州市优质水稻资源优势，建设泸州粮食加工物流产业园区，对当地特有的岩稻、籼稻、罗沙稻等已有品牌进行商品化包装处理，进行水稻初加工。另外，通过引入现代食品加工高新技术装备，重点发展食用与营养品质优良的鲜湿面、冷冻面、花色营养面、米粉等新型主食制品。园区围绕6个功能区进行布局。

1. 粮食中转贸易区

建设10万吨粮食中转仓、配送中心、电子商务与信息中心、接卸专用设备及运输工具等，预计占地100亩，建筑面积5万平方米，预计投资8 000万元。

2. 粮油储备区

建设现代粮食储备仓5万吨，成品粮储备仓1万吨、食用油储备油罐1万吨，预计占地100亩，建筑面积3万平方米，预计投资8 000万元。

3. 粮食批发市场区

建设现货交易市场、检化验中心、批发综合楼等，预计占地60亩，建筑面积 3 万平方米，预计投资 5 000 万元。

4. 粮油食品加工区

建设大米、挂面、杂粮、米粉以及粮油精深加工企业，预计占地 200 亩，建筑面积 10 万平方米，预计投资 5 亿元。

5. 综合服务区

建设综合大楼及配套设施，预计占地 10 亩，建筑面积 1 万平方米，预计投资 3 000 万元。

6. 粮食专用码头

建配套粮食专用码头、配置粮食仓储设施设备、粮食散运散卸及运输配送设备，预计投资 14 000 万元。

泸州粮食加工物流产业园区建成后，形成以水路运输与铁路运输为依托的粮油储存、粮油（现货、期货）交易、粮食中转、电子商务、信息平台、粮食加工为主的水铁联运功能区，辅之泸州粮油批发市场的中转综合配送等功能配套，形成了泸州市完备的粮食加工物流核心区，与江阳区、纳溪区、泸县、合江、叙永、古蔺等建设的粮食园区相呼应，将构筑为一个布局科学、辐射面广、相互联系、相互补充的新型现代粮食加工物流协作群体。园区完善的水铁联运功能与周边省市各粮食物流园区无缝对接，同时，粮食及其产品辐射到临省有关市州，通过泸州粮食物流产业园区物流功能的完善和提升、粮食产业升级发展，把泸州的地理区位优势、交通优势发挥成为泸州粮食的产业优势。

（三）投资与效益估算

预计投资 6.28 亿元，建设用地 1 200 亩，培育年产值超 10 亿元的企业 2~3 家。到 2025 年，预计年粮食周转量达到 100 万吨，实现新增经济效益 20 亿~30 亿元。见表 9-21。

表 9-21　项目投资估算　　　　　　　　　　　（单位：万元）

序号	项目	2014—2016 年	2017—2020 年	2021—2025 年
1	粮食中转贸易区	2 000	2 800	0
2	粮油储备区	1 200	3 000	0
3	粮食批发市场区	1 800	2 000	0
4	粮油食品加工区	15 000	22 500	0
5	综合服务区	1 500	4 500	0
6	粮食专用码头	2 000	2 500	0
7	粮食物流信息系统	500	1 500	0
	合计	24 000	38 800	0

（四）建设进度安排

2014—2016 年：初步规划，招商引资，完成前期准备；完成基础设施建设，土木工程建设，安装设备，开始试营运。

2017—2020 年：重点建设粮食加工区，依托物流园区建设粮油专用码头，园区正式运营。

2021—2025 年：其他物流、配送、连锁、专卖等逐渐一体化，建成畅通川滇黔渝结合部的粮食物流体系。见表 9-22。

表 9-22　项目进度安排

序号	项目	2014—2016 年			2017—2020 年				2021—2025 年
		2014	2015	2016	2017	2018	2019	2020	
1	粮食中转贸易区			●	●	●	●		
2	粮油储备区			●	●				
3	粮食批发市场区			●	●	●	●		
4	粮油食品加工区			●	●	●	●	●	
5	综合服务区			●	●				
6	粮食专用码头			●	●	●			
7	粮食物流信息系统				●	●	●		

四、食用油加工产业园

（一）实施地点

叙永县叙永镇、古蔺县德耀镇。

（二）建设内容与规模

在叙永县叙永镇或古蔺县德耀镇建设食用油精深加工基地，重点建设万吨油牡丹、油茶籽冷榨生产线 2~3 条、3 000 吨茶油、食用油精炼生产线 2 条、万吨油粕浸出生产线 4 条、4 000 吨功能强化油生产线 1 条、1 000 吨化妆品油注射用油生产线 1 条、5 000 吨皂素及系列产品生产线 1 条、万吨饲用蛋白饲料生产线 4 条、3.5 万吨国家食用油储备库。

（三）投资与效益估算

项目预计投资 3.2 亿元，占地 500 亩。投产后，园区年产值将达 30 亿元，实现利税 6 亿元，可带动 4 万余户农民投入油茶和油牡丹种植业，年户平增收 8 000 余元。见表 9-23。

表 9-23　项目投资估算　　　　　　　　（单位：万元）

序号	项目	2014—2016 年	2017—2020 年	2021—2025 年
1	原料预处理生产线	0	500	0
2	油茶冷榨生产线	0	5 000	2 000

（续表）

序号	项目	2014—2016 年	2017—2020 年	2021—2025 年
3	油牡丹冷榨生产线	0	8 000	3 000
4	功能强化油生产线	0	1 200	2 000
5	副产物综合利用生产线	0	5 000	2 000
6	食用油仓储库	0	800	400
7	基础建设	0	1 500	600
	合计	0	22 000	10 000

（四）建设进度安排

2014—2016 年：初步规划，招商引资，完成前期准备。

2017—2020 年：完成基础建设，新建食用油生产线、副产物综合利用生产线，以及食用油仓库。

2021—2025 年：扩大产能，完善基础设施。见表 9-24。

表 9-24　项目进度安排

序号	项目	2014—2016 年			2017—2020 年				2021—2025 年
		2014	2015	2016	2017	2018	2019	2020	
1	原料预处理生产线					●	●		
2	油茶冷榨生产线					●	●		●
3	油牡丹冷榨生产线					●	●		●
4	功能强化油生产线						●	●	●
5	副产物综合利用线						●	●	●
6	食用油仓储库						●		●
7	基础建设					●	●		●

五、茶叶加工园区

（一）实施地点

茶叶加工园区以纳溪区天仙镇、护国镇、渠坝镇为核心，辐射叙永县、古蔺县和合江县等区县。

（二）建设内容与规模

在园区重点新建和扩大标准化茶叶加工厂 5 个，每个厂的加工设备能满足 5 000 亩茶园基地鲜叶加工要求，以此解决新增基地的茶叶加工。引进名优茶清洁化加工生产线 10 条，提高原有加工企业的加工水平，提升茶叶品质。力争在园区内培育国家级龙头企业 2 家，省、市级龙头企业 20 家。

依托中国农业科学院、四川农业大学、西南大学等科研院所，共同成立川南茶加工技术研究中心，引进和改进特早茶炒制加工工艺，发展茶叶精深加工技术，开发茶叶新产品。新建纳溪特早茶营销展示中心，宣传泸州茶文化，全面提升纳溪特早茶的加工、精选、包装和销售，在全国范围新建设纳溪特早茶直销门市 50 个；新建泸州市茶叶加工技术推广和培训中心，开展技术培训。

（三）投资与效益估算

预计投资 1.25 亿元，占地 600 亩，建成后的园区年产值将突破 30 亿元。见表 9-25。

表 9-25　项目投资估算　　　　　　　　　　（单位：万元）

序号	项目	2014—2016 年	2017—2020 年	2021—2025 年
1	基础建设	1 000	1 500	500
2	茶叶加工生产线	800	3 500	800
3	茶加工技术研究中心	300	800	600
4	特早茶营销展示中心	500	600	300
5	茶加工技术推广培训中心	400	600	300
	合计	3 000	7 000	2 500

（四）建设进度安排

2014—2016 年：初步规划，完成前期准备；完成基础设施建设；购置和安装茶叶生产线，提升茶叶加工企业技术水平和产品质量；开始试营运。

2017—2020 年：完成技改，扩大产能，正式运营；完成茶叶营销中心、技术推广培训中心建设。

2021—2025 年：完善和提升茶加工技术研究中心产品研发能力，加强技术推广和培训功能，实现茶产业可持续发展，形成产业优势。见表 9-26。

表 9-26　项目进度安排

序号	项目	2014—2016 年			2017—2020 年				2021—2025 年
		2014	2015	2016	2017	2018	2019	2020	
1	基础建设			●					
2	茶叶加工生产线			●	●	●			
3	茶加工技术研究中心			●	●				
4	特早茶营销展示中心			●	●				
5	茶加工技术推广培训中心			●	●				

六、中药材加工园区

（一）实施地点

泸县福集泸州市医药产业园区，辐射泸县百和镇、江阳区泰安镇（高新技术产业园区)、合江县福宝镇等。

（二）建设内容与规模

以科技为引领，按照"国内一流、国际知名"的发展定位，打造三大平台，即泸州医药产业园大学科技园、泸州新药评价体系（新药安全评价研究中心、药理评价研究中心、药物代谢研究中心、成药性评价研究中心、临床药理中心、药物分析检测中心、公共检测中心）、企业孵化园；构建三大体系，即泸州医药产业扶持政策体系、泸州医药产业科技创新体系、泸州医药产业服务体系；形成三大集群，即以道地药材 GAP 种植和制药为核心的生物医药产业集群、以三甲医院为核心的医疗康健服务集群、以制药、医学护理和康复等专业为核心的职教集群。

园区按照近、中、长、远的总体目标，有序推进建设，全力打造"国家级医药产业示范园"和"川滇黔渝医药产业制造高地"。

（三）投资与效益估算

预计投资 9.7 亿元，占地 600 亩，建成后年产值突破 50 亿元。见表 9-27。

表 9-27　项目投资估算　　　　　　　　　　　　　　（单位：万元）

序号	项目	2014—2016 年	2017—2020 年	2021—2025 年
1	泸州医药产业园大学科技园	0	40 000	3 000
2	泸州新药评价体系	0	18 000	5 000
3	企业孵化园	0	15 000	16 000
	合计	0	73 000	24 000

（四）建设进度安排

2014—2016 年：完成园区规划，确定合作研究机构，建立合作关系。

2017—2020 年：园区正式运营；完成泸州医药产业园大学科技园和泸州新药评价体系建设，重点建设企业孵化园，培育中药材加工龙头企业。

2021—2025 年：完成企业孵化园建设，健全企业孵化功能，继续完善新药评价体系建设。园区全面建成，正常运营。见表 9-28。

表 9-28　项目进度安排

序号	项目	2014—2016 年			2017—2020 年				2021—2025 年
		2014	2015	2016	2017	2018	2019	2020	
1	泸州医药产业园大学科技园					●	●		●
2	泸州新药评价体系					●	●	●	●
3	企业孵化园				●	●	●		●

七、龙眼综合加工项目

（一）实施地点

以泸县海潮镇、兆雅镇为核心，辐射潮河镇、太伏镇、福集镇，以及江阳区、龙马潭区等区县的相关乡镇。

（二）建设内容与规模

针对泸州龙眼资源，大力发展产地商品化处理、初加工和精深加工，包括一般商品化处理、干燥加工、制汁加工、制粉加工等，延长产业链，增加经济效益。

通过引入高效节能干燥技术，建设年干燥加工 1 万吨龙眼生产线 2 条，建设年产 200 吨龙眼粉和在造型果片生产线 1 条。引进先进的果品休闲食品生产技术，开发膨化龙眼脆果、半干龙眼制品等新型产品。充分利用龙眼加工副产物，通过发酵技术、活性成分高效提取技术，实现龙眼资源全利用，打造龙眼产业循环经济。

（三）投资与效益估算

项目预计投资 1.25 亿元，占地 800 亩。投产后，预计龙眼产地年商品化处理量达到 10 万吨，其中龙眼干制加工量达到 1.5 万吨，制粉等其他精深加工量为 5 000 吨，新增经济效益 5 亿~10 亿元。见表 9-29。

表 9-29　项目投资估算　（单位：万元）

序号	项目	2014—2016 年	2017—2020 年	2021—2025 年
1	预冷库	300	400	200
2	清洗分级生产线	1 200	600	600
3	包装生产线	800	600	200
4	保鲜冷库	2 000	1 000	800
5	产地溯源系统	200	400	200
6	干燥生产线	800	600	
7	制粉生产线	400	1 200	
	合计	5 700	4 800	2 000

（四）建设进度安排

2014—2016 年：初步规划，招商引资，完成前期准备；新建预冷库和保鲜冷库，发展龙眼产地商品化处理。购置设备及安装，新建龙眼干制加工线。开始试营运。

2017—2020 年：增加加工方式，扩大产能。发展制粉、制汁等新型产品加工，重点建设龙眼产品产地溯源系统。

2021—2025 年：扩大产能，实施技改，提升产品质量。见表 9-30。

表 9-30　项目进度安排

序号	项目	2014	2015	2016	2017	2018	2019	2020	2021—2025 年
1	预冷库	●	●				●		●
2	清洗分级生产线			●					●
3	包装生产线		●			●			
4	保鲜冷库		●				●		●
5	产地溯源系统					●	●		
6	干燥生产线		●				●		
7	制粉生产线			●			●		

八、重点项目投资估算及总体进度安排

（一）投资估算

现代物流加工业建设投资需求 60.26 亿元。其中，2014—2016 年 16.65 亿元，2017—2020 年 27.42 亿元，2021—2025 年 16.19 亿元。见表 9-31。

表 9-31　泸州市农产品加工产业投资概算　　（单位：万元）

项目名称	区（县）	2014	2015	2016	2017	2018	2019	2020	2021—2025 年
泸州市农产品加工物流园区	龙马潭区	32 000	50 000	40 800	35 000	28 000	25 000	30 600	119 400
生猪、肉牛屠宰和深加工项目	泸县	0	2 500	3 000	2 000	0	0		1 000
	合江县	0	2 500	3 500	2 000	0	0	0	1 000
	叙永县	0	0	0	4 000	2 000	0	0	2 000
泸州市粮食加工物流产业园区	泸县	0	0	9 000	5 000	5 000	5 000	0	0
	合江县	0	0	5 000	4 000	3 500	3 300	0	0
	龙马潭区	0	0	2 000	2 000	500		0	0
	江阳区	0	0	3 000	3 350	3 500	3 000	0	0
	纳溪区	3 000	1 650	1 000					
茶叶加工园区	纳溪区	0	0	3 000	2 000	0	0	0	1 000
	叙永县	0	0	0	2 000	0	0		500
	合江县	0	0	0	2 000	0	0		500
	古蔺县	0	0	0	1 000	0	0		500
中药材加工园区	泸县	0	0	0	0	20 000	15 000	0	8 000
	合江县	0	0	0	0	15 000	10 000	0	8 000
	江阳区	0	0	0	0	8 000	5 000	0	8 000
龙眼综合加工项目	泸县	0	2 000	3 700	0	2 400	2 400	0	2 000

（续表）

项目名称	区（县）	2014—2016年			2017—2020年				2021—2025年
		2014	2015	2016	2017	2018	2019	2020	
食用油加工产业园	古蔺县	0	0	0	0	0	5 000	10 000	5 000
	叙永县	0	0	0	0	0	2 000	5 000	5 000
合计		35 000	58 150	73 000	64 350	87 900	75 700	45 600	161 900

（二）进度安排

泸州市农产品加工产业重点项目进度安排。详细安排见表9-32。

表9-32　泸州市农产品加工产业重点项目总体进度安排

序号	项目	2014—2016年			2017—2020年				2021—2025年
		2014	2015	2016	2017	2018	2019	2020	
1	泸州市农产品加工物流园区	●	●	●		●		●	●
2	生猪、肉牛屠宰和深加工项目		●	●	●				
3	泸州市粮食加工物流产业园区			●		●	●		
4	茶叶加工园区			●					●
5	中药材加工园区					●	●		
6	龙眼综合加工项目	●		●					●
7	食用油加工产业园						●	●	●

第七节　保障措施

从突出重点，强化措施，综合施策，制定一系列扶持政策，建立一套可持续发展的长效机制，为农产品加工产业取得明显进展提供有力保障。

一、组织管理

切实加强对农产品加工保障体系实施的组织领导工作，成立由分管副市长挂帅、有关部门参加的农产品加工业领导小组，在有关部门成立农产品加工处（科）、建立联席会议制度，明确工作职能，加强组织协调，制定办事程序，建立考核机制，定期研究发展中的重大问题，加强监督检查和资金管理，为落实各项产业扶持政策创造良好的外部环境。

各级党委政府要高度重视农产品加工产业发展，在推进泸州市农业现代化的同时，同步推进农产品加工业。形成以党委统一领导，党政齐抓共管，农产品加工产业主管部门组织协调，有关部门各负其责的工作格局和机制化、制度化、常态化的工作体制，关注农产品加工小微企业，加大对龙头企业的支持力度。

二、投入机制

建立完善长效投入机制，保证市财政每年对农产品加工业的总投入增长幅度不低于市财政经常性收入增长幅度。预算内固定资产投资向粮油加工、畜产品加工、果蔬加工以及物流等重点发展领域倾斜。此外，建议以农产品加工产业用地的土地有偿使用费设立农产品加工产业发展基金、农产品加工中小企业扶持基金等，全部反馈农产品加工产业发展。

三、扶持政策

结合泸州农产品加工业发展现状和特点，要加大对农产品加工业的财政投入，重点支持关键技术创新与产业化、重点装备自主化、食品安全检测能力建设、节能减排和资源综合利用、食品加工产业集群以及自主品牌建设等项目建设，促进产业优化升级。此外，针对农产品加工企业利润水平较低的现状，要给予有关农产品加工企业税减免政策。

四、科技支撑

科技研发是农产品加工业发展的原动力。目前泸州农产品加工业还处于起步阶段，科技水平不高。在此背景下，一是要鼓励企业与科研单位积极协作，建立科技研发中心或联合实验室，借助科研单位的力量参与技术创新。二是政府与科研单位、大型龙头企业联合建立农产品加工研究中心，共同解决产业亟需的技术瓶颈问题。三是鼓励企业增加新产品开发费用，开发具有自主知识产权的技术和产品。四是对获得重大科技奖项的企业，政府可适当给予财政支持。五是企业进行技术创新所引进的技术和设备，可给予税收政策优惠。六是优先支持农产品深加工科技研发投入。对符合精深加工支持方向的企业自立项目，政府给予研发经费补贴。

五、人才保障

大力培育农产品加工专业人才、营销人才和管理人才。鼓励开展职业技能和岗位培训，培育技能型人才。拓宽人才引进渠道，建立完善人才引进制度。重点引进专业型、技能型人才和经营管理人才，积极引进高层次、复合型科技创新人才。

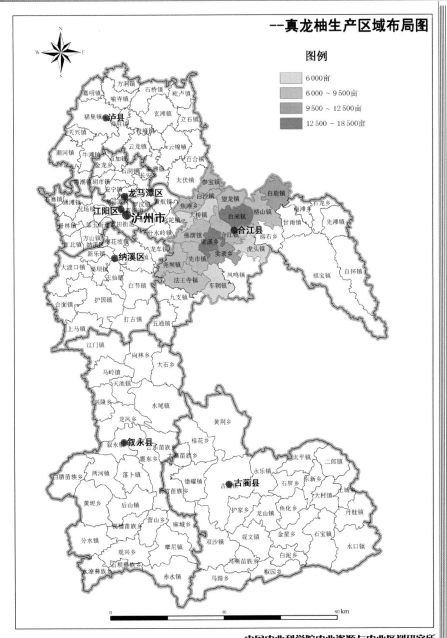

附图 1-1　真龙柚区域布局图

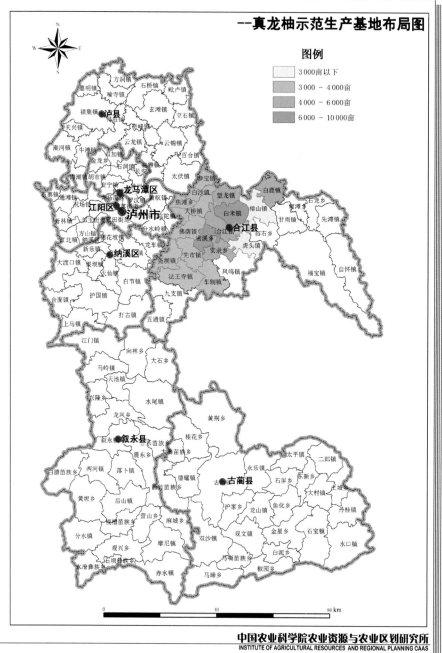

附图1-2 真龙柚基地布局图

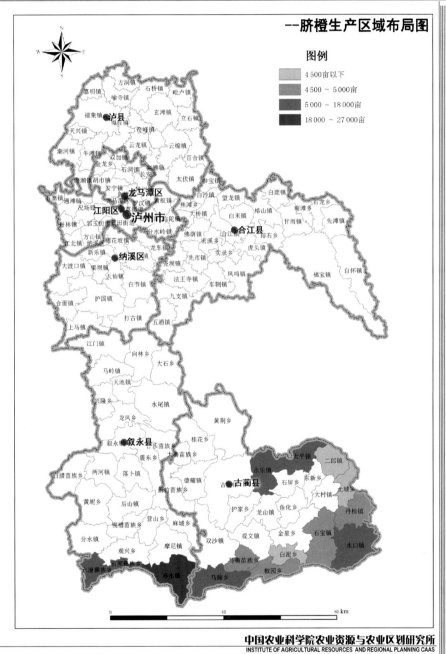

附图 1-3　脐橙区域布局图

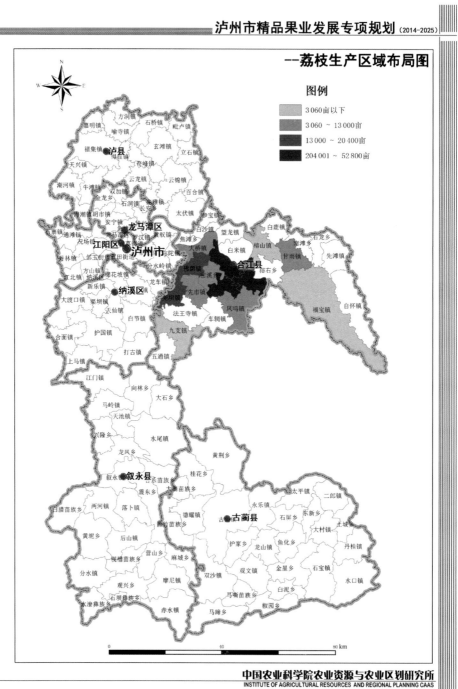

附图1-4　荔枝区域布局图

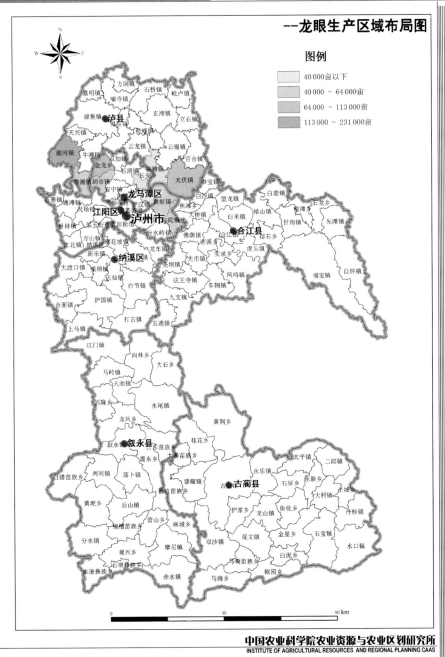

附图 1-5　龙眼区域布局图

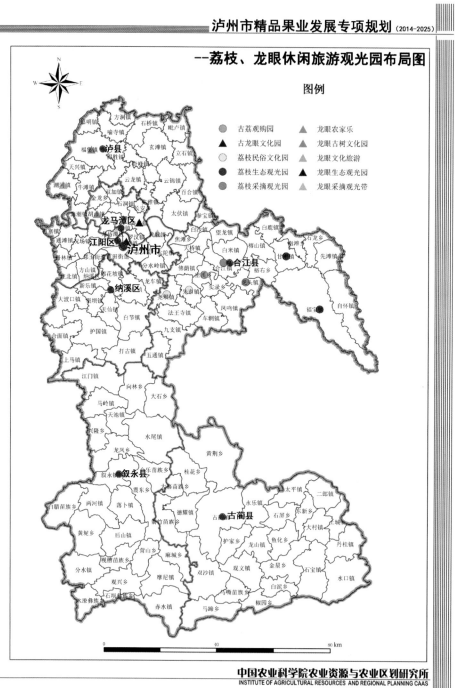

附图1-6　荔枝、龙眼休闲观光园布局图

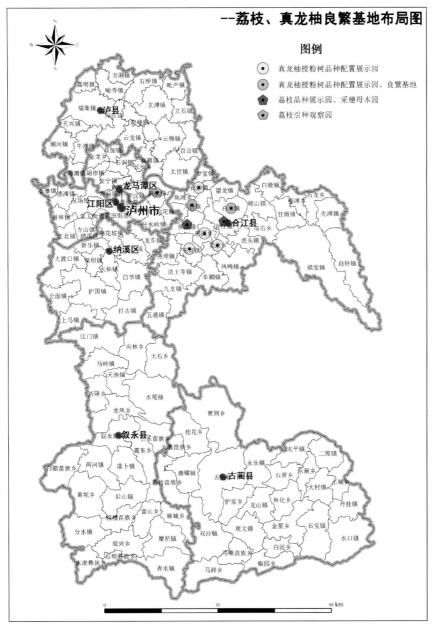

附图1-7 荔枝、真龙柚良繁基地布局图

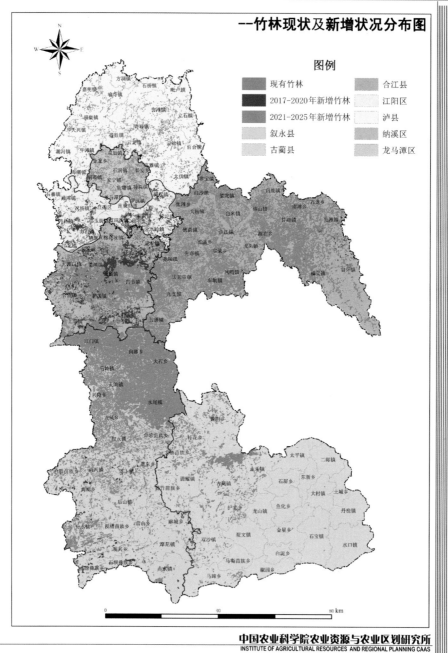

附图2-1 高效林竹产业：竹林布局图

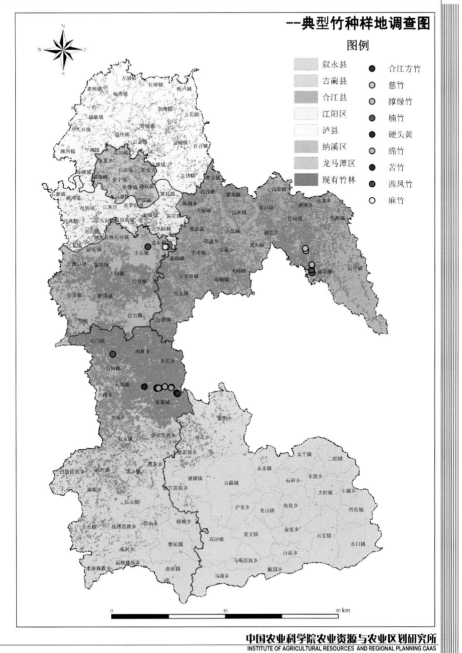

附图 2-2　典型竹种样地调查图

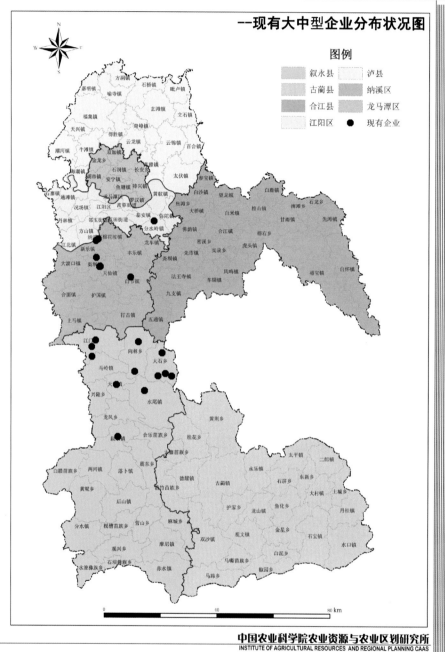

附图 2-3　高效林竹产业：竹企业及园区布局图

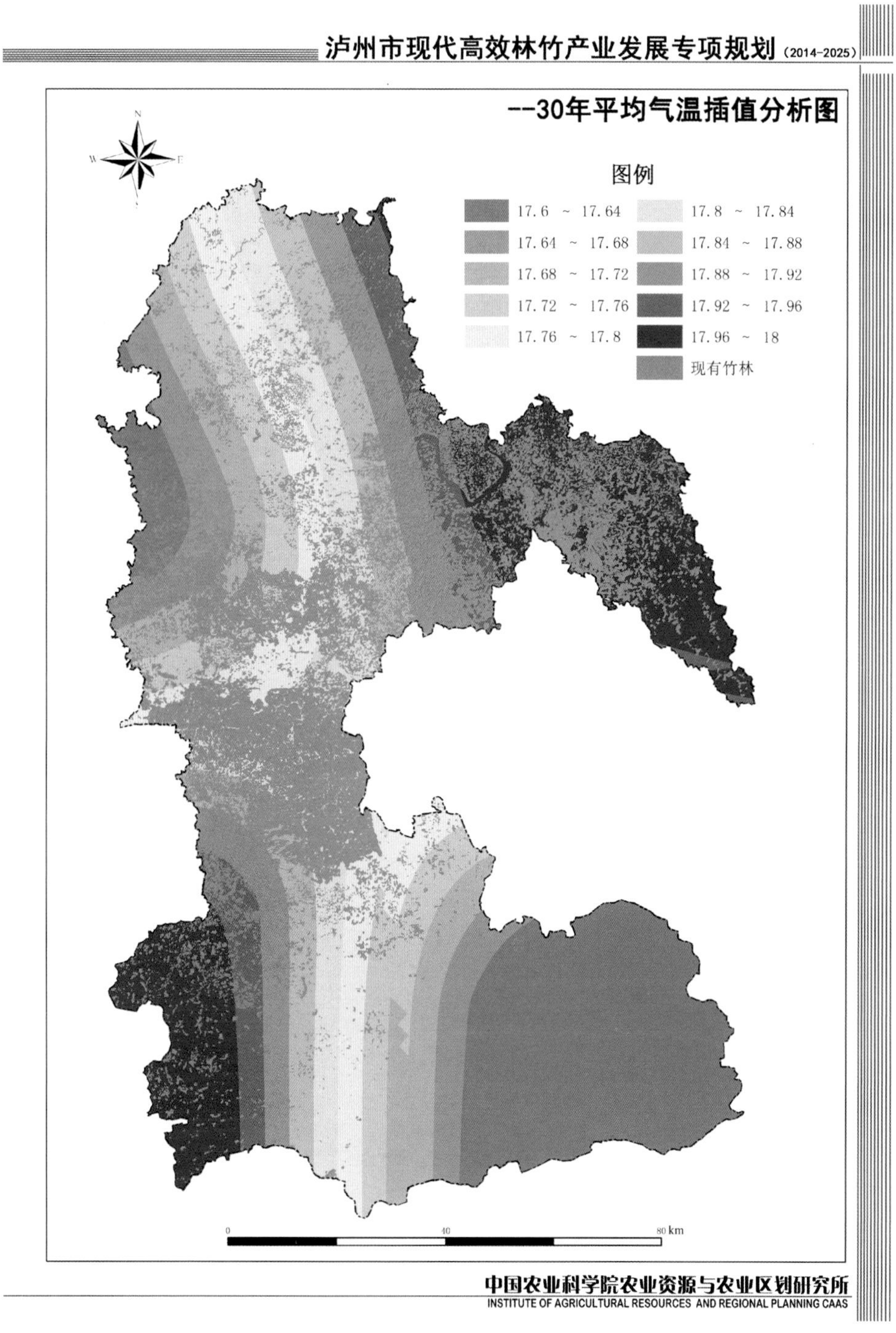

泸州市现代高效林竹产业发展专项规划（2014-2025）

--30年平均气温插值分析图

图例

17.6 ~ 17.64		17.8 ~ 17.84	
17.64 ~ 17.68		17.84 ~ 17.88	
17.68 ~ 17.72		17.88 ~ 17.92	
17.72 ~ 17.76		17.92 ~ 17.96	
17.76 ~ 17.8		17.96 ~ 18	
		现有竹林	

中国农业科学院农业资源与农业区划研究所
INSTITUTE OF AGRICULTURAL RESOURCES AND REGIONAL PLANNING CAAS

附图2-4　30年平均气温插值分析图

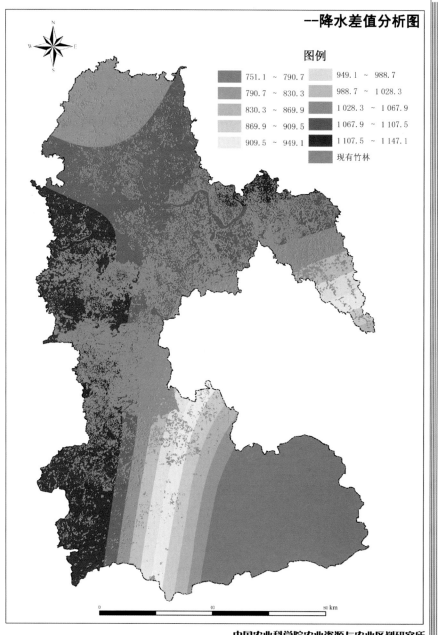

泸州市现代高效林竹产业发展专项规划 (2014-2025)

--降水差值分析图

图例

751.1 ～ 790.7	949.1 ～ 988.7	
790.7 ～ 830.3	988.7 ～ 1 028.3	
830.3 ～ 869.9	1 028.3 ～ 1 067.9	
869.9 ～ 909.5	1 067.9 ～ 1 107.5	
909.5 ～ 949.1	1 107.5 ～ 1 147.1	
	现有竹林	

中国农业科学院农业资源与农业区划研究所
INSTITUTE OF AGRICULTURAL RESOURCES AND REGIONAL PLANNING CAAS

附图 2-5　降水差值分析图

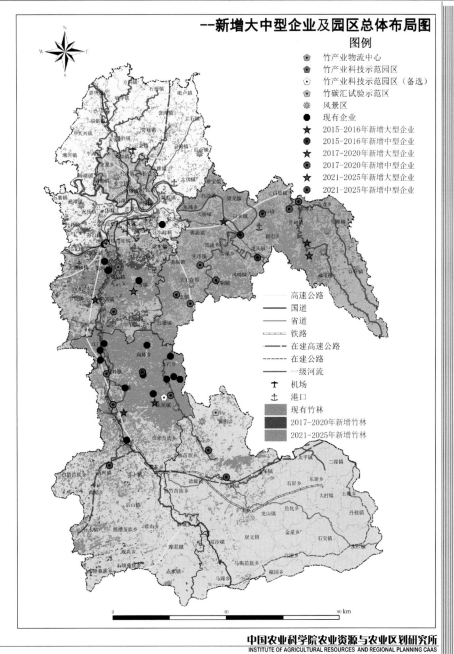

附图 2-6　新增大中型企业及园区总体布局图

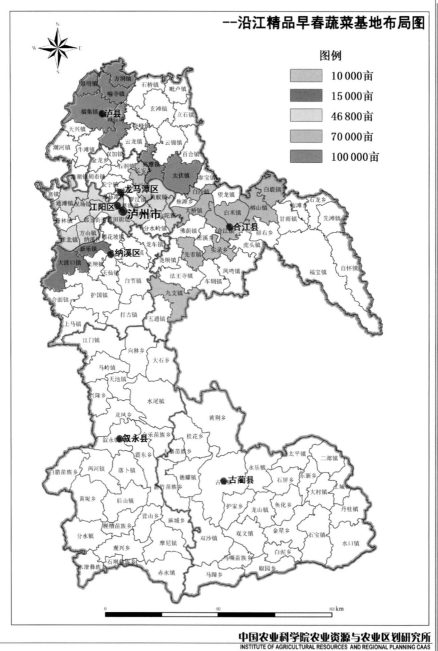

附图 3-1　沿江精品早春蔬菜基地布局图

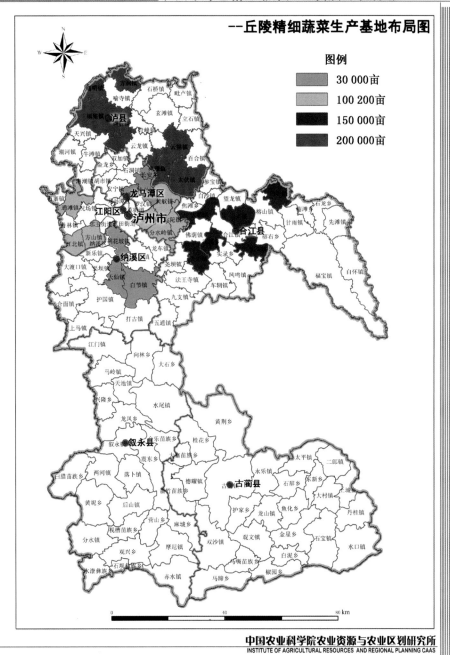

附图3-2 丘陵精细蔬菜生产基地布局图

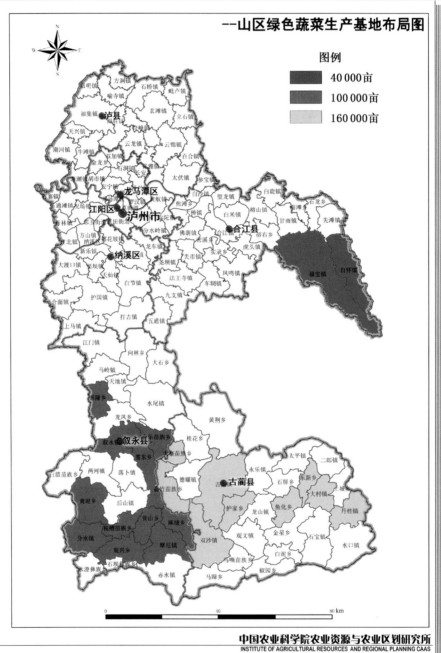

附图3-3　山区绿色蔬菜生产基地布局图

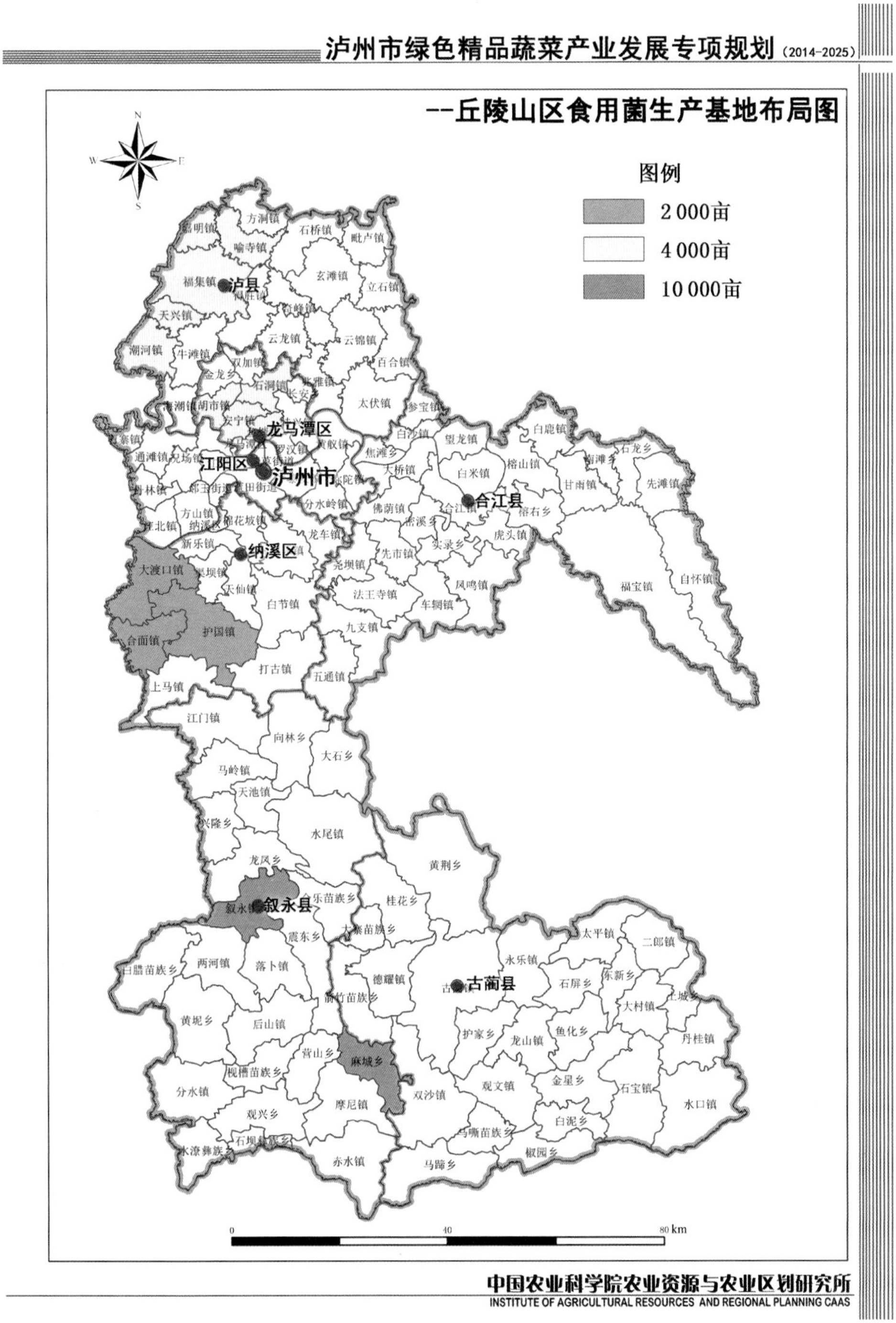

附图 3-4　丘陵山区食用菌生产基地布局图

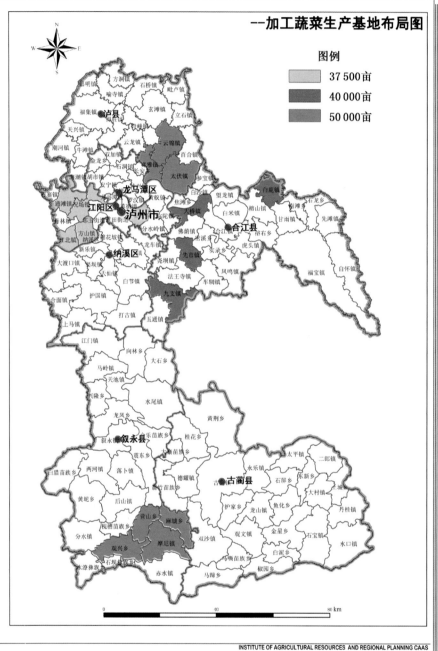

附图 3-5　加工蔬菜生产基地布局图

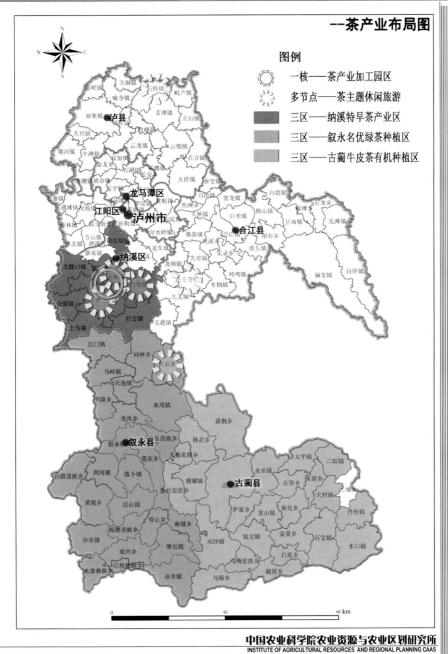

附图 4-1　茶叶布局图

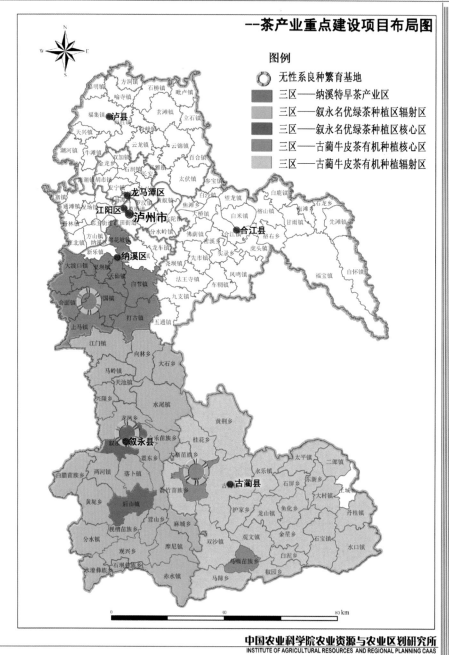

附图 4-2　茶叶重点项目布局图

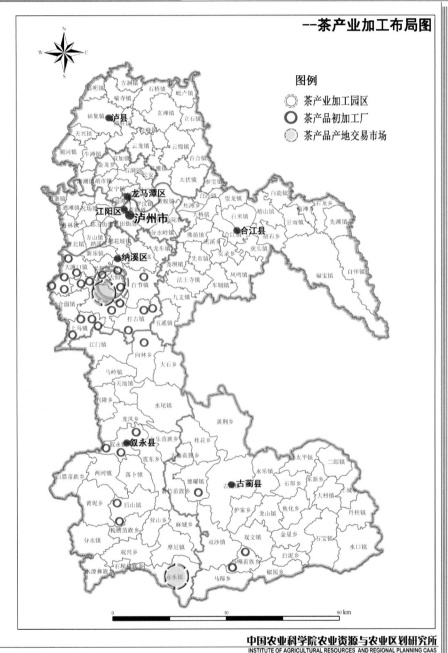

--茶产业加工布局图

图例

茶产业加工园区
茶产品初加工厂
茶产品产地交易市场

中国农业科学院农业资源与农业区划研究所
INSTITUTE OF AGRICULTURAL RESOURCES AND REGIONAL PLANNING CAAS

附图4-3 茶叶加工布局图

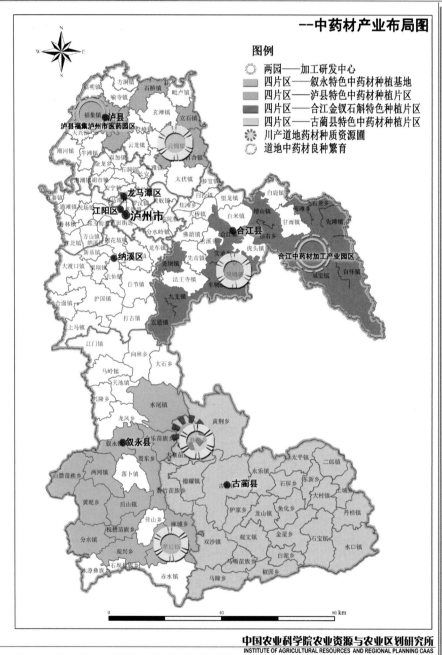

附图 5-1 中药材布局图

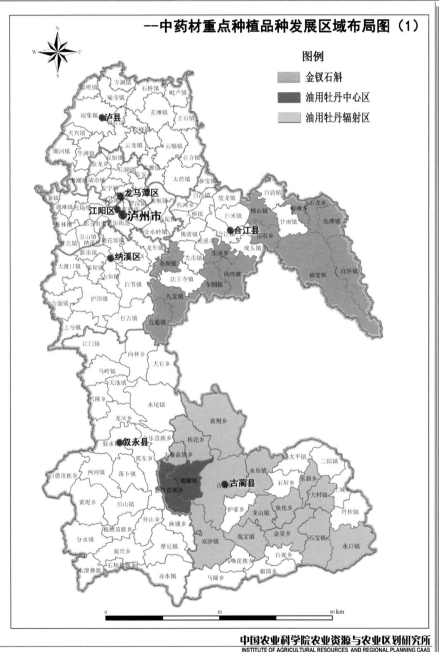

泸州市特色经济作物发展专项规划（2014-2025）

--中药材重点种植品种发展区域布局图（1）

图例

金钗石斛
油用牡丹中心区
油用牡丹辐射区

中国农业科学院农业资源与农业区划研究所
INSTITUTE OF AGRICULTURAL RESOURCES AND REGIONAL PLANNING CAAS

附图 5-2　金钗石斛、油牡丹种植布局图

泸州市特色经济作物发展专项规划（2014-2025）

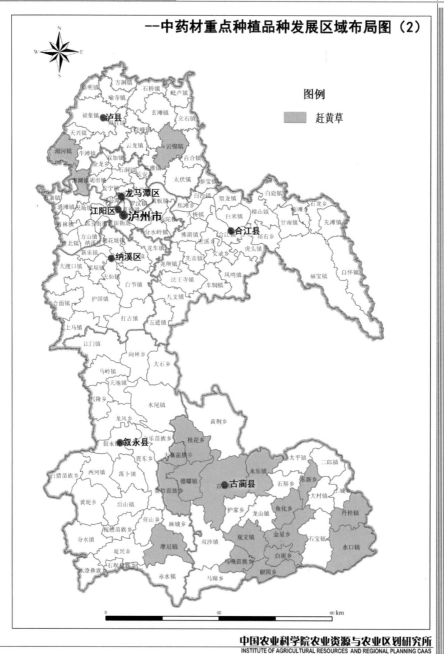

附图5-3 特色品种赶黄草布局图

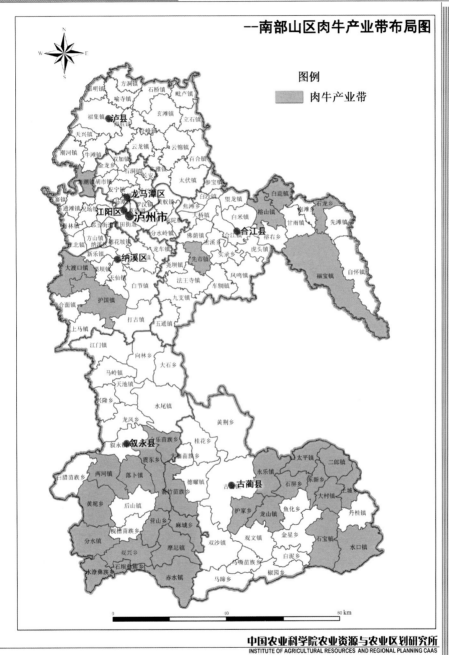

附图 6-1　肉牛区域布局图

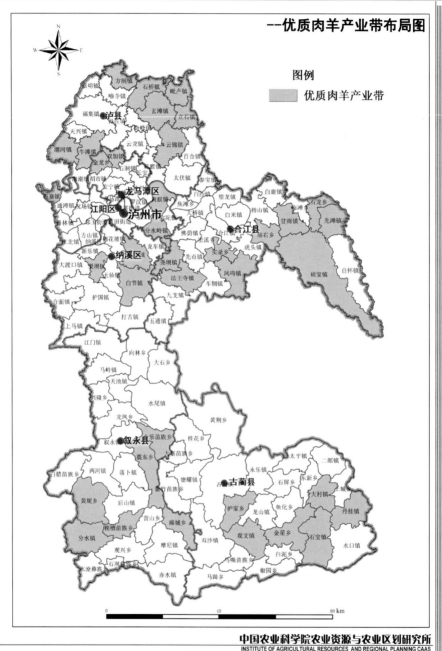

附图6-2　肉羊区域布局图

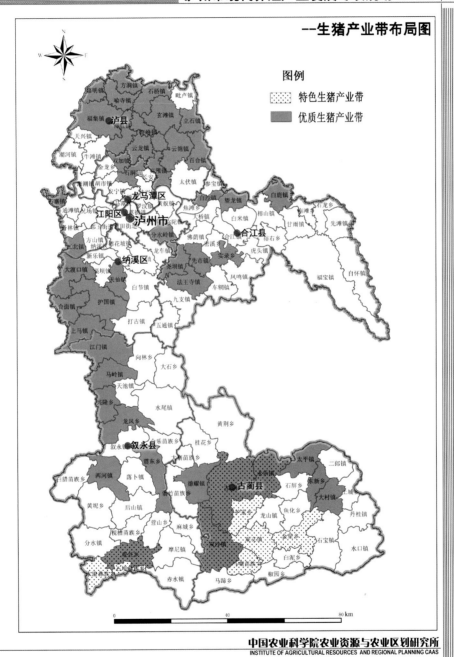

附图 6-3 生猪区域布局图

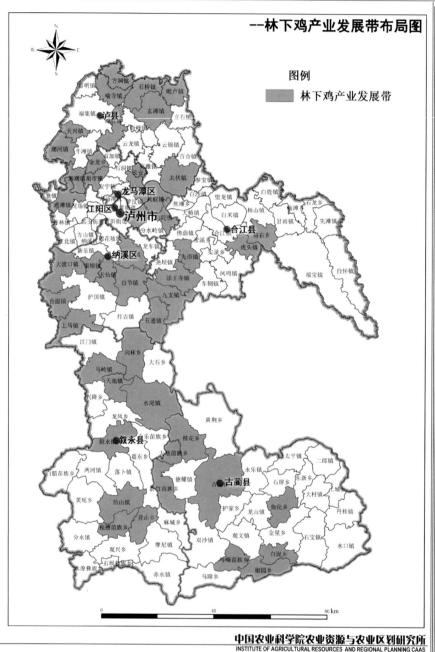

附图6-4 林下鸡区域布局图

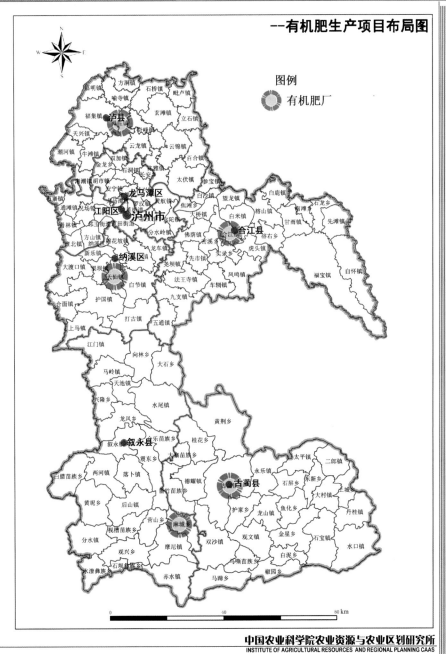

附图 6-5　有机肥生产项目布局图

附图 7-1 水产区域布局图（1）

泸州市现代养殖产业发展专项规划（2014-2025）

--水产业重点建设项目布局图（2）

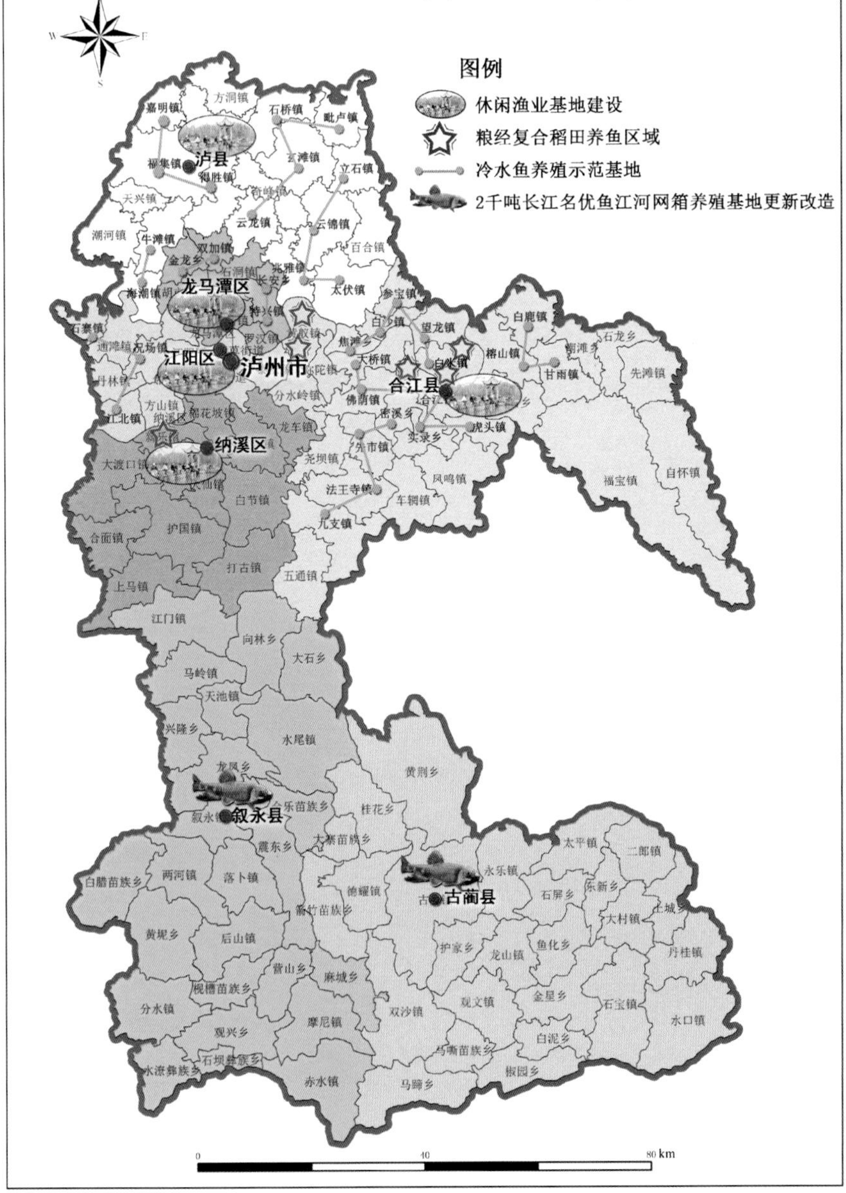

图例

- 休闲渔业基地建设
- ☆ 粮经复合稻田养鱼区域
- 冷水鱼养殖示范基地
- 2千吨长江名优鱼江河网箱养殖基地更新改造

中国农业科学院农业资源与农业区划研究所
INSTITUTE OF AGRICULTURAL RESOURCES AND REGIONAL PLANNING CAAS

附图 7-2　水产区域布局图（2）

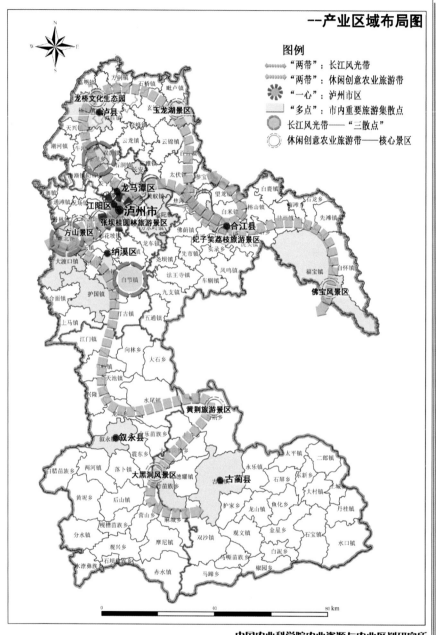

附图 8-1　产业区域布局图

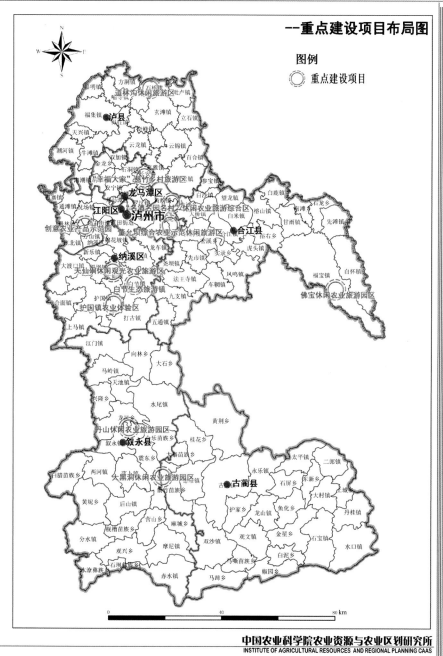

泸州市休闲农业发展专项规划 (2014-2025)

--重点建设项目布局图

图例

⊚ 重点建设项目

中国农业科学院农业资源与农业区划研究所
INSTITUTE OF AGRICULTURAL RESOURCES AND REGIONAL PLANNING CAAS

附图 8-2　重点建设项目布局图

附图 8-3 农产品加工重点龙头企业（规模以上）分布现状图

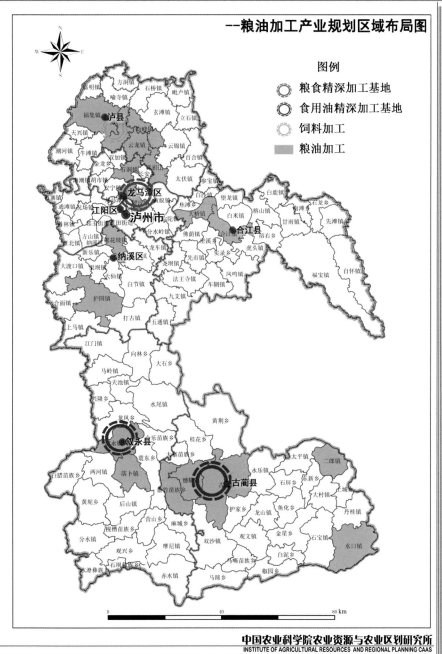

附图 9-1　粮油加工区域布局图

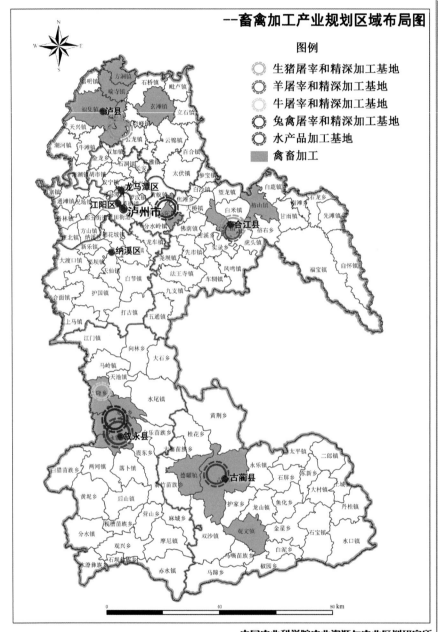

附图 9-2　畜禽加工区域布局图

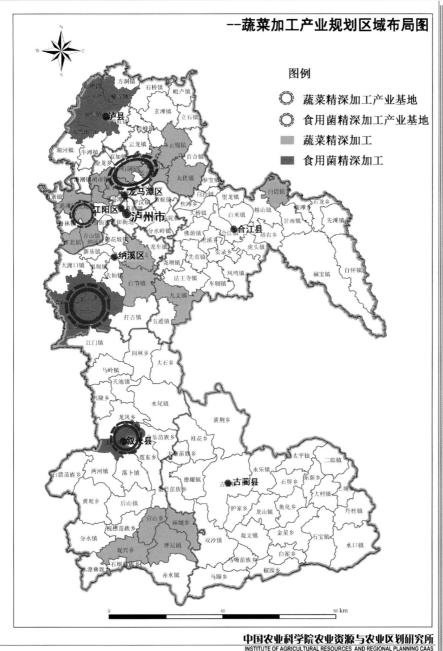

附图9-3　果蔬加工区域布局图（1）

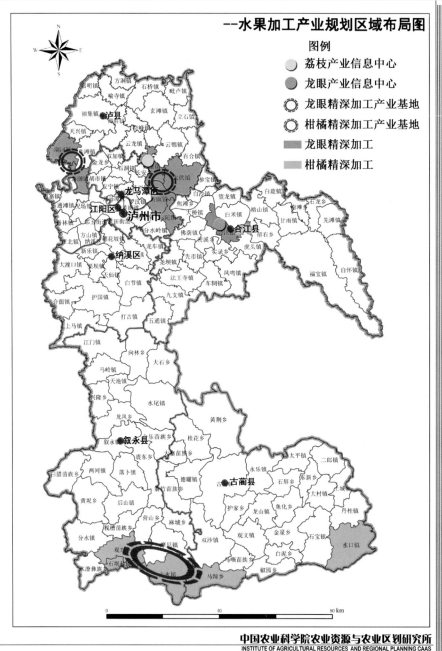

附图9-4 果蔬加工区域布局图（2）

泸州市农产品加工产业发展专项规划 (2014-2025)

--特产加工产业规划区域布局图

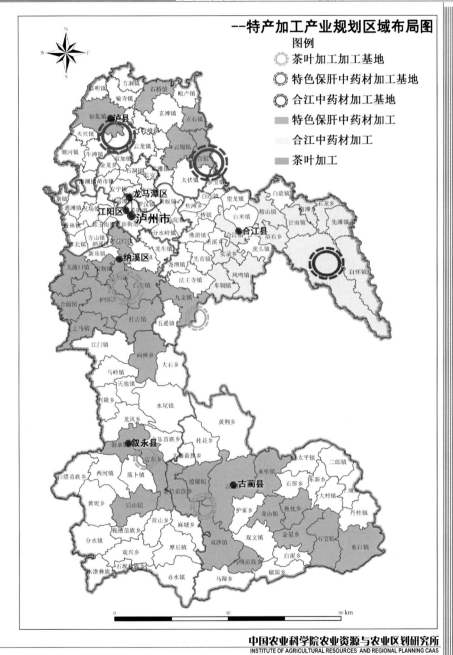

图例
- ◎ 茶叶加工加工基地
- ◎ 特色保肝中药材加工基地
- ◎ 合江中药材加工基地
- ▨ 特色保肝中药材加工
- ▨ 合江中药材加工
- ▨ 茶叶加工

中国农业科学院农业资源与农业区划研究所
INSTITUTE OF AGRICULTURAL RESOURCES AND REGIONAL PLANNING CAAS

附图 9-5　特产加工区域布局图

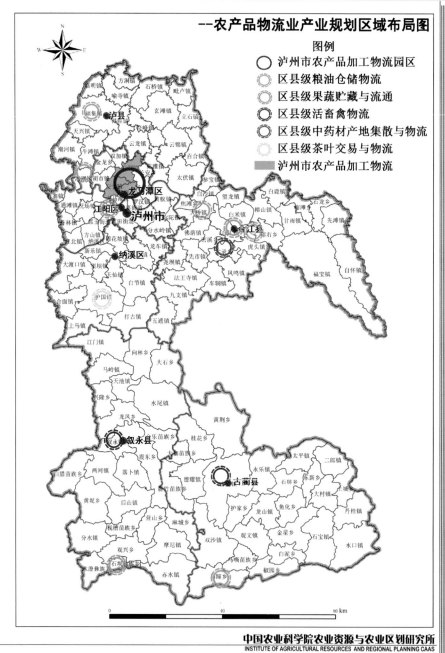

泸州市农产品加工产业发展专项规划（2014-2025）

--农产品物流业产业规划区域布局图

图例
- ○ 泸州市农产品加工物流园区
- ◎ 区县级粮油仓储物流
- ◎ 区县级果蔬贮藏与流通
- ◎ 区县级活畜禽物流
- ◎ 区县级中药材产地集散与物流
- ◎ 区县级茶叶交易与物流
- ▬ 泸州市农产品加工物流

中国农业科学院农业资源与农业区划研究所
INSTITUTE OF AGRICULTURAL RESOURCES AND REGIONAL PLANNING CAAS

附图 9-6　农产品物流区域布局图